Traditional Cuisine of Korea

한국의 갖춘 음식

김명희·김하윤·임효정
정소연·김아현·박은혜

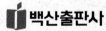

프롤로그

3년 전 여행을 하면서 헤밍웨이의 『노인과 바다』를 다시 읽게 되었다. 학창시절에 내가 그 소설에서 아무런 감동도 받지 못했던 것은, 나에게 그 소설이 주는 감흥이 너무나 무미건조하게 느껴졌기 때문이었을 것이다. 그로부터 30여 년이 지나 다시 읽은 『노인과 바다』는 정녕코 무미건조한 소설이 아니었다. 헤밍웨이가 출간한 마지막 소설작품에 대한 나의 이해가 바뀐 것은 이 작품이 변했기 때문이 아니다. 내가 변한 것이다. 세상을 보는 내 눈과 마음이 변했기 때문이다. 문득 눈과 마음뿐만 아니라 모든 것이 변한 나 자신을 생각하노라니 세월의 흐름을 느낄 수 있다.

미국 유학을 다녀와서 2005년도에 제자들과 함께 『전통 한국음식』을 집필했었다. 이 교재로 대학 강단에서 후학을 양성하면서 느낀 것은 누구나 음식에 대한 욕망을 일상에서 표출한다는 것이었다. 음식은 우리의 실제 생활과 뗄 수 없는 관계이고 개인마다 음식에 대하여 느끼는 것이 다르다는 것을 알 수 있었다.

내가 자란 제주도 집 창고 한쪽 벽면에는 어머니가 쓰시던 멍석 10개가 층층이 걸려 있다. 볕이 좋은 날이거나 집안에 대소사가 있으면 온 마당에 멍석을 깔고 사람들을 대접했다. 뒷마당에 있는 오래된 무쇠 가마솥에 장작불을 지펴 돼지고기를 삶아서 돔베고기를 만들어주셨다. 그 국물에 제주도 고사리를 넣어 만든 육개장을 나무주걱으로 퍼주시면서 많은 사람들을 배불리 먹였다. 어린 시절 나는 많은 사람들이 모이는 것만으로도 좋아서 여기저기 뛰어 다녔던 아련한 추억이 풍경화처럼 내 머리 속에 남아 있고 멍석 깔고 사람들이 모여 정겹게 식사하던 모습만 기억해도 마음이 따뜻해짐을 느낀다.

예로부터 우리의 일상이 모여 문화가 되고, 또 그 문화가 한 사회의 집단을 이루게 되는데 이 연결고리 안에서 누구나 쉽게 받아들이고, 관심 있어 하는 소재가 되는 게 바로 음식이다. 우리 조상들은 예로부터 자연에 순응하며 자연의 변화에 맞추어 절기음식으로 한 해를 보냈고, 태어나면서부터 죽은 후까지도 달리 차려지는 통과의례음식을 받았다. 이러한 상차림에서 우리 조상들이 대대로 전해 내려온 음양의 조화를 바탕으로 한 정신세계를 가슴에 새길 수 있다.

첫 번째 한식 책을 낸 지 10년 넘게 흘러, 그동안 한국음식을 같이 연구한 제자들과 함께 『한국의 갖춘 음식』이라는 제목으로 경기대 조리실에서 작업을 하였다. 나의 제자 김하윤, 임효정, 정소연, 김아현, 박은혜 선생과 재료 준비에서부터 만드는 과정까지 서로 맡은 바 역할을 다하면서 협력하였다. 사계절 자연상태의 식재료를 가지고 음식 하나하나의 문화와 스토리가 있는 한국음식을 만들어낸다는 사명감으로 작업에 임했다. 음식을 만드는 과정에서도 조용한 협력과 배려가 이루어졌다. 서로 연결되고 협력하고 사랑을 주고받으려는 욕망이 조리과정 중에 투영되었다. 10년 전에는 느끼지 못한 음식이 주는 의미와 이야기, 27년간 후학들을 양성하면서 느낀 그 뜨거운 마음이 고스란히 묻어나는 과정이었다.

『노인과 바다』에서 노인이 살아가는 자연 그대로의 모습에서 경외감과 무한한 신뢰감을 느꼈던 마음으로, 나는 한국음식에 대하여 존경하고 경외하는 마음으로 작업에 임하였다. 그리고 한국음식의 완성은 사랑을 나누는 것임을…

이 책은 후학들이 알아야 할 한국음식의 이론적 개요로써 한국음식의 상차림과 식문화 등으로 구성되어 있으며 실기편에서는 밥, 죽, 미음 등의 주식류를 비롯하여 국, 조치, 전골 등의 탕류와 찜, 구이, 전, 적, 채 등의 찬류를 포함하였으며 떡, 한과, 음청류까지 담아내었다.

이 책은 조선시대부터 내려오는 한국음식의 전통적인 조리법으로 책을 엮었다. 조선시대의 다양한 조리법과 색채 미각을 즐기는 것을 넘어 인간이 살아온 경험과 전통이 어우러진 역사이며 문화의 한 부분으로 독자들이 마음속에 그림을 그릴 수 있는 책이었으면 한다.

헤밍웨이에게 『노인과 바다』는 노인이 잡으려 했던 청새치와도 같은 것이었으리라. 10년 후 내 눈과 내 마음이 또 변한다 해도 청새치만 잡을 수 있다면 상어 떼에게 모든 것을 잃고 머리와 꼬리만 남더라도 좋으니, 한국음식을 공부한 나의 제자들과 함께 청새치 잡는 꿈을 꿔본다.

몇 년 전, 지금은 고인이 되신, 나의 어머니가 쓰시던 낡은 멍석과 가마솥을 물려받았다. 해마다 6월이 되면 제자들과 함께 제주도 과수원집 앞마당에 어머니가 쓰시던 멍석을 깔고 가마솥에 돼지고기국물과 어우러진 펄펄 끓는 몸국을 제자들에게 나누어주면서 수증기 속에서 나의 어머니가 하시던 모습을 재현하는 나를 발견하게 된다. 강인한 정신력과 음식을 나누며 더불어 사는 문화를 가르쳐주신 나의 어머니께 깊은 감사를 드리며 이 책을 나의 어머니 영전에 바친다.

차례

한국의 갖춘 음식
Traditional Cuisine of Korea

이론편

Traditional Cuisine of Korea

Ⅰ. 한국음식의 개요

1. 한국음식의 역사

1) 선사시대

한국은 구석기시대를 시작으로 신석기시대, 청동기시대, 철기시대를 선사시대로 구분하고 있다.

구석기시대는 동굴에 살면서 돌을 이용한 주먹도끼 등을 만들어 사냥과 음식 조리에 사용하였으며 당시 불을 이용하여 음식을 불에 구워 먹었다. 기원전 6000년쯤부터 빗살무늬토기를 사용하는 신석기 문화가 나타났으며 신석기시대에는 고기잡이와 사냥을 주로 하였고 신석기인들이 살던 움집에 화덕터가 남아 있어 불을 활용해 음식을 조리하였다는 것과 음식을 불에 굽거나 연기에 그을리는 조리법이 있었음을 알 수 있다.

신석기시대에는 조, 피, 수수 등의 작물을 재배하였으며 신석기 중기 유적지인 황해도 봉산군 마산리와 평양 남경유적에서 조가 출토된 것으로 보아 한반도 중서부 지역에서 신석기 중기부터 조를 중심으로 한 밭농사가 시작되었음을 알 수 있다. 신석기시대 후기에는 원시 농경생활로 변하였고 신석기시대를 지나 청동기시대에는 벼농사가 시작되어 쌀을 주식으로 하는 식문화가 나타났다.

빗살무늬토기에 이어 북방 유목민들이 청동기를 가지고 이 땅에 들어와 원주민들과 어울려서 우리 민족의 원형인 맥족(貊族)이 형성되었으며 이들은 고조선을 만들었다. 그 뒤 철기문화가 들어오고 부족국가시대로 접어든다.

2) 부족국가시대

부족국가시대에는 벼의 재배로 현재와 같은 곡류로 지은 밥을 주식으로 하고 기타의 식품들을 반찬으로 하는 주·부식형의 식사형태가 나타났다. 또한 곡식을 시루에 쪄서 먹다가 솥을 만들어 물을 넣고 끓여 죽과 밥을 지어 먹었다. 경남 웅천의 조개무지에서 시루가 출토되었고 고구려 지역의 안악 고분벽화에서도 시루가 나오는 것으로 보아 곡식을 쪄서 먹는 조리법이 발달하였음을 알 수 있다. 이후 농경이 더욱 발달하게 되어 풍요로운 생산을 기원하는 감사의 뜻에서 하늘에 제사를 지내는 각종 제천의식들이 생기게 되었다. 이 무렵 떡과 술이 있었으며, 여러 가지 과일들이 특산물로 생산되었다.

또한 지금의 만주 지역에서는 콩을 재배하여 장을 담갔다고 하는데 지금의 장이라기보다는 콩을 오래 보존하여 먹기 위한 저장법의 일종으로 보고 있다.

3) 삼국시대와 통일신라시대

삼국시대에는 철기문화를 받아들여 생산기술이 크게 발달하면서 농업 생산력이 증대되어 식생활이 안정되었다. 국가의 형성과 함께 계층화된 신분제도가 정착됨에 따라 식생활도 귀족식과 서민식으로 분리되어 쌀이 상류층의 주식으로 정착되었다. 또한 불교가 들어오게 되면서 초기에는 살생과 육식을 금하는 숭불정책으로 식물성 식품의 조리와 사찰음식의 발달을 가져왔다. 여러 가지 채소류의 재배가 이루어져 중국에 알려진 상추, 순무, 무, 동아, 박, 마 등을 먹었으며 채식이 정착된 시기이다.

기원전 1~2세기경 우리나라에서 장 담그는 법을 일본에 전수하였으며, 3~4세기경에는 여러 가지 장류가 쓰였고 조미료로 장이 본격화되고 꿀과 기름이 사용되었으며 소금은 필수적인 조미료였다.

이 시기의 김치는 중요한 부식으로 고추를 넣는 방식이 아닌 간장이나 된장 또는 젓갈 등에 절여 만든 짠지의 일종이었다.

통일신라시대에는 대부분의 지역에 벼농사가 전파되었으며 쌀을 비롯하여 밀, 보리, 팥, 녹두, 귀리, 피, 기장, 조 등이 경작되었다. 이 시기의 곡물 조리형태를 추정해 볼 때 처음에는 죽으로 시작하여 떡이나 지에밥과 같이 쪄서 익히는 조리법을 겸하게 되었고 4~5세기경에는 지금과 같이 물을 부어 밥을 짓는 법이 정착되었다.

통일신라시대에는 곡물, 어물, 수조육류, 채소류, 과실류, 장류, 술, 포, 염, 기름, 꿀 등의 기본 식품을 갖추게 된다. 가축으로는 소, 돼지, 닭, 양, 염소, 오리 등을 길러 달걀과 우유를 먹었다.

4) 고려시대

고려시대에는 농사를 권장해 농기구를 개량하고, 곡물을 비축하는 제도가 실시되어 곡기를 조절하였다. 조리법이 다양해져 약밥, 팥죽, 두부, 국수, 만두, 떡, 약과, 다식, 유밀과 등의 다양한 음식이 생겼으며, 간장, 된장, 술, 김치 등 저장음식의 종류도 다양해졌다.

고려 초기의 가장 큰 특징은 조미료의 발달과 기호식품이 보급된 것이다. 소금의 보급은 식품의 조리나 저장과 같은 면에서 큰 변화를 가져왔다.

불교가 더욱 융성해지면서 사찰음식도 다양해져 콩제품(두부, 콩나물, 간장, 된장)을 많이 이용하고, 육류조리법은 쇠퇴한 반면 기름과 향신료를 이용한 전, 튀김 등의 식물성 조리법과 채소의 저장음식도 발달하였다. 차문화가 성행하여 고유의 차 마시는 예절이 정해졌으며 차 마시는 그릇으로 우리의 자랑인 고려청자가 생겨났다.

차 마시는 풍습은 고려에 와서 왕궁 귀족과 사원을 중심으로 극도로 성행하였다. 『고려사』 권69, 「예19조」에 기록된 "진차(進茶)"를 보면, 왕이 차를 명하여 올리면 집례관이 이를 권한다. 왕이 다시 태자 이하 시신(侍臣)에게 차를 내리면 집례관의 지시에 따라 차를 마시고 읍한다고 하는 것을 보면 차 마시는 예식이 극히 엄격하였음을 알 수 있다.

고려 후기에는 몽골의 지배로 육식의 풍습이 다시 살아나 양, 돼지, 닭, 개고기를 먹게 되었으며 엿, 식초, 설탕, 후추 등의 양념을 사용하게 되었다. 고려 후기는 식품이 다양해지고 모든 조리법이 완성되는 단계가 된다. 우리 식생활의 기본적인 상차림인 밥과 국이라는 형태가 이 시기에 생겨났다고 볼 수 있으며 이 시대에는 소금 외에 간장, 된장, 후추 등의 다양한 양념을 사용하여 국의 조리법이 다양해졌다.

5) 조선시대

조선시대는 유교를 숭상하여 식생활도 숭유주의의 영향을 받아 차문화가 점점 쇠퇴하였다. 농경을 중시하여 곡식과 채소의 생산이 늘어났으며 식생활문화가 발달하면서 음식 만드는 조리서가 나오고 상차림의 구성법이 정착되었다. 조선의 음식문화사를 논할 때 임진왜란 전후로 하여 그전을 한식의 발달시대라 보고 그 후를 한식의 완성시대라 본다.

조선 전기는 한식의 발달시대라 할 수 있다. 유교를 국교로 하면서 식생활에 커다란 변화를 가져왔다. 현재와 비슷한 한식의 발달이 이때 이루어졌고 많은 식생활 자료가 정리되었다. 조선 초기 한글의 상정(詳定)과 역법, 인쇄술 등의 발달로 서적 간행이 가능해지면서 우리나라 풍토에 맞는 농서가 간행되어 농법이 발달하였다. 농업기술 보급을 위해 『농사직설(農事直設)』, 『금양잡록(衿陽雜錄)』, 『농가집성(農家集成)』, 『사시찬요(四時纂要)』 등의 농서가 나왔고 나라에 흉년이 들어 기근이 극심하면 산의 풀이나 열매, 나무껍질 등의 먹는 방법을 기록한 『구황촬요(救荒撮要)』, 『신간 구황촬요』 등의 책도 나왔다.

유교의 영향으로 의례를 중요시하여 관혼상제(冠婚喪祭)의 규범을 엄격히 지키게 되었다. 또한 가부장제 사회가 성립되어 외상 차림으로 대접하는 법이 고수되었다.

조선 중기에는 외국에서 많은 식품이 도입되어 식재료의 종류가 증가한 시기였다. 특히 우리 음식에 커다란 변화를 주게 되는 고추가 들어온다. 도입배경은 『지봉유설(芝峯類說)』(1613)에 "남만초(南蠻椒)는 센 독이 있는데 왜국에서 처음 온 것이며 속칭 왜개자(倭芥子)라 한다"라고 하여 임진왜란기에 일본에서 온 것으로 보고 있다. 고초(苦草·苦椒)·번초(番草)·남만초(南蠻草)·남초(南椒)·당초(唐草)·왜초(倭草) 등으로 불리며 우리 음식에 이용되었고 고추를 이용한 발효식품인 고추장은 『증보산림경제』(1766)에 '만초장(蠻椒醬)'이란 이름으로 처음 등장한다. 김치에 고추를 넣은 기록은 『증보산림경제』와 『규합총서』에 나오는데 모두 고추를 저며 썰었다. 지금처럼 가루로 해서 김치를 버무리게 된 것은 19세기 중기부터이다.

고추 외에도 감자, 고구마, 호박, 옥수수, 땅콩, 후추 등이 대량 유입되는데 허균(1569~1618)이 지은 『한정록(閑情錄)』과 『도문대작(屠門大嚼)』에서도 호박, 참외, 상추, 수박, 배추, 무 등이 새로 나타났다고 기록되어 있다. 또 사과, 토마토 등도 들어오게 되어 당시에는 다양한 식품이 수입·소비되었음을 알 수 있다. 또한 중국의 농서인 『제민요술』에 등장하는 외, 가지, 박, 마늘, 생강, 부추, 겨자, 파, 토란, 아욱, 순무, 미나리 등은 조선시대에 중요한 채소로 계속 재배되었다. 이 시기 꿀은 양봉을 통해 보편화되어 조리에 사용되었으며 기름도 짜는 방법이 다양해져 삼씨, 대마, 소마, 호마 등의 열매에서도 기름을 짜서 사용했다.

조선 후기에는 한식이 완성되었다. 서양의 조리법과 식사풍습의 발달로 식생활이 다양화되고 조리법이 변천되었다.

다양한 조리법의 발달로 반가에서 만든 음식 만드는 법, 술 빚는 법 등의 책들이 저술되었다. 조리법은 『규합총서』(1809), 『음식디미방』(1670) 등을 통해 집대성되었으며, 『산림경제』(1715)와 실학파의 농정서 및 각종 문집들에 생활사·풍속사가 기록되어 있어 당시의 음식과 다양한 조리법, 생활사를 알 수 있다.

이 시기 상차림은 유교사상에 따른 계급과 장유(長幼), 남·여를 구분 지어 반상을 엄격히 규제하였다. 주식과 부식을 분리하였으며 신분, 형편에 따라 3첩, 5첩, 7첩, 9첩, 12첩 반상차림의 형식을 갖추었다. 또한 가부장적 대가족생활과 통과의례의 범절이 강조되면서 의례음식의 조리기술과 상차림의 기술이 고도로 발달하였다. 그리고 명절이나 계절에 따라 시식과 절식을 즐겼으며 지방에 따라 독특한 산물을 바탕으로 향토음식이 발전하여 한국 식생활문화의 다양성을 고양시키게 된다.

6) 근대시대

19세기 말에는 중국, 일본, 서양의 교류가 활발해지면서 식생활과 조리법, 식생활 관습이 전해져 동·서양 음식의 혼합시대를 이룬다.

개화기를 맞아 서양인들의 왕래가 빈번해지면서 음식이 전래되었으며 고종 말에는 이미 궁중 수라간에서 프랑스요리를 만들어 올렸다. 유길준은 『서유견문』(1895)에서 서양인들이 빵, 우유, 버터, 각종 육류, 주스, 커피 등을 먹는다고 소개했다. 또한 우유는 궁중이나 특권 상류층에서 보양제로 소중히 여겨 약용으로 바쳤다는 기록도 있다.

조선왕조가 망하면서부터 궁중음식을 만들던 이들이 궁궐 밖으로 나와 고급요정을 차리면서 일반인도 궁중음식을 먹을 수 있게 되었다. 1920년 조선호텔이 생겼고, 서양 요리집이 생겼으며, '양탕국'이라 하여 커피가 널리 퍼지게 되었다.

1900년 서울 태평로, 명동, 소공동 등에 호떡, 만두, 교자, 중국국수 등을 파는 중국집이 생겼고, 일본음식은 일제시대에 자연스럽게 우동, 단팥죽, 어묵, 단무지, 초밥, 술 등이 들어오게 된다.

일제강점기에는 농권, 상권, 어권 등을 박탈당하였다. 이로 인해 질 좋은 전작물은 해외에 수출하고 조선민족의 주식은 질 낮은 수입곡물로 채워졌다. 게다가 김치의 재료가 일본의 곡물장려정책 때문에 뒷전으로 밀려 김치마저 제대로 담가 먹을 수 없게 되었다. 일제 말엽 중일전쟁으로 곡물을 공출하여 식량의 빈곤은 더욱 극심해져 감자류로 식량을 대신해야 했다.

그러나 서구문명의 유입은 계속되어 서양음식, 영양이론이 점점 퍼져 서양 빵, 케이크, 비프스테이크, 아이스크림, 과자 등이 한국에서도 정착하게 된다. 이 밖에 중국요리도 거의 토착화되어 많은 사람에게 사랑받게 되었다. 극소수의 상류층은 파티나 요릿집에서 서양요리, 홍차, 커피, 사이다, 아이스크림, 포도주 등을 먹었다.

7) 현대

현대 초기는 광복 직후 최악의 극빈상태에서 또다시 한국전쟁으로 굶주림을 면하기 어려운 상황을 맞게 된다. 이러한 상황에서 국가는 외국으로부터 받은 원조물자와 보리혼식 및 분식장려 등으로 식량난에 대처했다. 60년대에는 식량난을 해결하면서 영양에 대한 관심도 증대하여 식생활 개선이 촉진된다. 그러나 이때의 식생활 개선은 서구식 식습관을 무비판적으로 받아들이는 식이어서 많은 문제가 나타났다.

1970년대에는 공업화의 양상으로 식생활도 공업화·산업화의 과정을 거치게 된다. 이에 따라 즉석식품인 라면과 햄버거가 큰 인기를 끌게 되고 이 밖에도 식품공장에서 생산된 즉석가공품들이 식생활의 중요한 일부를 차지하게 되었다.

1980년도 이후에는 외식산업이 급속히 발달하였고, 가공식품과 인스턴트식품을 선호하게 된다. 이로 인해 동물성 식품의 섭취가 증가하고 지방의 과잉섭취는 성인병의 원인이 되어 서구식 식습관에 대한 반성이 일어난다. 이에 대한 반작용으로 건강식품·유기농식품·자연식품 등에 관심을 갖게 된다.

2. 한국음식문화의 특징

인류는 지역별로 각기 다른 자연환경에 처하여 이에 순응하거나 때로는 대립하면서 각 지역과 민족에 따라 독특한 문화를 형성해 왔다. 그중 식생활문화는 식재료, 조리법 등에 있어 자연환경의 영향을 더욱 크게 받으므로 지역과 민족별 특성을 가장 잘 드러내는 부분이라 할 수 있다. 따라서 한 민족이 어떤 음식을 먹는가 하는 것이 바로 중요한 식생활문화의 양식이 되는 것이다.

1) 지리적 특징

우리나라는 사계절이 뚜렷한 동북아시아의 반도국으로 농경문화가 발달하여 예부터 벼농사를 중심으로 한 곡물류의 생산이 활발하게 이루어져 왔다. 또한 삼면이 바다로 둘러싸여 있어 수산물이 풍부하고 중국과 일본 사이에 위치해 타 지역과의 교류가 가능하였다. 남북으로 길게 뻗은 산맥과 평야, 사계절의 뚜렷한 구분으로 지역적 기후차가 생겨 각 지방마다 생산되는 지역특산물인 농산물, 수산물, 축산물이 고루 생산되었다.

2) 조리상의 특징

(1) 곡물조리법이 발달하였다

우리나라는 신석기시대부터 잡곡을 이용하였으며 기원전 2000년경부터 벼농사를 지어 주식으로 이용하여 왔다. 쌀 외에도 보리, 조, 수수, 율무 등 잡곡의 이용도가 높으며 이들 곡물로 만든 밥, 죽, 미음, 떡, 국수, 한과, 식초, 술, 장, 음료, 엿 등의 다양한 곡물조리법이 발달하였다.

(2) 주식과 부식이 분리되었다

일상식사는 곡물로 지은 밥이 주식이고, 채소, 육류, 어류 등의 다양한 재료로 만든 찬물을 부식으로 먹는 형식이다.

(3) 음식의 간을 중요하게 여기고, 조미료와 향신료를 이용하였다

조리 시 오미(五味)라 하여 짠맛, 단맛, 신맛, 매운맛, 쓴맛 등의 역할과 이의 조화를 중요하게 생각한다.

표 1-1 오미

짠맛	소금, 간장, 된장, 고추장
단맛	설탕, 꿀, 조청, 엿
신맛	식초, 감귤류
매운맛	고추, 겨자, 후추, 산초
쓴맛	생강

(4) 식재료를 다양한 형태로 조리하고 고명으로 멋을 더했다

재료를 통째로 쓰지 않고, 대개는 재료를 얇게 썰거나 채로 썰고, 곱게 다져서 조미하였다. 예로부터 음양오행설에서 나온 다섯 가지 색인 녹색, 백색, 적색, 흑색, 황색을 주로 사용하여 음식에 배합하거나 고명으로 사용하였다. 우리의 고명은 원칙적으로 식품이 가진 자연의 색상을 이용했다.

표 1-2 오색

적색	고추, 대추, 당근
녹색	미나리, 호박, 오이, 실파
황색	달걀노른자
백색	달걀흰자
흑색	석이버섯, 목이버섯, 표고버섯

(5) 약식동원을 기본으로 조리하며 음식재료마다 양념을 한다

약식동원(藥食同源)이란 질병 치료와 식사는 인간의 건강을 유지하기 위한 것으로, 그 근본이 동일하다는 뜻이다. 양념은 '약이 되도록 염두에 두다'라는 의미로 '갖은 양념'이라 하여 간장, 설탕, 파, 마늘, 깨소금, 참기름, 후춧가루 등의 다양한 조미료가 사용된다. 음식에 보통 5~7종류의 양념을 사용하여 조리하므로 재료 자체의 맛과 양념이 조화를 이룬다.

(6) 습열조리법이 발달하였다

한국음식은 삼계탕, 편육, 국, 탕, 찜 등과 같이 물과 수증기를 이용하여 끓이기, 삶기, 찌기, 조리기, 데치기의 방법을 이용한 조리법이 발달하였다.

3) 제도상의 특징

(1) 유교의례를 중시하는 상차림이 발달하였다

한국음식은 유교사상의 영향을 받아 가부장적인 상차림과 의례상차림을 중시하였다. 통과의례인 돌, 혼례, 회갑, 상례, 제례 때 차리는 음식의 품목이 정해져 있고, 각각 고유한 의미를 가지고 있다.

(2) 일상식에서는 독상 중심이었다

전통적인 상차림은 독상차림으로 밥과 국이 놓인 앞쪽 오른편에 숟가락과 젓가락을 한 벌만 가지런히 놓고 음식은 그릇에 담아 상에 배열하는 배선법을 원칙으로 차린다.

(3) 조반과 석반을 중요하게 여겼다

아침과 저녁의 식사는 보통 흰 쌀밥이 주식이고, 찬물로 국 또는 찌개와 김치는 기본으로 차리고 반찬은 형편에 맞게 마련하였다.

4) 풍속상의 특징

(1) 공동식의 풍속이 발달하였다

벼농사 중심의 농경문화 속에서 곡물류의 생산과 동시에 공동체 문화를 형성하여 마을축제 등을 통해 공동식이 발달하였다.

(2) 의례를 중요하게 여겼다

관혼상제와 통과의례에 따른 음식과 의식절차를 중요하게 여겼다.

(3) 풍류성이 뛰어났다

우리 조상들은 자연과의 조화를 중시하면서 과학적이고 멋스런 고유의 음식문화를 이루었다. 계절과 명절에 따른 다양한 음식을 통해 자연에 순응하면서도 멋과 풍류를 살린 조상의 지혜를 엿볼 수 있다.

(4) 저장식품이 발달하였다

각 계절에 맞추어 장 담그기, 김장 담그기, 채소 말리기, 젓갈 담그기, 포 만들기 등을 통해 저장발효식품과 건조저장식품을 만들었다.

3. 한국음식의 분류

우리나라는 조선시대의 화려했던 궁중음식이 있었고, 이는 기품 있는 반가의 음식과 교류되었다. 반가의 음식과 서민의 소박한 음식은 그 고장에서 특색있게 지켜져 내려오는 향토음식으로 나타났다. 또한 불교의 교리에 따른 사찰음식은 소박함과 자연의 풍미가 살아 있다.

1) 궁중음식

궁중음식은 궁궐에서 장만하던 음식으로 왕가의 음식과 그 제도가 우리 민족 최고 수준의 음식을 대표하고 있다. 궁중음식으로는 왕족의 일상적인 일상식과 의례와 연향에 따르는 특별한 음식과 상차림이 있다. 조정이나 왕가 및 개인적인 의례에 차리는 음식이 구분되었고, 음식을 만드는 법과 음식을 진설(陳設)하는 법도 제도화되어 있었다.

궁중의 연향식에 대해서는 『진연의궤(進宴儀軌)』, 『진찬의궤(進饌儀軌)』 등의 연향기록 및 각종 문헌에 의하여 그 내용을 알 수 있다.

『영조실록』에는 왕의 식사횟수에 대하여 "대궐에서 왕족의 식사는 예부터 하루 다섯 번이다"라고 했다. 그러나 영조는 하루에 세 번만 상을 받았다. 평상시의 일상식에 관련된 유일한 문헌은 『원행을묘정리의궤』(1795)로 혜경궁 홍씨와 왕족 및 일행들이 화성행궁에 다녀오는 8일간의 식단이 자세히 실려 있다.

고종과 순종 당시 궁중의 일상식은 초조반상, 아침과 저녁의 수라상, 점심의 낮것상, 야참의 다섯 차례 식사로 나뉜다. 아침과 저녁의 수라상은 12가지 반찬이 올라가는 12첩 반상차림으로, 대원반과 곁반, 모반의 3상으로 구성되어 있다.

2) 반가음식

반가(班家)음식은 양반집안의 음식을 말한다. 조선시대 양반(兩班)은 최상급의 사회계급으로 사(士)·농(農)·공(工)·상(商) 중 사족(士族)에 해당된다. 양반은 조선에서 정치에 참여할 수 있는 관료와 관료가 될 수 있는 잠재적 자격을 가진 가문, 그리고 사림(士林)이라 불렸던 학자계층까지 포함하는 조선왕조 특유의 사회계급이다.

사대부(士大夫)가는 보통 양반집보다는 권력과 부가 있는 왕족이나 종친가들, 궁중에 출입하는 대관고작 등이나 궁과 인척관계에 있는 계층들로 그 생활풍속이 궁중과

닮은 점이 많다.

조선시대 궁중에서 큰 잔치를 하면 차렸던 음식들을 종친이나 척신 집에 하사하여 궁중음식이 대궐 밖에 전해졌다. 한편 왕가에 경사가 있을 때는 반가에서 만든 음식을 궁중에 진상하는 등 궁중과 반가 간의 음식 교류가 빈번하여 서로 영향을 미쳐서 유사한 음식도 있다.

반가음식은 선조 때부터 전수되는 음식이 집집마다 있고, 이는 향리마다 큰 차이가 나타난다. 즉 향리에 분가가 있고 서울에서 벼슬을 하게 되면 한양살림을 차리게 되어 고향의 음식법을 잊지 않고 만들어 양반집마다 특별히 잘하는 음식과 규범이 있었다. 그리고 궁중음식을 본받으면서 향토음식을 병행하여 매우 특이한 맛과 멋을 가지고 있었다.

양반들의 일상식은 쌀밥이었고 부식으로 어패류, 수조육류, 버섯류, 채소류, 해조류 등으로 만든 국, 찌개와 채소가 주가 되는 김치와 나물, 그리고 육류나 생선을 주재료로 한 구이 등이 있었다. 그 외에 고기나 생선을 저며 양념한 포, 북어·미역·도라지·더덕 등으로 만든 자반, 새우·조개·굴·꼴뚜기·밴댕이 등으로 담근 젓갈이 있었다.

반가는 1인용 외상을 원칙으로 2인용 겸상, 3인용 셋겸상, 4인용 넷겸상까지 차렸다. 식사 때마다 상을 몇 개씩 차려야 하는 것이 반가의 식사풍습이었으므로 주방에는 반드시 찬방이 있었고 여러 개의 상이 준비되어 있었다.

반가의 음식법은 주로 가정 부인들의 손에 의해 전수되고 있었다. 반가음식은 한국음식의 본이 되었으며 종가나 명문가에서는 수백 년 동안 집안 대대로 내려오는 음식이 있고, 유교적 이념 아래 전통음식의 원형이 보존되는 경우도 많다. 특히 제례상은 지방이나 가문마다 특색이 있다.

반가에서는 자기 집안의 음식 만드는 법을 필사본으로 만들어 가족이나 이웃과 돌려보는 음식책을 만들기도 하였다. 1500년 이후 반가에서 나온 음식책으로는 안동 광산김씨 문중의 『수운잡방』(1540), 영양 재령이씨 문중의 『음식디미방』(1670), 대구서씨 문중의 『규합총서』(1809), 그리고 작자미상의 『시의전서』(1800년대 말), 『음식법』(1854), 『김승지댁주방문』(1860) 등이 있다.

이 책들에는 밥, 국수 등과 찬물이 되는 음식은 물론 떡이나 과자, 장 담그는 법이 실려 있고, 특히 술 담그는 법과 안주음식도 상세히 실려 있다. 이로써 반가의 부인들이 여러 식솔과 빈객에게 음식 대접을 잘하는 것이 중요한 임무였음을 알 수 있다.

3) 사찰음식

우리나라의 사찰음식은 고려왕조 이후로 전해진 불교의 교리에 따른 음식이다.

사찰음식은 불교의 기본정신을 바탕으로 하여 간단하고 소박한 재료로 자연의 풍미가 살아 있는 독특한 맛의 경지를 이루었다. 사찰음식은 산 짐승을 먹지 않고, 양념에 오신채(五辛菜 : 마늘, 파, 달래, 부추, 흥거)를 넣지 않아 담백하고 정갈하다. 주로 산채, 들나물, 나무뿌리, 나무열매, 나무껍질, 해초류, 곡류만을 가지고 음식을 만들되 음식의 조리방법이 간단하여 주재료의 맛과 향을 살리도록 제한하고 인위적으로 조미료를 넣지 않는 음식이다.

양념을 하더라도 단것, 짠 것, 식초, 장류 순으로 넣어야 하고, 또 골고루 적당하게 들어가야 하며 많은 양을 한꺼번에 만들지 않고 끼니때마다 준비해야 한다. 반찬 가짓수는 적되 영양은 골고루 포함되어 있고 양념은 적게 쓰면서 채소의 독특한 맛을 살려주어야 한다.

사찰음식은 채소와 버섯으로 만든 나물이나 잡채, 두부, 묵, 부각, 그리고 김치, 장아찌류가 많으며 신자들의 공양으로는 비빔밥이 가장 대표적이다.

4) 향토음식

(1) 향토음식의 개념

한 나라의 음식문화는 지리적·역사적인 주변환경의 영향을 받아 독특한 문화를 형성하며 발전하고, 그러한 과정에서 고유한 식생활 전통이 형성된다. 한반도는 다양한 자연환경과 정치·경제·문화 변천의 영향을 받으면서 각 지역마다 산출식품이 다양해졌다. 지역마다 식재료와 산출식품이 다양하여 그 지역의 특성에 맞는 독특한 음식들이 발전해 왔다.

이러한 한국음식의 지역별 음식문화를 가장 잘 나타내 주고 지역성·독창성·의례성을 대표하는 것이 향토음식이다.

지역성은 공간적 환경을 이루는 자연·지리적 조건이 달라 특정지역에서 생산되는 식품의 종류가 다른 데서 근본적인 차이가 있다. 따라서 산간지방과 해안지방, 여름철과 겨울철에 생산되는 산물의 차이를 이용한 향토음식이 나타나게 되었다.

독창성은 각 고장에서만 내려오는 고유한 조리법으로 만든 음식이 지역을 대표할 수 있는 향토음식의 특징을 나타낸다는 것을 알 수 있다.

의례성은 그 고장 사람들의 사고방식과 생활양식에 따른 여러 가지 문화적 환경을 바탕으로 발달해 온 특성을 말한다. 그러므로 각 고장마다 전승되고 있는 세시풍속이나 각종 의례 등의 문화적 특징이 담긴 향토음식은 매우 특별한 의미를 지닌다. 예를 들면 해안지방에서는 풍어제, 농사가 많은 평야지대에서는 기우제를 통해 풍요로운 생활이 되기를 기원했다.

(2) 지역별 특징

① 서울

서울은 자체에서 나는 산물은 별로 없었으나 전국에서 생산된 여러 가지 재료가 모였기 때문에 이를 활용하여 다양한 음식을 만들 수 있었다. 음식의 간은 짜거나 맵지 않으며 양념들은 곱게 다져 음식이 정갈하다. 음식의 주재료, 부재료, 고명, 양념 등에 쇠고기를 많이 사용한다. 왕족과 양반이 많이 살던 지역으로 격식이 까다롭고 맵시를 중히 여기며 특히 의례음식이 발달하였다.

•**대표음식** 떡국, 잣죽, 신선로, 갈비찜, 구절판, 장김치, 각색편, 각색다식, 원소병 등

② 경기도

경기도는 개성지방을 중심으로 발달하여 음식이 가장 호화롭고 다양한 지역이다. 궁중요리만큼 사치스럽고 다양한 재료가 사용된다.

•**대표음식** 개성편수, 조랭이떡국, 개성약과, 우매기, 탕평채, 홍해삼 등

③ 강원도

강원도는 영서지방의 감자, 옥수수, 메밀 등의 음식과 영동지방의 해산물을 이용한 음식이 많다. 소박하고 구수하며 산악지방에는 쇠고기를 이용한 음식이 많고 해안지방에는 멸치, 조개 등을 넣어 맛을 내는 음식이 많다.

•**대표음식** 감자옹심이죽, 메밀콧등치기, 명태식해, 도토리묵밥, 감자송편 등

④ 충청도

충청도는 주식이나 부식에 늙은 호박을 많이 쓰고 국물을 낼 때 고기보다는 닭, 굴 등을 많이 쓴다. 된장을 많이 쓰며 음식의 양이 많고 맛이 순하다.

- **대표음식** 갱싱이죽, 올갱이국, 늙은호박찌개, 호박범벅, 도리뱅뱅이, 호두장아찌, 쇠머리떡 등

⑤ 경상도

경상도는 동해와 남해를 끼고 산악지대로 둘러싸여 있어 물고기를 고기라 할 정도로 생선을 즐기며 해산물 회를 제일로 여긴다. 국수를 즐기며 날콩가루를 넣어 반죽하는 것이 특징이다. 간은 매우 짜고 맵게 하며 음식이 일반적으로 자극적인 편이다.

- **대표음식** 진주비빔밥, 안동헛제삿밥, 통영비빔밥, 안동칼국수, 추어탕, 따로국밥, 안동식혜 등

⑥ 전라도

전라도는 전주와 광주를 중심으로 음식이 발달했고 음식의 사치스러움이 개성과 비슷하다. 농산물, 산채, 과일, 해물이 고루 풍족하여 상차림의 가짓수도 전국에서 제일이다. 또한 고추장, 술맛이 좋으며 콩나물 기르는 법이 독특하고 김치에 양념이 많고 국물이 없다.

- **대표음식** 전주비빔밥, 콩나물국밥, 파만두, 낙지호롱, 영광굴비, 홍어찜, 꽈리풋고추산적 등

⑦ 제주도

제주도는 농산물이 적고 잡곡과 고구마가 많다. 제주도 음식은 바닷고기, 채소, 해초가 주된 재료이며, 된장으로 맛을 낸다.

- **대표음식** 전복죽, 돼지족탕, 옥돔미역국, 깅이국(게국), 고사리전, 오메기떡, 꿩엿 등

⑧ 황해도

황해도는 연백평야가 펼쳐진 곡창으로 음식으로 구수하고 소박하며, 떡이나 만두도 큼직하게 만들어 먹는다. 김치는 맑고 시원하며 간은 짜지 않고 충청도 음식과 비슷하다.

• **대표음식** 해주비빔밥, 남매죽, 연안식해, 닭알범벅, 된장떡 등

⑨ 평안도

평안도는 대륙적이고 진취적이며 음식솜씨도 풍성하다. 국수를 즐겨 먹고 만두도 크게 떡도 큼직하게 만든다. 간은 약하고 양이 많은 것이 특징이다.

• **대표음식** 온반, 김치밥, 어복쟁반, 평양냉면, 굴린만두, 노티, 녹두지짐 등

⑩ 함경도

함경도는 가장 북쪽으로 험한 산골이 많고 동해 바다에 면하고 있어 음식 또한 독특하게 발달하였다. 음식의 간은 세지 않고 담백한 맛을 즐기며 음식의 모양도 큼직하고 장식이나 기교도 적은 음식이 발달하였다.

• **대표음식** 함흥냉면, 감자국수, 섭죽, 순대, 가자미식해 등

Ⅱ. 한국음식의 상차림

1. 한국음식의 재료

한국음식의 기본은 밥을 주식으로 하고, 국, 찌개, 김치, 찬류를 먹는 형태로 되어 있는 한상차림 식단이다. 곡류를 기본으로 하여 밥을 짓고, 채소류로 김치와 나물을 만든다. 곡류와 두류는 장을 담가서 찌개의 양념과 찬의 양념으로 사용하였다. 찬류의 재료로는 삼면의 바다에서 수확하는 어류자원이 많아 수산물, 해조류를 골고루 이용하였고, 평야지대에서는 쌀과 곡류가, 산간지대에서는 나물과 채소류 등의 다양한 식재료가 생산되었다.

1) 곡류

한반도에서 곡류의 섭취는 신석기시대부터 시작되어 기장, 피, 조, 수수 등을 먹었을 것으로 추정되고, 쌀은 그 이후 백제의 유적지인 부여에서 다량의 쌀이 출토된 것으로 보아 7세기 이전에 먹었을 것으로 추정된다. 쌀과 함께 잡곡은 밀, 녹두, 귀리, 메밀, 보리, 수수, 옥수수, 율무, 조 등을 재배하여 식용하였고, 조선시대까지 쌀이 귀하여 오곡밥, 잡곡밥, 중등밥, 팥밥, 조밥, 보리밥 등 잡곡을 이용한 요리법이 발달하였다.

보리는 쌀, 밀, 옥수수 다음으로 많이 생산되는 곡물이며, 재배역사도 가장 오래된 곡류로 알려져 있다. 우리나라에서는 BC 5~6세기경 겉보리가 출토된 것으로 추정하며 『삼국사기』의 「고구려와 신라편」에 보리에 대한 기록이 있다. 『임원십육지(林園十六志)』(1798)에서는 "보리밥을 지을 때는 보리를 물에 하룻밤 담가 놓았다가 그 물과 같이 충분히 삶아 조리로 건져낸 후 물이 다 빠지면 멥쌀을 섞어 밥을 짓는다"고 설명하는 것으로 보아 보리가 단단해서 불린 후에 먹었음을 알 수 있다. 보리는 낱알의 구조에 따라 겉보리와 쌀보리로 나뉘는데 겉보리는 종실에서 껍질이 잘 분리되지 않아 껍질째 이용하는 보리차나 엿기름의 형태로 식혜나 엿을 만드는 데 사용하고, 쌀보리는 껍질과 종실의 분리가 쉬워 쌀과 함께 주식으로 이용한다.

밀은 껍질이 질기고 속이 잘 부서지는 성질이 있어 가루의 형태로 만들어 사용한다. 밀은 삼국시대에 중국의 화북지방에서 들여온 것으로 추정되고, 밀가루를 이용하여 국수나 만두를 만들어 경사스러운 때 사용해 왔다.

우리나라에서 메밀이 사용된 것은 고려시대의 기록으로 알 수 있다. 메밀은 다른 곡류와 달리 영양성분이 열매 중에 균일하게 분포되어 있어 제분해도 영양 손실이 적다. 메밀은 산악지대에서도 재배가 가능하여 구황작물로 이용되었고, 메밀가루를 이용하여 총떡, 만두, 묵, 칼국수, 계강과 등을 만들어 먹기도 한다.

2) 두류

두류는 곡류와 함께 중요한 식량자원이다. 두류와 곡류의 다른 점은 곡류의 주성분은 전분인 데 반해 두류는 단백질이라는 것이다. 두류의 대표적 식재료인 콩은 우리나라와 만주가 원산지이고, 단위면적당 단백질의 생산량이 가장 높은 작물로 우리나라에서는 단백질의 중요한 공급원이다. 두류는 쌀과 함께 섞어서 밥을 짓거나 떡을 만들어 먹기도 하고, 죽을 끓이거나 두유로 두부를 만들기도 한다. 대두와 녹두는 싹을 내어 콩나물, 숙주나물처럼 나물로 키워 먹기도 하고, 대두를 이용하여 간장, 된장, 고추장을 만들기도 한다. 팥도 쌀과 함께 밥을 지어 먹거나 떡을 만들거나 죽을 만들어 먹는다. 우리나라에서 주로 먹는 두류는 강낭콩, 녹두, 땅콩, 완두, 대두, 팥 등이다.

3) 서류

서류는 곡류와 더불어 중요한 식량자원이다. 서류는 주요 영양분인 탄수화물을 뿌리나 줄기에 저장하는 근채류이다. 감자의 원산지는 남미의 고원지대이다. 감자는 중국을 통하여 우리나라에 들어왔는데 그 연도는 확실치 않다.

감자 한 포기를 파내어 들어 올리면 말방울처럼 보인다 하여 중국에서는 감자를 마령서(馬鈴薯)라 하였다. 그런데 이 마령서가 우리나라 북부 산악지대를 통하여 들어와 그 이름을 몰랐는데 청나라 상인들이 '북방감저(北方甘藷)'라 가르쳐주었고, 나중에는 감저라 적었으며, 이것이 오늘날의 감자라 불리게 되었다고 한다.

『오주연문장전산고』(19세기)에 "북저는 일명 토감저(土甘藷)라고 하는데 순조 24~25

년 즈음에 관북(關北)에서 처음 들어왔다"고 쓰여 있다. 한편 김창한의 『원저보(員藷譜)』 (1862)에는 "북방으로부터 감자가 이 땅에 들어온 지 7~8년이 지난 순조 32년(1823) 영국 선교사가 농민에게 씨감자를 나누어주고 재배법을 가르쳐주었다"고 기록되어 있다. 감자는 강원도 등에서 감자부침, 감자떡 등의 향토음식으로 발전해 왔는데 주식이나 찜, 볶음요리 등에 이용된다.

고구마는 조선통신사들이 영조 때 일본에 갔다 돌아올 때 대마도에서 씨고구마를 부산 동래로 가져오면서 보급되기 시작하였다. 초기에는 주로 경상도에서 재배되었고, 이후 호남지방으로 퍼져 재배되었다. 고구마는 단위면적당 수확량이 높고, 척박한 곳에서도 잘 자라며 기상조건의 변화에도 강하여 감자와 함께 대표적인 구황작물로 식용되었다.

4) 채소류

우리나라에서 재배하는 채소는 100여 종이다. 그중 주로 무, 배추, 고추, 마늘, 오이 등이 30여 종이고, 산채나 지역적인 특수채소를 합치면 약 60여 종에 이른다. 채소는 대표적인 비타민 공급원으로써 국, 김치, 찌개, 생채, 나물, 장아찌 등의 재료로 이용해 왔다. 녹황색 채소로는 시금치, 깻잎, 상추, 쑥갓, 당근, 두릅, 달래, 근대, 돌나물, 머위, 미나리, 비름, 부추, 쑥, 아욱, 원추리, 취, 토마토 등이 있고, 담색 채소로는 무, 배추, 콩나물, 파, 마늘, 도라지, 더덕 등이 있다. 또 갓, 씀바귀, 냉이, 고들빼기, 고사리, 곰취, 고비 등도 많이 먹는다.

5) 해조류

해조류를 먹기 시작한 것은 선사시대부터로 추정된다. 중국 문헌에는 신라와 발해에서 좋은 다시마와 미역이 나는데 이를 중국에 보냈다고 쓰여 있고, 『고려사』에는 충선왕 때 원나라에 미역을 바친 기록이 있다. 바다를 접한 제주도와 울릉도, 남해안 지역을 중심으로 해조류 음식이 발달하였다. 파래는 무쳐 반찬으로 이용하고, 김은 말려서 구워 먹는다. 청각은 시원한 맛을 내어 김치 담글 때 사용하고, 다시마는 한자로 '곤포(昆布)'라고 하는데 국물을 내거나, 말려서 튀겨 먹는다. 우뭇가사리는 끓여 식힌 뒤 굳혀서 한천(寒天)을 만들어 먹었는데, 『임원십육지』(1798)에는 우무묵인 '수정회(水晶膾)'를 만들어 먹었다는 기록이 있다.

6) 버섯류

버섯은 특유의 향과 감칠맛이 있고, 식이섬유가 풍부하며 독특한 질감을 가지고 있다. 버섯은 반드시 식용버섯만 먹어야 하며 야생버섯 중에는 독이 있을 수 있으므로 주의해야 한다. 식용버섯은 색이 화려하지 않고, 옅은 살색, 흰색, 진한 갈색 등으로 결이 있어 세로로 뜯어지는 특징이 있다. 우리나라에서 나는 버섯 중 으뜸은 송이버섯인데, '일 송이, 이 능이, 삼 표고, 사 석이'라는 말이 있듯이 송이를 최고의 버섯으로 쳤다. 주로 먹는 버섯은 느타리버섯, 목이버섯, 석이버섯, 송이버섯, 싸리버섯, 영지버섯, 표고버섯 등이고, 마른 버섯에는 비타민 B_2, D 등의 모체인 에르고스테롤이 들어 있어 항암효과와 혈중 콜레스테롤을 낮추는 효과가 있다.

7) 어패류

우리나라는 3면이 바다이며 한류와 난류가 접하고 있어 수산자원이 풍부하다. 선사시대부터 바다생선, 민물고기, 조개류 등이 어획되어 식용되었다. 어패류는 어류, 연체류, 갑각류, 조개류 등으로 나눌 수 있으며, 우리나라에서는 민어, 청어, 대구, 고등어, 가자미, 정어리, 농어, 조기, 갈치, 도미, 삼치, 꽁치, 병어, 명태, 준치, 연어, 도루묵, 문어, 해삼, 오징어, 꽃게, 새우, 작지, 메기, 멸치, 붕어, 서대, 쏘가리, 숭어 등을 즐겨 먹고, 조개류로는 굴, 대합, 조개, 바지락, 패주, 전복, 소라, 꼬막, 다슬기, 백합, 우렁이, 재첩, 피조개, 홍합 등을 주로 먹었다.

8) 쇠고기

쇠고기는 여러 가지 수육(獸肉) 중에서 맛이 좋고 영양가가 높은 고기이다. 우리나라에서 소는 살코기뿐만 아니라, 내장, 뼈, 꼬리, 다리, 선지까지 음식으로 이용하고 있다. 구이용, 국물이나 찌개의 육수, 포, 회, 조림, 편육, 갈비찜, 수육 등의 다양한 조리법으로 이용되고 있다.

표 2-1 쇠고기 내장의 부위별 사용방법

부위		조리법	손질방법
위	양깃머리	구이, 편육, 탕	소의 4개의 위 중 첫 번째 위로 두꺼운 부분을 양깃머리라고 한다. 소금과 밀가루로 주물러 깨끗이 씻어 물에 튀한 다음, 칼로 검은 표피를 벗겨 하얗게 해서 조리한다. 탕이나 구이, 전골에 많이 사용한다.
	벌집양	양즙, 구이	소의 4개의 위 중 두 번째 위로, 즙이 가장 많이 나오며, 소금과 밀가루로 주물러 찬물에 깨끗이 씻은 다음 끓는 물에 살짝 데쳐 껍질을 벗겨서 사용한다. 찬물에 담가두면 잡냄새가 제거된다.
	처녑	처녑회, 갑회, 저냐	소의 4개의 위 중 세 번째 위로, 나뭇잎 모양의 내장이 천 장이나 붙어 있다고 하여 처녑이라 부른다. 회색 돌기 같은 것이 돋아 있으므로 소금과 밀가루로 깨끗이 주물러 씻는다. 신선한 것은 회로 먹기도 하고 한 장씩 떼어 전을 부치거나 전골이나 볶음에 이용되기도 한다.
	소 홍창	구이, 탕, 수육	소의 4개의 위 중 네 번째 위로, 색이 붉은 기가 있어 홍창이라 하고, 마지막 위라 막위, 막창이라 부르기도 한다. 겉과 속에 있는 지방덩어리를 제거하고 소금과 밀가루로 깨끗하게 씻는다. 쫄깃쫄깃하고, 고소하기 때문에 구이나 탕으로 쓰인다.
간		저냐, 볶음, 회	영양가가 높고 균형 잡힌 우수한 부위이다. 물속에서 누르는 것처럼 하여 피를 제거하고, 표피는 소금을 발라가며 전부 벗기고, 냉동실에 잠깐 넣었다가 0.4cm 두께로 썰어 양념해서 굽거나 메밀가루에 묻혀 저냐를 부친다.
심장(염통)		구이	내장 중에서 냄새도 적고 연하며 맛이 담백하다. 0.3~0.4cm 두께로 썰어 칼집을 넣어 양념해서 굽는다.
콩팥		구이, 전골, 볶음	부드럽고 조리하기 쉽다. 속에 든 지방을 제거하고 생강즙을 넣어 조리한다.
대장(직장)		곰국	밀가루를 듬뿍 쳐서 빨래하듯 씻은 다음, 두꺼운 지방분을 제거하여 길이 5cm 정도로 썰어서 양념에 버무려 굽거나 곰국으로 끓인다.
곱창		곰국, 구이	곱창은 대장과 같은 방법으로 씻어서 곰국에 넣거나 찜에 넣기도 하며, 구이로도 사용한다.
지라		설렁탕	부드럽고 맛이 좋아 설렁탕에는 꼭 넣는다. 끓는 물에 반숙하여 회로 먹기도 한다.
허파		찜, 저냐	허파찜은 여러 차례 찔러서 피를 빼가며 삶은 다음 양념을 해야 한다. 허파는 곰국에 넣으면 누린내가 덜 난다.
골		골탕, 저냐	골탕은 백숙으로 하여 보양식으로 이용하면 좋다.
우설		편육, 찜, 구이	소의 혀로 소금으로 문질러 씻은 뒤 뜨거운 물에 튀겨 표피와 돌기를 제거한 후 삶아서 편육이나 찜에 사용한다. 껍질을 벗겨 얇게 썰어 구이도 한다.
곤자소니		국, 찜	곤자소니는 그 용도가 다양한데, 국이나 찜으로 할 때에는 기름기를 잘 제거해야 한다.
등골		저냐, 전골	날것으로 조리하기도 하고, 저냐를 부쳐 전골에 넣기도 하는 귀한 재료이다.

9) 돼지고기

돼지는 소와 함께 중요한 식육 공급원으로 풍토에 대한 적응력이 강하고 새끼의 생산성이 좋으며 도체율도 높은 가축이다. 우리나라에서는 돼지를 풍요와 다복의 상징으로 여겼는데, 돼지는 고기가 귀했던 시절에 매우 중요한 육류 식재료였다. 돼지고기 중 배 부분의 삼겹살은 살코기층과 지방층이 교대로 층을 이루어 많이 이용되고 있으며, 안심은 부드럽고 지방질이 거의 없어 노약자에게 좋다. 돼지머리는 편육으로 먹으며, 족은 찜과 조림에 이용되고, 껍질에는 콜라겐 성분이 많이 들어 있다. 각종 내장 부위도 소와 마찬가지로 다양하게 조리에 이용되고 있다. 『규합총서(閨閤叢書)』(1809)에는 돼지고기에 대한 요리가 많이 나와 있고, 돼지고기뿐 아니라 돼지 새끼집도 '애저(兒猪)'라 하여 궁중진찬에 올리기도 하였다.

10) 닭고기

닭고기는 섬유소가 얇고 가늘어 육질이 부드러우며 구이, 볶음, 튀김 등에 이용되거나 탕으로 만들어 먹는다. 닭고기는 부위에 따라 색깔이 다른데, 다리 살은 붉은색으로 물기와 기름기가 많아 맛이 좋으며, 가슴살은 흰색으로 기름기가 거의 없어 담백한 맛이 난다. 닭은 통째로 백숙, 닭찜 등을 만들기도 하고 닭 살은 발라내어 가늘게 찢어 초계탕, 임자수탕 등에 이용하며, 다리·가슴살·날개 등은 조림, 찜 등에 이용한다. 『음식디미방(飮食知味方)』(1670)에서는 어린 닭을 찐 '연계증(軟鷄蒸)'이 나오고, 『증보산림경제』(1766)에서는 '연계증법'을 "연계의 뱃속에 여러 가지 고명과 향신료를 채우고 백숙한 후 유장(油醬)을 넣고 다시 삶아낸다"고 기록하고 있다. 『규합총서』에는 '칠향계(七香鷄)'라는 중탕한 닭찜이 기록되어 있고, '승기아탕(勝只雅湯)'이라는 음식은 '승기악탕(勝妓樂湯)'이라 하여 '노래나 기생보다 좋은 탕'이라는 뜻이니 맛과 풍류가 뛰어났음을 짐작할 수 있다.

11) 알류

달걀, 메추리알, 오리알 등이 있으며 삶거나 찜, 수란, 조림, 저냐 부칠 때 씌우는 재료로 다양하게 이용한다. 한국음식에는 황·백으로 달걀지단을 부쳐 음식 위에 얹는 고명으로 사용된다.

2. 주식, 찬물, 양념, 고명

1) 주식류

(1) 밥

밥[飯(반)]이란 곡물을 가열 조리한 음식으로 신석기시대 이후 토기를 만들면서 지어 먹기 시작했다. 『삼국사기』에서 1세기 초반인 고구려 대무신왕 때 "솥에 밥을 짓는다"라고 한 것으로 보면, 삼국시대에 쇠솥이 있었음을 알 수 있고, 무쇠솥에 밥을 해 먹었을 것으로 짐작할 수 있다. 밥은 한국의 대표적인 주식으로 수라, 진지, 메 등으로 표현되기도 한다. 예로부터 쌀 위주로 밥을 지었으나, 쌀뿐만 아니라, 잡곡류, 두류, 견과류, 채소류, 어패류, 수조육류 등을 혼합하여 밥을 짓기도 한다.

밥 조리법에 대한 기록은 조선시대 서유구의 『옹희잡지(饔餼雜志)』(19세기 초)에서 "우리나라 사람은 밥을 잘 짓기로 천하에 이름이 났다. 밥을 지을 때는 쌀을 깨끗이 씻어 뜨물을 말끔히 따라 버리고 솥에 안친 후 손 두께쯤 되게 물을 붓고 불을 땐다. 무르게 하려면 익을 때쯤 일단 불을 껐다가 1~2경(頃) 후에 다시 불을 때며, 단단하게 하려면 불을 끄지 말고 시종 약하게 땐다"고 하였다. 『임원십육지(林園十六志)』(1798)에서 "솥뚜껑이 삐딱하면 김이 새어 나와서 밥맛이 없고 땔감도 많이 들며, 반은 익고 반은 설게 된다"고 한 것을 보면 좋은 밥을 짓는 조리법이 있었음을 짐작할 수 있다.

가마솥에 밥을 해 먹고 나면 솥에 붙은 밥의 누룽지에 물을 부어 숭늉을 끓여 먹을 수 있었는데, 우리나라 문헌에 숭늉에 대하여 구체적으로 기록된 것은 없지만 박인로(朴仁老, 1561~1642)는 숭늉에 대하여 시조를 짓기도 하였다.

(2) 죽

죽은 곡물로 만든 음식 가운데 가장 오래된 음식으로 곡류에 5~7배의 물을 붓고 오랫동안 끓여 만든 유동식이다. 『임원십육지』(1798)에서는 "매일 아침에 일어나서 죽 한 사발을 먹으면 배는 비어 있고 위는 허한데 곡기가 일어나서 보(補)의 효과가 매우 좋으며 부드럽고 매끄러워 위장에 좋다. 이것이 음식의 가장 좋은 묘책이다." 하였고 『조선무쌍신식요리제법』(1924)에서는 "죽이란 쌀은 보이지 않고 물만 보여도 안 되고, 물은 보이지 않고 쌀만 보여도 안 된다. 반드시 물과 쌀이 서로 화하여 부드럽고 기름지게 되어야 한다"고 하였다. 죽은 재료에 따라 흰죽, 두태죽, 맑은장국죽, 어비단죽, 타락죽,

잣죽, 팥죽, 패주죽, 전복죽 등이 있고, 주식뿐만 아니라 보양식으로 사용된다. 궁중에서는 내의원에서 우유로 끓인 타락죽을 왕에게 올리기도 하였다.

(3) 응이, 미음

응이는 곡물을 갈아서 얻은 녹말을 물에 풀어서 끓여 익힌 음식이며 의이(薏苡)라고도 한다. 미음은 곡물에 10배 정도의 물을 부어 끓인 다음 체에 걸러 죽보다 더 묽게 만든 음식이다. 죽보다는 미음이, 미음보다는 응이가 더 묽은 형태이다. 미음에는 쌀미음, 차조미음, 메조미음, 고기미음, 구선왕도고미음 등이 있고, 응이에는 율무응이, 갈분응이, 연근응이, 인삼응이 등이 있다.

(4) 국수와 만두

국수는 밀가루나 메밀가루 등을 물에 반죽하여 국수틀에 뽑아내거나, 반죽을 얇게 밀어 칼로 가늘게 썰어서 만드는 것이다. 잔치나 명절 때 국수를 만들어 먹었는데, 길게 뽑아낸 면발은 장수의 의미로 생일, 환갑, 혼인 등에 손님접대 음식으로, 평상시에는 별미음식으로 먹는다. 『조선무쌍신식요리제법』(1924)에 실린 기록을 보면 "국수를 익힐 때에는 냉수를 많이 쓰고 익혀낼 때 또 냉수에 담가 뜨거운 김이 다 빠진 후에 건져내어 초, 마늘, 장, 기름, 부추 등을 섞어서 다시 국에 말면 맛이 매우 좋다. 국수는 온갖 잔치에서, 조반이나 점심에 안 쓰는 데가 없으니 어찌 중하지 않겠는가. 누구를 대접하든 국수가 밥보다 낫다. 국수에는 편육 한 접시라도 놓으니 대접 중에 낫다. 국수는 모밀의 속껍질이 조금 있어야 맛도 낫고 자양(滋養)에도 좋으니 시골에서 만드는 국수가 빛은 검으나 맛은 좋다. 또 국수를 많이 먹으면 풍이 동하고 훌친다 하여 산모는 많이 먹지 않는다"고 하였다.

국수는 재료에 따라 밀국수, 메밀국수, 녹말국수, 칡국수 등으로 불리며 조리방법에 따라 온면, 냉면, 비빔국수, 칼국수, 면신선로 등이 있다.

만두는 촉나라의 제갈공명이 전쟁을 할 때 풍파가 심하여 여수(濾水)란 강을 건널 수 없게 되자, 한 부하가 남만의 풍습에 따라 사람 머리 마흔아홉 개로 물귀신에게 제사를 올리자고 하자 제갈공명이 생사람을 죽일 수는 없어 묘책을 써서 양고기를 밀가루로 싸고 만인의 머리[蠻頭(만두)]처럼 그려서 제사를 지냈더니 풍파가 가라앉아 무사히 강을 건넜다는 이야기가 있다. 만두는 만인(蠻人)의 머리를 본뜬 것이어서 만두(蠻頭)라 하였고, 후에 만(蠻)과 만(饅)의 음이 같아서 만두(饅頭)가 되었다고 한다. 만두는 밀가루나 메밀가루 등으로 만두피를 만들어 기호에 따라 육류, 어류, 채소류 등을 섞어 만두소를 만들어 넣는 것인데, 만두피를 생선으로 만든 어만두도 있다. 만두소로는 김치, 배추, 숙주, 버섯, 쇠고기, 돼지고기, 닭고기, 꿩 등의 재료가 다양하게 사용되었다. 계절에 따라 봄에는 준치만두, 여름에는 네모난 만두인 편수와 담쟁이 잎에 쪄내는 규아상, 겨울에는 생치만두와 김치만두 등을 즐겨 먹었다.

(5) 떡국

정월 초하루 설날의 세시음식으로 차례를 지내고 새해 아침 일 년의 첫 식사를 떡국으로 하였다. 떡국은 멥쌀가루를 익반죽한 뒤 떡가래로 만들어, 하루 정도 굳힌 뒤 다시 원형으로 얇게 썰어 장국에 끓였다. 개성의 조랭이떡은 흰떡을 대칼로 눌러 누에고치 모양으로 만든 떡으로 작고 쫄깃쫄깃하며 맛도 별미이다. 홍선표의 『조선요리학(朝鮮料理學)』에서는 조랭이떡국을 "전국적으로 백병(흰떡)을 어슷어슷 길게 썰지만 조선 개국 초에 고려의 신심(臣心)으로 떡을 비벼 경단 모양으로 잘라내어 생떡국처럼 끓여 먹는데 이를 조롱떡국이라 한다"고 하였는데 고려의 아낙네들이 이성계의 목을 누르는 것처럼 떡국을 만들었다고 전해진다.

수제비는 밀가루, 메밀가루, 도토리가루 등을 부드럽게 반죽하여 손으로 떼어서 장국에 넣어 끓인 음식이다. 장국은 멸치나 조개, 쇠고기 등으로 국물을 끓이고 애호박이나 김치, 감자 등을 넣어 끓여 먹는다. 경상도 통영에서는 수제비를 군둥집, 이북에서는 '뜨더국'이라 부른다.

2) 찬물

(1) 국

국은 밥과 함께 먹는 부식으로 탕(湯)이라고도 한다. 밥과 국이 우리 식생활의 기본적인 상차림의 구조가 된 것은 고려시대로, 고려시대 초기에 대외무역이 활발하게 전개되면서 사신의 왕래가 빈번해지고 이들을 위한 큰 규모의 연회가 자주 열리게 되어 식생활문화가 발전할 수 있는 기초가 되었다. 중기에 이르러 목장이 확대되자 식용육이 크게 늘어나고, 채소의 재배가 활발해지면서 국이나 탕류가 다양하게 발달하였다.

국은 조리법상 맑은장국, 토장국, 곰국, 냉국 등으로 분류할 수 있다. 맑은장국은 육류, 어패류 등을 끓여 우려낸 국물에 소금이나 국간장 등으로 간을 맞춘 맑은 형태의 국이다. 콩나물국, 미역국, 완자탕, 무 맑은장국 등이 있다.

토장국은 된장을 풀어 끓인 국으로 탁한 형태의 시금치국, 아욱국, 냉잇국, 시래깃국 등이 있다. 곰국은 쇠고기의 뼈, 내장 등을 고아서 끓인 국으로 설렁탕, 갈비탕, 꼬리곰탕 등이 있다. 냉국은 주로 여름에 차게 만들어 더위를 피하고 입맛을 돋우는 것으로 오이, 미역냉국, 깻국, 냉콩국, 임자수탕 등이 있다.

(2) 찌개

찌개는 국보다 국물을 적게 하고 건더기는 많이 넣어 끓인 요리로 국보다 간이 센 것이 특징이다. 찌개와 비슷한 말로는 조치, 감정, 지짐이 등이 있으며, 감정은 고추장으로 조미한 찌개이고 지짐이는 국물이 찌개보다 적은 편이다.

『시의전서(是議全書)』(조선 말기)에는 골조치, 처녑조치, 생선조치 등이 나와 있고, 간장(진간장)으로 간한 것을 맑은 조치, 고추장이나 된장을 풀어 넣은 것을 토장조치라 하였으며, 맑은 조치 중에는 젓국으로 간을 한 것도 있다고 기록되었다.

찌개 중에 콩을 삶아 발효시켜 끓인 장을 청국장이라 하는데 청국장은 담북장, 떼장(평안도), 퉁퉁장(충청도) 등으로 불린다.

찌개는 재료에 따라 된장찌개, 고추장찌개, 젓국찌개, 김치찌개, 생선찌개, 두부찌개, 민어감정, 게감정, 맛살찌개, 순두부찌개, 비지찌개, 청국장찌개 등 여러 종류가 있다.

(3) 전골

전골은 여러 종류의 재료를 손질하여 전골냄비에 색색이 넣어 시각적으로도 즐기면서 즉석에서 육수를 부어가며 끓여 먹는 음식이다. 전골은 찌개와 비슷하나 주로 들어가는 재료에 따라 그 이름이 달라진다. 쇠고기전골, 송이전골, 낙지전골, 두부전골 등이 있고, 궁중음식으로 신선로가 유명하다. 신선로는 원래 화통이 붙은 냄비 이름이고, 음식의 이름은 '열구자탕(悅口子湯)'이었는데 지금은 신선로가 음식 이름으로 불리고 있다.

(4) 찜, 선

찜은 육류, 어패류, 버섯류 등의 주재료에 갖은 양념을 얹어 국물과 함께 푹 익히거나 증기로 쪄낸 음식이다. 찜은 재료의 원형을 보존할 수 있고, 영양소 파괴가 적은 조리법으로 궁중음식으로 많이 올려졌다. 갈비찜, 꼬리찜, 사태찜, 도미찜, 대하찜, 전복찜, 궁중닭찜, 북어찜 등이 있다. 『규합총서』와 『시의전서』에는 '봉총찜(鳳蔥蒸)'이 등장하며 꿩을 손질하여 만드는 법에 대한 기록이 있다.

선은 좋은 음식이란 뜻으로 흰 살 생선이나 호박, 오이, 가지, 두부와 같은 식물성 식품에 곱게 채썬 소를 넣고 찌는 요리이다. 대체로 재료에 녹말을 씌워 찐 것으로 식품 본래의 맛과 색을 즐기면서 먹는 요리이다. 오이선, 호박선, 가지선, 두부선, 어선 등이 있다.

(5) 조림, 초

조림은 생선조림, 육류조림 등이 대표적인데 양념으로 간장이나 고추장을 넣고 재료에 간이 충분히 스며들도록 약한 불에서 충분히 익히는 요리법이다. 간을 세게 하면 저장기간이 길어져 오래 두고 밑반찬으로 먹을 수 있다. 조림에는 쇠고기장조림, 조기조림, 북어조림, 두부조림, 감자조림 등이 있다.

초는 조림과 비슷하지만 녹말을 넣어 윤기 나게 조리는 방법으로 조림보다는 간이 약하고 단 편이다. 홍합초, 해삼초, 대구초 등이 있다.

(6) 전

전은 육류, 어패류, 채소류, 버섯류, 두부 등을 얇게 저미거나 다져서 밀가루, 달걀 등의 옷을 입혀 기름 두른 팬에 지지는 조리법이다. 전은 전유어, 저냐 등으로 불리며 궁중에서는 전유화라고 한다. 전의 종류에는 생선전, 완자전, 표고전, 풋고추전 등이 있다.

(7) 구이

구이는 인류가 불을 사용할 수 있을 때부터 실시한 조리법으로 우리 조상들은 상고시대부터 고기구이를 잘 만들었다는 기록이 있다. 우리 조상들은 만주 지방에서 맥(貊)족을 형성하였는데, 유목민이어서 가축을 조리하는 기술이 뛰어나 미리부터 장에 부추나 마늘을 섞어 고기를 구웠다는 기록이 중국 진(晉)나라의 간보가 쓴 『수신기(搜神記)』(4세기)에 전해오고 있다. 우리 조상은 고기구이를 맥족이 먹는 '맥적(貊炙)'이라 하였고, 중국인의 고기 굽는 법과는 달리 장(醬)에 미리 부추, 마늘 등을 섞어 고기를 구웠다. 삼국시대와 고려시대에는 불교를 숭상하여 육식보다는 채식을 주로 하였다가 고려 말 몽골족의 침입으로 다시 육식을 즐기게 되었다. 조선시대에는 유교사상에 의한 관혼상제의 의례에 따라 갈비, 불고기, 너비아니 등의 조리법이 발달하였다. 육류요리로는 너비아니, 가리구이, 제육구이 등이 있고, 어패류 구이로는 대합구이, 생선구이, 낙지호롱구이, 전어구이 등이 있다.

(8) 적

채소나 어육류 등을 양념하여 꼬챙이에 끼워 익힌 음식으로 대표적으로 산적과 누름적, 지짐누름적의 세 종류가 있다. 산적은 재료를 양념하여 꿰어서 옷을 입히지 않고 굽는 요리를 말하며, 재료를 양념하여 다 익힌 후 색을 맞춰서 꿴 것으로 누름적, 화양적 등이 있다. 지짐누름적은 날재료를 꼬챙이에 꿴 다음 밀가루와 달걀물을 입혀 지진 것으로 김치적, 두릅적 등이 있다. 『조선무쌍신식요리제법』에 나오는 산적은, "연한 고기를 두툼하고 넓게 저며서 장을 치고 기름, 깨소금, 후춧가루 넣어 주물러서 다시 도마에 펴놓는다. 칼로 다시 저미듯 두드려 가며 기름과 깨소금을 켜켜이 뿌려 놓았다가 석쇠에 굽는다. 제사상이나 큰 잔칫상에 고이는 음식이다"고 하였고, 『시의전서』에는 돼지족으로 만든 족적과 육적에 대한 기록이 있는데, 족적은 "족을 삶아서 건져낸 후에 긴 뼈는 버리고 굽통 사이만 잘라 양념에 재웠다가 굽는다. 두 개를 하려면 꼬치를 좌우로 질러 사지 둘을 감고, 하나만 하려면 사지 하나를 감는다. 대강 뼈를 추리고 양념하여 굽는다" 하였고, 육적은 "정육을 손바닥 두께 정도의 세오리로 저미며 눈대중으로 염접하고 양념에 재운다. 도마에 세 조각을 가지런히 놓고, 싸리 꼬챙이 둘로 좌우를 찔러 꿰어 산적같이 잔칼질을 한 뒤에 깨소금을 뿌려 석쇠에 얹고 반숙이 안 되게 굽되 사지(絲紙)를 감는다"고 하였다.

(9) 편육

편육은 고기를 덩어리째 푹 삶아 베보자기에 싸서 도마로 판판하게 눌러 굳힌 후 얇게 저민 것이다. 『시의전서』에서는 양지머리 외에 사태·부아·지라·쇠머리·우설·우랑·우신·유통 등이 편육감으로 알맞고, 제육은 초장과 젓국·고춧가루를 넣고, 마늘을 저며 고기에 싸 먹으면 느끼하지 않다고 하였다. 『조선무쌍신식요리제법』에서 "편육이란 것은 약을 달여 약은 버리고 찌꺼기만 먹는 셈이니, 좋은 고기 맛은 다 빠졌는데 무엇이 그리 맛이 있으며 자양(滋養)인들 되리요"라고 기록하여 고기의 맛있는 맛이 국물에 빠져나가는 것을 안타까워했다.

(10) 회

회는 어패류, 쇠고기, 채소류 등을 익히지 않고 양념장이나 초고추장에 찍어 먹는 것으로 육회, 처녑, 간, 해삼, 멍게, 굴, 어회, 민어회 등이 있다. 민어는 기름기가 많이 오르는 6월이 가장 맛이 좋아 6월에는 민어회를, 농어는 6~8월에 회로 즐겼다.

숙회는 오징어, 문어, 낙지, 미나리, 실파, 두릅 등을 살짝 익혀 먹는 것을 말한다.

(11) 마른 찬

마른 찬은 육류, 어패류, 해조류, 채소류 등을 말리거나 튀겨서 반상이나 주안상에 올리는 것으로 포, 자반, 튀각, 부각, 볶음 등이 있다. 포는 고기를 양념하여 말린 것으로 육포, 어포 등이 있으며, 편포는 고기를 곱게 다져서 양념하여 말리는 것으로 다진 고기를 대추처럼 만든 대추포, 둥글고 납작하게 빚어 잣을 박아 말린 칠보편포가 있다. 부각은 김, 고추 등에 찹쌀풀을 발라 튀긴 것이고 튀각은 미역, 다시마 등을 튀긴 것이다.

(12) 김치

김치는 세계적으로 널리 알려진 우리나라의 대표적인 전통음식이다. 사계절이 뚜렷한 우리나라에는 채소류가 귀한 겨울 동안 비타민, 유기산, 칼슘을 공급해 주는 저장음식으로 김치를 담가 먹었다. 무, 배추, 열무 등의 채소를 소금으로 절이고 고추, 파, 마늘, 젓국 등으로 양념하여 버무려 만든다. 통배추김치, 깍두기, 나박김치, 보쌈김치, 열무김치, 갓김치, 동치미, 오이소박이 등 계절과 지역에 따라 다양한 김치가 발달하였다.

(13) 장아찌

장아찌는 여러 가지 채소가 많이 날 때 채소를 간장, 된장, 고추장 등에 박아두었다가 먹는 저장발효음식이다. 장아찌는 상에 올릴 때 참기름, 설탕, 깨소금, 고추장 등으로 무친다. 종류로는 마늘, 마늘종, 무말랭이, 풋고추, 참외, 무, 오이, 더덕, 깻잎장아찌 등이 있다.

(14) 젓갈

젓갈은 수산물을 소금에 절여서 삭힌 발효성 저장음식이다. 젓갈 담그는 법은 소금에만 절이는 법, 소금과 누룩에 담그는 법, 소금과 엿기름, 조밥이나 찹쌀에 생선 등을 담그는 방법, 간장에 게 또는 대하를 담그는 방법 등이 있다. 젓갈은 크게 김치용 젓갈과 반찬용 젓갈로 나눌 수 있는데, 김치용 젓갈은 새우젓, 멸치젓, 조기젓, 황석어젓 등을 많이 사용하고, 반찬용으로는 굴젓, 창란젓, 아가미젓, 해삼창자젓, 성게알젓, 게젓과 게장, 곤쟁이젓, 명란젓, 어란 등이 있다.

3) 양념

양념은 음식을 만들 때 재료의 맛과 향을 좋게 하는 역할을 한다. 양념은 기본적으로 짠맛, 신맛, 단맛을 내는 조미료와 매운맛을 내는 향신료를 모두 일컫는다.

(1) 소금

소금은 음식의 맛을 내는 가장 기본적인 조미료로 짠맛을 낸다. 소금은 바닷물뿐만 아니라 바위, 소금호수, 소금우물에서도 얻어지는데 우리나라에서는 바닷물에서만 소금을 생산한다. 우리나라에서 생산되는 소금의 종류는 호염(굵은소금), 재염(재제염, 꽃소금), 식탁염 등으로 나눌 수 있다. 호염은 염전에서 바로 나온 것으로 입자가 굵어 모래알처럼 크고 색이 약간 검다. 대개 장을 담그거나 채소나 생선의 절임용으로 쓰인다. 재염은 호염에서 불순물을 제거한 것으로 흔히 꽃소금으로 불리며 적은 양의 채소나 생선을 절이는데 이용한다. 우리나라 서해안은 염전이 많아 호염인 천일염이 생산되는데, 소금은 수확후 간수를 빼서 사용해야 쓴맛이 없어지며 간수는 3년 정도 뺀 것이 좋은 소금이다.

우리나라에서는 오래전부터 소금을 섭취하였는데, 중국의 옛 문헌에 의하면 낙랑에 소금이 풍부하여 고구려에서는 서해안에서 소금을 얻었고, 신라에서는 소금 제조장을 국가가 소유하였으며, 이를 사원에 내리기도 하고, 소금을 징수하여 국가의 재원으로 삼았다.

소금의 간은 음식에 따라 가장 맛있게 느끼는 농도가 다르다. 맑은국이면 1% 정도가 알맞고 맛이 진한 토장국이나 건지가 많은 찌개는 간의 농도가 더 높아야 하고, 찜이나 조림 등 고형물의 간은 더욱 강해야 맛있게 느낀다.

(2) 간장

간장과 된장은 콩으로 만든 우리 고유의 발효식품으로 음식의 맛을 내는 중요한 조미료이며 장맛이 좋아야 좋은 음식을 만들 수 있다. 간장의 '간'은 소금의 짠맛을 나타내고, 된장의 '된'은 되직한 것을 뜻한다. 재래식으로는 늦가을에 흰콩을 무르게 삶아 네모지게 메주를 빚어 따뜻한 곳에 곰팡이를 충분히 띄워서 말려두었다가 음력 정월 이후 소금물에 넣어 장을 담근다. 장맛이 충분히 우러나면 국물만 모아 장을 쓰고, 건지는 모아 소금으로 간을 하여 항아리에 꾹꾹 눌러 담아 된장으로 쓴다.

간장의 염도는 16~21%이고, 메주를 소금물에 담그면 숙성되는 동안에 당화작용, 알코올발효, 산발효, 단백질 분해작용에 의해 맛과 향이 생긴다. 그리고 간장의 검은색은 아미노산과 당의 마이야르반응 생성물에 의해 변한 것이다. 메주, 소금물의 비례, 소금물의 농도, 숙성 중의 관리가 간장의 맛을 좌우한다.

(3) 된장

콩으로 메주를 쑤어 잘 띄운 뒤, 소금물에 담가 40일 정도 지나면 콩의 여러 성분들이 우러나게 되는데 이때 간장을 떠내고 남은 건더기는 된장이 된다. 된장의 염도는 10~15% 정도이고 여러 가지 국이나 찌개, 나물의 무침양념, 쌈장 등의 형태로 먹을 수 있다. 단백질이 부족한 우리의 식생활에서 단백질 공급원의 주요 역할을 했다.

(4) 고추장

고추장은 우리 고유의 간장, 된장과 함께 대표적인 발효식품으로 세계에서 유일하게 매운맛을 내는 복합발효 조미료이다. 탄수화물의 가수분해로 생긴 당분과 콩 단백에서 생긴 아미노산의 감칠맛, 고추의 매운맛, 소금의 짠맛이 조화를 이룬 식품으로 조미료인 동시에 기호식품이다.

고추장 만드는 법에는 여러 가지가 있지만 대체로 찹쌀가루를 익반죽하여 반대기를 만들어 가운데 구멍을 뚫어 끓는 물에 삶아 건져 양푼에 넣고, 꽈리가 일도록 많이 저어 식힌다.

다 식은 다음에 메줏가루와 고춧가루를 넣어 잘 섞고, 소금으로 간을 맞추어 항아리에 담아 익혀 먹는다. 고추장은 그 자체가 반찬이 되기도 하고, 여러 음식에 조미료로 이용된다.

(5) 파

파는 자극적인 냄새와 독특한 맛으로 향신료 중에 가장 많이 쓰이며 고기의 누린내나 생선의 비린내 등을 제거한다. 파는 파뿌리가 반듯하고 파의 흰 부분과 푸른 부분의 구분이 뚜렷한 것이 좋다. 그리고 여름철에는 가늘고 흰 부분이 많은 파가, 가을철엔 굵고 흰 부분이 많은 파가 많다.

파는 많이 끓이면 좋지 않고, 파의 흰 부분은 고온에서 단시간 끓일 때 감미가 가장 강하다. 조미료로 쓸 경우 파의 흰 부분은 다지거나 채썰어 양념으로 쓰는 것이 적당하고, 파란 부분은 채 또는 크게 썰어 찌개나 국에 넣는다. 고명으로 쓰일 경우에는 곱게 채썰어 사용한다.

(6) 마늘

마늘은 독특한 자극성과 맛과 향을 가지고 있어 파와 함께 많이 사용되며, 특히 육류, 어패류 요리에 꼭 필요한 양념이다.

육쪽으로 잘 여물고 단단하며 매운맛을 지닌 것이 좋은데, 밭에서 나온 밭 마늘이 논 마늘보다 육질이 단단하여 오래 보관할 수 있고 좋다. 살균, 구충, 정장, 강장 작용이 있으며, 소화를 돕고 혈액순환을 촉진한다. 음식의 양념으로 넣을 때에는 마늘 눈은 떼어내고 다져서 쓰거나, 쪽으로 납작하게 또는 채썰어 쓴다. 통풍이 잘되는 그늘에 보관한다.

(7) 생강

생강은 되도록 알이 굵고 표피에 주름이 없는 것이 좋다. 쓴맛과 매운맛을 내며 강한 향을 가지고 있어, 생선의 비린내나 돼지고기 등의 냄새를 없애주고 연하게 하는 작용이 있다. 식욕 증진과 몸을 따뜻하게 하는 성질이 있어 생강차나 수정과로 이용되기도 하고, 한과에도 많이 사용된다. 조미료로는 곱게 다지거나 즙을 내어 사용하고, 향신료로는 편으로 썰어 사용하며, 고명으로는 곱게 채썰어 사용한다.

(8) 고춧가루

한국음식의 매운맛을 내는 데는 주로 고추가 쓰이지만 고추가 전래된 역사는 짧다. 우리나라에는 임진왜란 이후 17세기 초에 일본을 통해 들어왔다는 설이 가장 유력하다. 태양초는 고추를 햇볕에 말린 것으로, 빛이 곱고 매운맛이 강하다. 찐 고추는 자주색이 나고 감미로운 맛이 적으며, 음식에 넣었을 때 감칠맛이 적다. 고춧가루를 만들 때에는 고추를 행주로 깨끗이 닦아 꼭지를 떼고 씨를 뺀 다음 깨끗한 보자기를 펴서 그 위에 손질한 고추를 넣어 말리며, 용도에 따라 굵직하게 빻거나 곱게 빻는다. 통고추로 말려 두었다가 여름에 열무김치 담글 때, 통고추를 물에 불려 씨를 빼고 믹서에 갈아서 사용하면 구수한 맛을 더 돋우어줄 수 있다.

(9) 후춧가루

후추는 맵고 향기로운 풍미가 있어 조미료와 향신료로 사용되며 방부의 효과도 있기 때문에 육류, 생선 요리에 많이 사용된다. 고려 때 수입한 기록이 남아 있는 것으로 보아 조선 중기 이후에 들어온 고추보다 훨씬 먼저 쓰였음을 알 수 있다. 후추는 그 용도에 따라 세 가지로 구분된다.

- **흑 후춧가루** : 후추열매가 덜 여물었을 때 따서 건조시킨 것으로 색깔이 검고 매운 맛이 강하며, 육류와 색이 진한 음식에 적당하다.
- **백 후춧가루** : 잘 여문 열매를 물에 불려 껍질을 벗기고 만든 것으로 향미가 부드럽고 매운맛은 약하지만 상품이다. 흰 살 생선이나 채소류와 연한 음식 조미에 적당하다.
- **통후추** : 배숙에 박거나 국물을 끓일 때 사용한다.

(10) 겨자

재래식은 겨자씨를 씻어 일어 물에 불렸다가 맷돌에 곱게 갈아 맷돌 밑에 떨어지기

전에 손으로 훑어서 그릇에 담은 다음, 나무젓가락으로 저어 부뚜막에 엎어두었다가 식초, 설탕, 소금을 넣어 사용한다. 요즘은 더운물에 겨잣가루를 되직하게 풀어 더운 곳에 엎어놓았다가 식초, 설탕, 소금을 넣어 사용한다.

(11) 참기름

참기름은 우리나라 음식에 가장 널리 사용해 온 식용유로 참깨를 빻아서 짜낸 기름이다. 우리의 음식 중 고소한 향과 맛을 내는 데 쓰이고 특히 나물을 무칠 때 많이 사용한다. 한국음식에서 없어서는 안 될 조미료로 피부를 곱게 하는 데도 도움이 된다. 참기름은 살균작용도 있어서 상추를 씻어 헹굴 때 한 방울 떨어뜨려 씻으면 효과가 크다.

(12) 들기름

들기름은 인체에 아주 좋은 식품이다. 들기름을 먹으면 피부가 좋아지고, 신경과 두뇌를 많이 쓰는 사람이나 머리카락에 윤기가 없는 사람에게 특히 좋다. 들기름은 불포화지방산이 많아 짜서 오래 두면 쉽게 산화되므로 짜서 빠른 시간 내에 먹는 것이 좋다.

(13) 깨소금

깨소금은 참깨에 물을 조금 부어 싹싹 비벼서 껍질을 벗긴 다음 깨끗이 씻어 일어 조금씩 볶은 후 소금을 약간 넣어 부서지게 빻는다.

볶아서 오래 두면 습기가 스며들어 눅눅해지고 향이 없어지므로 되도록 조금씩 볶아서 뚜껑을 꼭 막아 두고 쓴다. 깨에는 검은깨와 흰깨가 있는데, 통통하게 잘 여물고 입자가 고른 것이 좋다.

(14) 설탕, 꿀, 조청

설탕은 단맛을 내는 조미료로 가장 많이 쓰이는데, 우리나라에는 고려시대에 들어왔으나 귀해서 일반에서는 널리 쓰이지 못하였다. 예전에는 꿀과 집에서 만든 조청이 감미료로 많이 쓰였다. 설탕은 당나라를 통하여 전파되었는데, 당나라의 태종은 사람을 인도에 보내어 설탕 만드는 법을 배워 오게 했다. 송나라 때에는 흰 설탕을 만들게 되었고, 이것이 떡과 과자, 요리에 널리 쓰이게 되었다. 과거 서양에서는 설탕을 약으로 인식

하여 약방에서 판매하였다.

설탕은 단맛 외에도 탈수성과 보수성이 있는데, 탈수성을 이용하여 설탕절임이나 설탕과자를 만들 수 있고, 보수성을 이용하여 떡을 만들 때 시럽형태로 넣으면 떡의 질감이 훨씬 부드러워진다.

꿀은 과당 함량이 높아 설탕보다 단맛이 강하고, 흡습성이 높은 천연 감미료이다. 꿀은 인류가 구석기시대부터 이용한 가장 오래된 감미료로, 꿀벌의 종류와 꽃의 종류에 따라 색과 향이 다르다. 투명하면서 농도가 묽은 것도 있고 되직하고 불투명한 흰색에 침전물이 많은 것도 있다. 꿀은 단맛과 향이 좋아 조과류에 많이 사용되며 화채, 약과, 약반 등에 사용한다.

조청은 곡류를 엿기름으로 당화시켜 오래 고아서 걸쭉하게 만든 묽은 엿으로 누런색이고 독특한 엿의 향이 있다. 설탕에 비해 감미가 낮으며 부드럽고 흡습성이 있어, 설탕과 합쳐서 사용하면 뭉쳐지는 것을 방지할 수 있다. 혀에 닿는 감촉이 좋아서 한과나 조림에 많이 이용된다.

(15) 식초

전통적으로 식초는 술을 항아리에 담아두면 초산균이 들어가 알코올을 산화시켜 초산이 생기면서 황록색의 투명한 액이 위쪽에 모인다. 이것을 따라서 쓰고 다시 덜어낸 만큼 술을 부으면 계속 초가 만들어진다. 식초는 식욕을 돋우어줄 뿐 아니라 살균, 방부의 효과가 있으며, 생선요리에 쓰면 비린맛을 제거해 주고, 단백질 응고작용이 있어 생선의 살이 단단해진다.

한국음식은 대개 차가운 음식에 식초를 넣는다. 즉 생채와 겨자채, 냉국 등에 넣어 신맛을 낸다. 식초는 녹색의 엽록소를 누렇게 변색시키므로 녹색 나물이나 채소에는 먹기 직전에 넣어야 한다. 식초는 간장이나 고추장에 섞어 초간장, 초고추장 등을 만들어 상에서 조미식품으로 쓰인다.

(16) 산초

산초는 열매와 함께 잎사귀도 향신료로 사용한다. 요즘은 사찰이나 특별한 음식에만 쓰이고 일반적으로 널리 쓰이지는 않으나 고추가 전래되기 이전에는 김치나 그 외 음식에 매운맛을 내는 조미료로 쓰인 기록이 많이 남아 있다. 완숙한 열매는 말려서 가루로 만들어 비린내나 기름기를 없애는 데 사용한다.

(17) 초간장

초간장은 간장과 식초를 섞어 만든 양념장으로 식초를 설탕에 타서 잘 저은 다음 간장을 넣고 섞은 뒤 잣가루를 넣어준다. 주로 저냐에 곁들인다.

(18) 초고추장

초고추장은 고추장과 식초를 섞은 양념 고추장이다. 식초와 꿀을 넣고 잘 저은 뒤 고추장, 배즙, 생강즙을 넣고 잘 저어서 참기름 한두 방울을 떨어뜨려 만든다. 육류 회나 어패류 회에 곁들인다. 또한 식초에 설탕을 넣고 잘 저은 다음 고추장과 간장을 넣어 만들기도 하는데 주로 강회에 곁들인다.

(19) 초젓국

새우젓국에다 식초, 고운 고춧가루를 넣어 만든 양념 젓국으로 주로 제육을 낼 때 곁들인다.

4) 고명

고명은 언제부터 시작되었는지 알 수 없으나 오래전부터 음식의 양념 역할과 겉모양을 좋게 하기 위해 음식 위에 올린 것을 말한다. 고명은 색채가 아름다워 식욕을 증진시키고, 주재료의 식감과 영양을 보완하는 역할을 한다.

(1) 달걀지단

달걀을 흰자·노른자로 나누어 노른자에는 흰자를 1/2큰술 정도 섞거나 물을 1/2작은술 정도 넣고 체나 면포로 걸러준다. 팬에 기름을 두르고 얇게 부쳐서 식으면 채썰기, 골패썰기, 마름모썰기 등으로 모양을 낸다.

(2) 알쌈

쇠고기를 곱게 다져 양념하고 콩알 크기만큼(지름 0.5cm) 떼어내 완자를 빚어 팬에 익힌다. 달걀은 잘 풀어 체에 거른 뒤 기름 두른 팬에 둥근 지단으로 부치고, 고기 완자를 지단 가운데 놓고 반달모양으로 접어 지진다.

(3) 고기고명

쇠고기의 살코기를 채썰거나 다져서 양념하여 팬에 볶아 사용한다.

(4) 고기완자

곱게 다진 고기와 물기를 제거하여 곱게 으깬 두부를 3:1의 비율로 섞어 양념하여 잘 치댄 후 지름 1cm 정도의 완자를 만든다. 밀가루, 달걀물을 입혀 팬에 지져 사용한다.

(5) 버섯고명

건표고버섯, 석이버섯, 목이버섯 등은 불려서 고명으로 쓴다. 건표고는 물에 살짝 헹 궈 먼지를 제거하고 따뜻한 물에 담가 불린 후 표고의 기둥을 떼고 사용한다.

목이버섯은 따뜻한 물에 불린 후 그대로 혹은 채썰어 볶아서 사용한다. 석이버섯은 따뜻한 물에 불린 후 비비며 씻은 후 배꼽을 제거한다. 그 후 안쪽의 막을 칼등으로 깨 끗이 긁어내고 돌기부분을 떼어 손질한 후 말아서 가늘게 채썰거나 골패 모양으로 썰어 서 사용한다.

(6) 은행

딱딱한 겉껍질을 벗긴 후 기름 두른 팬에 볶는다. 은행이 투명해지고 속껍질이 벗겨 지기 시작하면 꺼내서 휴지나 마른행주로 문질러 벗긴다. 신선로, 찜 등에 고명으로 쓰 거나 꼬챙이에 꿰어 마른안주로 이용하기도 한다.

(7) 통잣, 비늘잣, 잣가루

잣의 고깔을 떼고 마른 천으로 닦은 후 용도에 따라 사용한다. 통잣은 고깔을 떼어 그대로 사용하고, 비늘잣은 길이로 반을 자른 것이며, 마른 도마 위에 한지를 깔고 칼 로 다져 잣가루를 만들어 사용하기도 한다.

통잣은 화채, 식혜, 수정과 등에 띄워내며, 비늘잣은 어만두, 규아상, 어선 등에 사용 한다. 잣가루는 잣소금이라고도 하며, 구절판, 육포, 전복초, 홍합초 등에 이용한다.

(8) 호두

호두는 겉껍질을 깨서 알맹이를 꺼낸 후 더운물에 불려 뾰족한 꼬챙이 등으로 속껍질을 벗긴다. 신선로, 찜, 마른안주 등에 이용한다.

(9) 밤

껍질을 모두 제거하여 찜 등에는 통째로 이용하며, 납작하게 편으로 썰거나 가늘게 채썰어 보쌈김치, 냉채 등에 넣거나 삶아서 체에 걸러 단자와 경단의 고물로 이용하기도 한다. 밤을 이용하여 밤초, 율란 등을 만들기도 한다.

(10) 대추

붉은색의 고명으로 쓰이며 통 또는 반쪽으로 갈라 찜 등에는 크게 썰어 넣고, 백김치 등에는 채썰어 넣는다. 곱게 채썰어 떡의 고명으로 쓰거나 다져서 떡의 소로 쓰기도 하며 대추살과 대추씨를 푹 삶아 체에 내려 대추고로 만들어 약반을 만들거나 쌀가루와 섞어 떡을 만들기도 한다. 음청류에서는 식혜와 차에 띄우기도 한다.

(11) 미나리 초대

미나리는 잎과 뿌리는 떼어내고 줄기만 깨끗이 씻어 꼬챙이에 가지런히 꿰어 밀가루를 얇게 묻힌 후 달걀물에 담갔다 지져낸다. 적당히 지진 후 음식에 따라 골패 모양이나 마름모꼴로 썰어 사용한다.

(12) 실고추

붉은색이 고운 말린 고추를 갈라서 씨를 발라내고, 젖은 행주로 덮어 부드럽게 한 뒤 몇 장씩 돌돌 말아서 잘 드는 칼로 채썬다. 백김치나 나물, 국수의 고명으로 쓰인다.

(13) 감국잎

국화잎을 씻어 녹두 녹말을 묻혀 끓는 물에 데친 다음 찬물에 헹궈 체에 건져 고명으로 쓰고 감국잎에 쇠고기 다진 것을 붙여 감국저냐를 만들기도 한다.

3. 한국음식의 상차림

우리나라의 상차림에는 반상, 교자상, 주안상, 제례상 등이 있으며 이들 상차림은 음식의 배합과 수에 따라 분류된다. 한국 일상 음식의 상차림은 전통적으로 독상을 기본으로 한다. 음식상에 차려지는 상의 주식이 무엇이냐에 따라 밥과 반찬을 올리는 반상, 죽을 올리는 죽상, 면을 올리는 면상, 안주를 대접하는 주안상, 다과를 올리는 다과상 등이 있다.

음식을 차릴 때, 상은 네모지거나 둥근 것을 사용하였다. 상에는 반드시 음식을 놓는 자리가 정해져 있어 차림새가 질서 정연하였고, 먹을 때에도 식사 예절을 깍듯이 지켰다.

1) 반상(盤床)차림

반상차림은 밥을 주식으로 하고 찬품을 부식으로 구성한 상차림이다. 반상차림은 밥상, 진지상, 수라상 등으로 구별하여 쓰는데 상을 받는 사람의 신분에 따라 명칭이 달라진다.

즉 아랫사람에게는 밥상, 어른께는 진지상, 임금님께는 수라상이라 불렀다. 또 한 사람이 먹도록 차린 상은 외상(독상), 두 사람이 먹도록 차린 상을 겸상이라 한다.

그리고 외상으로 차려진 반상에는 3첩, 5첩, 7첩, 9첩, 12첩이 있는데, 궁중에서만 12첩 반상을 차리고 민가에서는 9첩까지로 제한하였다. 반상의 첩수는 밥, 국, 김치, 장류, 찌개, 찜, 전골 등의 기본이 되는 음식을 제외하고, 뚜껑이 있는 찬을 담는 그릇인 쟁첩에 담긴 찬품의 수를 가리킨다.

표 2-2 찬의 가짓수에 따른 반상차림

구분		기본음식							쟁첩에 담는 반찬									
		밥	국	김치	장류	찌개	찜	전골	생채	숙채	구이	조림	전	장아찌	마른 찬	젓갈	회	편육
		주발사발	탕기	보시기	종지	조치보	합	전골틀	쟁첩	쟁첩	쟁첩	쟁첩	쟁첩	쟁첩	쟁첩	쟁첩	쟁첩	쟁첩
첩수	3첩	1	1	1	1	X	X	X	택1		택1		X	택1			X	X
	5첩	1	1	2	2	1	X	X	택1		1	1	1	택1			X	X
	7첩	1	1	2	3	1	택1		1	1	1	1	1	택1			택1	
	9첩	1	1	3	3	2	1	1	1	1	1	1	1	1	1	1	택1	

출처: 우리가 정말 알아야 할 우리 음식 백가지

3첩 반상에는 생채 또는 숙채, 구이 혹은 조림, 마른 찬이나 장아찌 또는 젓갈 중에 한 가지가 차려졌고, 5첩 반상에는 생채 또는 숙채, 구이, 조림, 전, 마른반찬이나 장아찌 또는 젓갈 중에 한 가지가 차려졌다. 7첩 반상에는 생채, 숙채, 구이, 조림, 전, 마른반찬이나 장아찌 또는 젓갈 중에 한 가지, 회 또는 편육이 차려졌고, 9첩 반상에는 생채, 숙채, 구이, 조림, 전, 마른반찬, 장아찌, 젓갈, 회 또는 편육이 차려졌다. 12첩 반상은 궁중에서 올린 상차림인데 생채, 숙채, 구이(찬 구이, 더운 구이), 조림, 전, 마른반찬, 장아찌, 젓갈, 회, 편육, 수란이 차려졌다.

『시의전서』에는 오첩, 칠첩, 구첩상의 반배도가 그려져 있는데 이 그림은 아래와 같다.

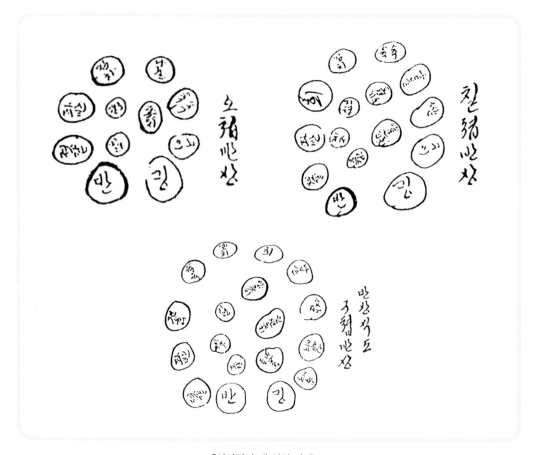

『시의전서』에 실린 반배도

2) 죽(粥)상차림

죽상은 이른 아침에 일어나 처음 먹는 초조반으로 부담 없이 먹는 가벼운 음식이다. 죽, 미음, 응이 등의 유동식을 중심으로 하고 여기에 맵지 않은 국물김치(동치미, 나박김치)와 맑은 찌개, 마른 찬(북어보푸라기, 육포, 어포) 등을 갖추어낸다. 죽은 그릇에 담아 중앙에 놓고 오른편에는 공기를 놓아 조금씩 덜어먹게 한다.

응이상에는 응이, 동치미, 소금, 꿀을 갖추어냈고, 흰죽상에는 흰죽, 맑은 찌개, 나박김치(동치미), 매듭자반, 북어무침, 포, 청장을 갖추어낸다. 잣죽상에는 잣죽, 동치미, 다시마튀각, 소금, 꿀을 갖추어낸다.

3) 장국상차림(면상; 麵床)

장국상은 점심에 많이 이용되었고, 국수를 주식으로 하는 상차림이다. 국수는 온면, 냉면, 떡국, 만둣국 등이 오르며 부식으로는 찜, 겨자채, 잡채, 편육, 전, 배추김치, 나박김치, 생채, 잡채 등이 오른다. 장국상은 평상시보다는 잔칫날 손님을 대접했던 용으로 많이 차려졌기 때문에 떡, 조과, 생과, 화채 등을 곁들이기도 하고, 술손님인 경우에는 주안상을 먼저 낸 후에 면상을 내도록 한다.

4) 주안상(酒案床)차림

주류를 대접하기 위해 술과 함께 술안주가 되는 음식을 차린 상이다. 안주는 술의 종류, 손님의 기호를 고려해서 장만하고, 보통 약주를 내는 주안상에는 육포, 어포, 건어, 어란 등의 마른안주와 전이나 편육, 찜, 신선로, 전골, 찌개 같은 안주 한두 가지, 그리고 생채류와 김치, 과일 등이 오르며 떡과 한과류가 오르기도 한다.

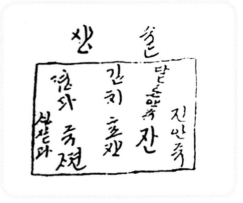

『시의전서』에 실린 술상

5) 교자상(交子床)차림

명절이나 집안에 잔치나 경사가 있을 때 많은 사람이 함께 모여 식사할 경우에 차리는 상이다. 교자상은 보통 큰 사각반이나 대원반에 음식을 차려 여럿을 함께 대접하는 상차림으로 주식은 밥, 면, 떡국 등 계절에 맞는 것을 내놓는다. 보통의 상차림은 밥을 주식으로 하고 반찬을 부식으로 하는 데 비해 교자상은 주식과 부식의 구분 없이 다양하게 음식을 내는 것이 특징이다.

조선시대의 교자상차림은 건교자, 식교자, 얼교자 등으로 나눌 수 있다. 술과 안주를 차린 건교자상, 면, 떡, 반찬 등을 고루 차린 식교자상, 이 두 차림의 중간형태인 얼교자상이 있다. 가장 일반적인 교자상의 식단을 참고로 들어보면 다음과 같다.

교자상 음식

면(온면, 냉면), 탕(애탕, 송이탕, 어알탕, 완자탕), 찜(닭찜, 사태찜, 도미찜), 전유어, 편육, 겨자채, 신선로, 김치, 장, 떡(각색편, 각색단자, 주악, 화전, 두텁떡, 약반), 조과(유밀과, 강정, 다식, 숙실과, 정과), 생실과, 화채, 차 등

6) 다과상(茶菓床)차림

다과상은 식사시간 이외에 다과를 대접하는 경우나, 주안상이나 장국상의 후식으로 내는 경우가 있다. 음청류나 차와 함께 떡류, 조과류, 생과류 등을 준비한다. 다과상에는 떡, 조과, 화채, 차, 김치 등을 올린다.

Ⅲ. 한국의 식문화

1. 통과의례와 한국음식

통과의례(通過儀禮)는 사람의 일생 동안 내내, 진정으로 안녕하고자 하는 염원이 담긴 의례이다. 사람은 태어나서 삶을 마감할 때까지 무수히 많은 일들을 겪으며 살아가게 된다. 일생 동안 여러 기념할 만한 일들을 겪게 되며 이때 의례의식을 행하게 된다. 우리나라는 관혼상제(冠婚喪祭)라는 사례(四禮)를 중요하게 여겨 왔으며 이 밖에 작은 의례들이 있다. 이것을 통과의례라고 하며 출생의례(出生儀禮), 백일, 돌, 책거리[책례(册禮)], 성인식[성년례(成年禮)], 혼인례(婚姻禮), 회갑례[수연례(壽宴禮)], 상장례(喪葬禮), 제례(祭禮) 등이 있다. 이 의례들은 일정한 격식을 갖추어 가족을 중심으로 행하는 예절이므로 가정의례(家庭儀禮) 또는 평생의례라고도 한다. 각 의례에는 개인이 겪는 인생의 고비를 순조롭게 넘길 수 있기를 기원하는 의식과 더불어 의례의 의미를 상징할 수 있는 음식이 차려진다. 이 음식을 통과의례음식이라 하며 우리나라 통과의례에 차려지는 음식들은 색(色)과 수(數)를 맞춰 담는데 여기에는 모두 기복(祈福)요소가 담겨 있다.

1) 출생 전후

산모가 아기를 낳으려는 기미가 보이기 시작하면 아기를 보호해 주는 삼신에게 안산(安産)하도록 기원하는 삼신상을 마련한다. 이때의 진설은 소반 가운데 쌀을 수북이 쌓아놓고 그 위에 장곽(長藿; 길고 넓은 미역)을 걸치고 정화수를 담아놓는다. 아기를 순산하면 바로 삼신상에 놓아두었던 쌀로 밥을 짓고 장곽으로 미역국을 끓여 각각 세 그릇씩 놓고 정화수를 그릇에 담아 상에 놓는다.

해산미역(장곽)은 넓고 길게 붙은 것으로 고르며 값을 깎지 않고 사오는 풍속이 있다.

출산 후 산모가 처음 먹는 미역국과 흰밥을 첫국밥이라 하며 첫국밥의 밥은 산모를 위해 따로 짓고, 미역국의 간은 장독에서 새로 떠온 간장으로 하였다.

2) 삼칠일

대문에 금줄(붉은 고추: 남아, 숯: 여아)이 걸리면 그 집 앞을 지나는 사람들에 의해 삽시간 기쁜 소식이 온 동네에 전해지고 금줄이 내려질 때까지 그 집의 출입을 삼갔다.

출생 후 21일째 되는 삼칠일에는 대문에 달았던 금줄을 떼고 외부의 출입을 허용하고 아이에게도 제대로 옷을 갖추어 입혔다.

음식은 쌀밥, 미역국, 나물류로 간소하게 차렸으며 떡은 아무것도 넣지 않은 백설기를 준비하였다. 음식은 대문 밖으로 내보내지 않고 집안에 모인 가족끼리 나누며 축하했다. 이런 관행은 출생 시부터 삼칠일까지 아기와 산모를 속계에 섞지 않은 채 산신(産神)의 가호 아래 두려는 의미를 담고 있다.

3) 백일(百日)

출생 후 100일이 되는 날을 축하하는 것이다. 백이라는 숫자는 완전, 성숙 등을 의미하므로 아기가 어려운 고비를 무사히 넘기게 되었음을 축하한다는 뜻이 담겨 있다.

음식은 쌀밥, 미역국, 백설기, 붉은 팥고물을 묻힌 찰수수경단, 오색송편, 인절미 등을 마련하였다. 붉은 팥고물을 묻힌 찰수수경단은 아이의 생애에서 액을 면하기를 기원하는 의미이며 오색송편은 오행, 오덕, 오미와 같이 '만물의 조화'를 이루며 살아가라는 의미이다. 백설기는 순수무결한 순결을 의미하며 떡을 나눌 때 칼로 자르지 않고 반드시 주걱으로 떼어서 나누는 것이 관례이다. 산실의 것은 미역이든 떡이든 칼로 자른다는 것은 불길한 뜻으로 받아들였다. 백일떡은 100집에 나누어주어야 아기가 길하다는 생각에서 나누어주고, 떡을 받은 이웃은 그릇을 씻지 않고 돌려주며, 답례로 실이나 돈, 쌀을 담아 보내는 미풍양속이 있다. 이는 아기의 장수와 건강을 기원하는 의미이다.

4) 첫돌

아기가 태어난 지 만 1년이 되는 날이다. 궁중에서는 초도일(初度日) 또는 시주(試週)라고 하였다. 한 고비를 무사히 넘기고 이제 사람으로 대접을 받는다는 의미가 있어 아기에게도 중요한 계기가 되는 날이다. 그리고 한 생명의 성장에 있어서 바르게 기르고자 하는 바람이 깃든 가족단위의 작은 축제라고 할 수 있다.

이날 돌빔으로 남아에게는 색동저고리, 풍차바지에 복건을 씌우며 여아에게는 색동

저고리, 다홍치마에 조바위를 씌워 성장을 시키고 무명필을 접어서 만든 방석을 깔고 아기를 돌상 앞에 앉힌 후 돌쟁이로 하여금 마음대로 집도록 하는 돌잡이를 한다. 남아 돌상의 경우 책, 종이, 붓, 활과 화살이 올라가고, 여아의 경우 가위, 바늘, 자 등이 놓인다. 이른바 수(壽), 부(富), 문(文), 무(武), 여공(女工)의 상징물을 상 위에 놓는다. 돌잡이가 제일 먼저 잡는 것으로 아이의 천성과 적성을 탐색하며 미래를 예측하며 즐기는 한편, 아이의 건강한 성장, 즉 장수를 빌고 문무의 활달과 지혜, 부귀를 기원하였다.

돌상 음식에는 쌀밥, 미역국, 미나리 같은 긴 청채나물, 백설기, 오색송편, 인절미, 찰수수경단, 흰 타래실과 쌀, 국수, 대추, 흰·붉은 팥고물을 묻힌 찰수수경단 등이 올라간다. 백설기와 수수팥떡은 반드시 준비하며 보통 아이가 열 살이 될 때까지 만들어 생일을 축하한다. 생일마다 흰밥과 미역국, 나물 등을 차려 식구가 모여 먹는다.

돌상에 올라가는 음식과 물건은 모두 아기의 '수명장수'와 '다재다복'을 바라는 마음으로 준비하였다.

5) 성년례(成年禮)

아이가 자라서 사회적으로 책임질 수 있는 능력이 인정되는 나이에 행하는 의례이다. 정신적인 성숙, 어른으로서의 책임을 일깨우는 성인식이라 할 수 있다. 성인이란 자식으로서의 책임, 형제로서의 책임, 국민으로서의 책임, 겸손한 사람 됨됨이로서의 책임을 지게 하는 즉 자기가 행한 언행(言行)에 대한 것은 스스로 책임지는 것을 의미한다. 옛날엔 성년례를 행함으로써 비로소 어른이 되고, 또 이 자리에서 술의 예의(향음주례, 鄕飮酒禮)에 대해 가르침을 받은 다음 술을 마시게 되므로 주도(酒道)의 중요성도 교육하게 된다.

남자는 16, 18, 20세가 되는 해에 어른의 복식을 입히고 상투를 틀고 갓을 씌우는 관례를 행하고, 여자는 15세에 성인 복식을 하고 땋아 내렸던 머리를 올려 쪽을 찌고 비녀를 꽂는 계례를 행하였다. 관례와 계례의 거행날짜는 의식을 행할 나이가 되는 해의 정월 중에 좋은 날을 택하고 정한 날의 3일 전에 사당에 차 또는 술, 포를 올리며, 당일의 절차가 끝나면 마른안주, 신선로, 전, 나물 등과 떡·조과·생과·식혜·수정과 등을 차리고 술과 국수를 준비하여 축하하였다.

6) 책례(册禮)

책례(册禮)는 책거리, 책씻이라고 한다. 책례는 서당에서 학동이 어려운 책을 한 권씩 뗄 때마다 이를 축하하고 앞으로 학문에 더욱 정진하라는 격려의 의미로 행하는 의례이기도 하며 스승의 노고에 대한 답례의 의미도 있는 의례이다. 초급과정인 『천자문』, 『동몽선습』에서 시작하여 학문이 점점 깊어지고 어려운 책을 한 권 한 권 뗄 때마다 매번 책례를 베풀었다.

책례 축하 음식으로 오색송편, 매화송편, 국수장국, 떡국, 경단, 인절미 등을 차려 스승, 친구들과 나누었다. 국수는 밀가루나 메밀가루, 녹말 등을 반죽한 면을 사용하고 조리법에 따라 온면, 냉면, 비빔면 등으로 만들어 먹었다. 겨울에는 떡국이 상에 오르기도 한다.

7) 혼례(婚禮)

혼례는 인간이 한 생을 살면서 치르는 의례 중 가장 큰 의식으로 혼인대례(婚姻大禮)라고 한다. 혼례는 단순히 두 남녀의 결합이 아니라 한 집안과 집안의 만남, 서로 다른 가풍과 가풍의 만남, 그리고 남과 여라는 음(陰)과 양(陽)의 조화이다.

전통혼례의 정신은 삼서육례(三誓六禮)에서 찾아볼 수 있는데 삼서는 아래와 같다.

첫째, 서부모(誓父母)정신이다. 혼인예식을 행하기 전에 신랑, 신부가 자기를 있게 해주신 부모의 은혜에 고마움을 표현하며 자식으로서의 도리를 다할 것을 맹세한다.

둘째, 서천지(誓天地)정신으로 혼인은 대자연의 섭리에 순응하는 것이므로 영원히 변치 않는 사랑과 신뢰로 음양의 이치인 하늘과 땅에 맹세한다.

셋째, 서배우(誓配偶)정신이다. 신랑, 신부는 배우자에게 사랑과 신뢰로써 한평생 남편과 아내의 도리를 다할 것을 서약한다. 이 서약에는 남녀의 평등사상을 엿볼 수 있다. 전통혼례의 정신은 '남편이 높으면 아내도 높고, 남편이 낮으면 아내도 낮다'라고 규정했으며, 부부 간에 서로를 지극히 존중하며 공경의 말씨로 대화가 이루어지는 온전한 평등정신이다. 이처럼 혼례는 한 인간과 한 집안에 있어 가장 큰 경사이며 가족, 친지, 지인들이 모인 자리에서 서약을 맺고, 이들로부터 따뜻한 축복을 받는 의식이다.

전통혼인례(傳統婚姻禮)는 다음과 같은 육례를 행하였다.

- 혼담(婚談) : 청혼과 허혼의 절차
- 납채(納采) : 혼인을 정하고 나서 신랑의 사주(四柱)를 보내는 절차
- 납기(納期) : 여자 측에서 혼인날을 택일해서 보내는 절차
- 납폐(納幣) : 여자 측에 예물을 보내는 절차
- 대례(大禮) : 여자 집에서 혼인식을 올리는 절차
- 우귀(于歸) : 신부가 시댁으로 들어오는 절차

봉채떡(봉치떡)

혼서(婚書)와 채단(采緞)인 예물을 함에 담아 보낼 때 함을 받기 위하여 신부집에서 준비하는 음식으로 봉치떡(봉채떡)이 있다. 찹쌀 3되와 붉은팥 1되를 고물로 하여 시루에 2켜만 안치고 윗켜 중앙에 대추 7개와 밤을 둥글게 박아서 함이 들어올 시간에 맞추어 찐다. 함이 오면 받아서 떡시루 위에 놓고 예를 갖춘 후에 함을 연다. 봉치떡을 찹쌀로 하는 것은 찰떡처럼 부부의 금슬이 잘 화합하라는 뜻이고, 붉은 팥고물은 피화(避禍)의 뜻이다. 대추는 자손의 번창 및 기복과 제화(除禍)를 상징하는 것이다. 떡을 2켜로 제한한 것은 부부 한 쌍을 뜻하고, 찹쌀 3되와 대추 7개의 3과 7이라는 숫자는 길함을 나타내며 3이라는 숫자는 하늘[天], 땅[地], 사람[人]을 의미하기도 한다. 대추와 밤은 따로 떠놓았다가 혼인 전날 신부가 먹도록 한다.

대례상

혼인예식에는 대례상(大禮床) 또는 동뢰상(同牢床)이 차려지는데 예식이 주로 초례청에서 많이 행해졌으므로 초례상이라고도 한다. 신부집의 대청이나 마당에 대례상을 준비하며 상을 가운데 놓고 신랑, 신부가 백년가약을 맺었다. 대례상에는 장수·건강·다산·부부금슬 등을 기원하는 음식과 물품을 올린다. 둥글게 빚은 흰 절편인 달떡과 여러 색을 들여 만든 암수 한 쌍의 닭 모양으로 만든 색편, 그리고 흰 쌀, 콩, 각종 과일 등이 올라간다. 달떡은 보름달처럼 밝게 비추고 둥글게 채우며 잘 살도록 기원하며 닭모양의 색편은 한 쌍의 부부를 의미한다.

폐백

혼인 때 신부가 시부모께 인사드리는 예절인 폐백(幣帛)이 있다. 혼인날 신부집에서 정성껏 마련한 음식으로 신부가 시부모님과 시댁의 여러 친척에게 첫인사를 드리는 데 이 예절이 폐백이다. 오랜 전통으로 계승되어 오는 폐백은 예나 지금이나 정성을 다한다. 폐백음식으로는 대추, 육포, 또는 닭을 쓰는데(폐백대추, 폐백산적, 폐백닭) 준비한 폐백음식은 근봉(謹封)이라 쓴 간지로 허리부분을 둘러 각각 홍색 겹보자기에 싼다.

대례를 치른 신랑, 신부를 축하하기 위하여 여러 가지 음식을 높이 고여서 차리는 상을 큰상이라고 한다. 큰상차림은 대추, 밤, 잣, 호두, 은행, 사과, 배, 감, 다식, 약과, 강정, 산자, 타래과, 오화당과 팔보당, 옥춘당과 같은 당속류, 문어로 오린 봉황, 떡, 편육, 전과 같은 여러 가지 음식을 30~56cm 정도로 높이 고인다. 색상을 맞추고 2~3열로 줄을 맞추어 배열한다. 이때 같은 줄의 음식은 같은 높이로 쌓아 올려야 하며 원추형 주변에 축(祝), 복(福), 희(喜)자 등을 넣어가면서 고인다. 당사자에게는 국수장국이나 떡국으로 입맷상을 차린다. 입맷상은 신선로 또는 전골, 찜, 전, 나물, 편육, 회, 냉채, 잡채, 나박김치, 과자, 떡, 음료 등 여러 음식을 차린다. 고임에는 상화(床花 : 고임 음식에 장식된 꽃)를 꽂기도 하고 큰상 앞에는 떡을 빚어 만든 떡꽃을 놓아 장식한다. 큰상을 받는 당사자는 입맷상 부분의 음식만을 들고 높이 고인 음식은 의식이 끝난 후에 헐어서 여러 사람에게 고루 나누어준다. 이 큰상을 그저 바라만 본다고 하여 망상(望床)이라고도 한다.

8) 회갑례(回甲禮)

회갑(回甲)상의 상차림을 '큰상차림'이라 한다. 혼례와 같이 신랑, 신부에게 차려줬던 큰상을 차린다. 큰상을 차릴 때 여러 가지 음식을 원통형으로 높이 괴어 올리며, 말린 문어와 마른 전복을 꽃이나 봉황 모양으로 오려 큰상에 올려 화려하게 꾸민다. 이때 직업적으로 음식 괴는 일을 하는 사람을 숙수(熟手)라 한다. 큰상에는 술, 주찬(酒饌), 어육, 떡, 식혜, 수정과, 전, 적, 전골, 나물, 한과류, 생과류 등 온갖 음식이 다 오르지만 밥과 국은 올리지 않는다. 떡국이나 면 종류는 놓지만 밥과 국을 쓰지 않는 것은 이 큰상이 헌수를 위한 상이지 밥상이 아니라는 의미에서이다. 옛날에는 회갑상을 받고 난 뒤부터의 생신상에는 어른 본인들이 미역국을 올리지 못하게 하고 탕으로 대신하게 하였는데 이는 어른들이 '오래 삶'을 겸양하는 뜻에서였다고 한다.

'산제사받기'라고도 하는데 살아 있는 사람에게 제사상을 드리는 것과 같이 괸 음식상은 물론, 자손들로부터 술을 받으며 큰절을 받기 때문이다. 특히 부모가 생존해 있는 회갑연은 그 규모가 매우 크다. 이때 회갑인은 어린아이 복장으로 부모님께 절을 올린 뒤 옷을 갈아입고 자손들에게 절을 받는다. 이러한 경우를 경사가 모두 갖추어졌다 하여 구경(具慶)이라 한다.

9) 회혼례(回婚禮)

회혼례는 회근례라고도 하며 혼인하여 만 60년 해로한 것을 기념하는 회식으로 신랑, 신부 때처럼 고운 복장을 하고 잔칫상도 혼례와 같이 큰상(고배상)을 차린다. 결혼 후 자녀의 성장과 번성, 부부의 장수와 다복을 기념하여 혼례식을 다시 올리는 예이다. 자손들이 차례로 술잔을 올리고 권주가와 춤도 마련하여 흥을 돋운다.

– 회혼례 기념일의 명칭
- 30주년 : 진주혼(眞珠婚)
- 35주년 : 산호혼(珊瑚婚)
- 40주년 : 녹옥혼(綠玉婚)
- 45주년 : 홍옥혼(紅玉婚)
- 50주년 : 금혼(禁婚)
- 60주년 : 회혼(回婚), 금강석혼(金剛石婚)

10) 상례(喪禮)

부모가 운명하면 자손들은 시신을 거두어 상례를 치른다. 사람의 주검을 맞이하고 주검을 갈무리하여 치장을 할 때까지 근신하는 기간의 의식절차로 엄숙하고 경건하게 의식을 진행한다. 상례에 따르는 음식은 상례 중에 올리는 설전(設奠)과 조석상식(朝夕上食), 사잣밥(使者飯) 등이 있다.

아침저녁에 시신의 오른쪽 어깨 옆에 상을 차려 올리는데 이것을 설전(設奠)이라 한다. 밥, 국, 찬과 함께 포, 과실, 술을 올린다. 조석상식은 죽은 조상을 섬기되 살아계신 조상 섬기듯 한다는 의미에서 아침저녁에 올리는 음식이다. 차림은 밥과 국, 김치, 나물, 구이, 조림 등이다. 사잣밥은 상가의 대문 앞에 저승사자를 대접하기 위한 상차림으로 밥 세 그릇, 찬, 짚신 세 켤레, 돈 등을 차리는 것을 말한다. 저승사자는 보통 세 명이라 하여 모두 세 그릇씩 차리며 찬으로는 간장, 된장만 차린다. 짚신은 먼 길에 갈아 신으라고 준비한다.

조문객의 접대 상차림은 밥, 육개장 또는 생태장국 또는 장국밥을 차리고 나물, 편육, 떡, 과일, 술 등을 곁들인다.

11) 제례(祭禮)

제례는 고인을 추모하여 올리는 의례로 조상께 제사 지내는 의식절차이다.

돌아가신 분의 기일에는 제사를 지내고 설날과 추석에는 차례를 지낸다. 기제사는 조상의 기일 전날 지내며 제상과 제기는 평상시에 쓰는 것과 구별하여 마련한다. 제기는 나무, 유기, 사기로 되어 있고 그릇에 굽이 있는 것으로 준비한다. 제례는 가가례(家家禮)라고 하여 집안이나 고장에 따라 제물과 진설법이 다르다.

제례상에 올리는 음식을 제수(祭羞)라고 한다. 제수에는 초첩(종지에 담은 식초), 메(飯: 밥), 갱(羹: 국), 탕(湯), 적(炙: 구이), 간납(煎: 전), 포(脯), 나물, 김치(沈菜), 편(䭏: 떡), 식혜(醯), 해(醢), 한과, 과일 등을 담는다.

제사에 참례한 자손들이 제수를 나누어 먹으며 조상의 음덕을 기리는 것을 음복이라 한다. 음복음식으로 비빔밥이 있다. 제사가 끝나면 제사상에 올랐던 갖가지 음식을 나누어 담아 먹는데 이 가운데 여러 나물과 고기를 담아서 비벼 먹는다.

2. 세시풍속과 음식

세시풍속이란 절기와 명절마다 관습적으로 되풀이되는 의례적인 생활행위이다. 통과의례(通過儀禮)나 관혼상제(冠婚喪祭)가 한 사람의 일생에서 시기적으로 한 번씩 겪는 의례라고 한다면 세시풍속은 해마다 주기적으로 반복되는 것으로 향토문화 또는 민족·국민을 단위로 나타나는 현상이다.

우리나라는 농업을 생업으로 삼아 1년 춘하추동 사계절의 변화를 표현한 24절기와 명절을 중심으로 세시풍속을 행하였고 이를 중요시여겼다. 특히 음식과 놀이 풍습에는 우리 민족의 자연숭배사상과 효의 정신이 깃들어 있으며 갖가지 염원과 액을 예방하고 가족 모두 건강하기를 기원하는 마음이 담겨 있다.

우리 조상들은 태음 태양력을 기준으로 1년을 24절기로 나누었고 15일마다 한 절기가 돌아온다. 그리고 24절기 외에 절일로 4대 명절(설, 한식, 단오, 추석)과 삼복(초복, 중복, 말복)이 있다. 조상에게 제사를 올리고 가족과 이웃이 서로 나누어 먹으니 이를 절식(節食)이라 하고 계절에 산출되는 식품으로 만든 음식을 시식(時食)이라 한다.

표 3-1 절기 시기

계절	절기	음력	양력
봄	입춘(立春)	정월	2월 4, 5일
	우수(雨水)	정월	2월 19, 20일
	경칩(驚蟄)	이월	3월 5, 6일
	춘분(春分)	이월	3월 20, 21일
	청명(淸明)	삼월	4월 5, 6일
	곡우(穀雨)	삼월	4월 20, 21일
여름	입하(立夏)	사월	5월 6, 7일
	소만(小滿)	사월	5월 21, 22일
	망종(芒種)	오월	6월 6, 7일
	하지(夏至)	오월	6월 21, 22일
	소서(小暑)	유월	7월 7, 8일
	대서(大暑)	유월	7월 23, 24일
가을	입추(立秋)	칠월	8월 8, 9일
	처서(處暑)	칠월	8월 23, 24일
	백로(白露)	팔월	9월 8, 9일
	추분(秋分)	팔월	9월 23, 24일
	한로(寒露)	구월	10월 8, 9일
	상강(霜降)	구월	10월 23, 24일
겨울	입동(立冬)	시월 상달	11월 7, 8일
	소설(小雪)	시월 상달	11월 22, 23일
	대설(大雪)	십일월 동짓날	12월 7, 8일
	동지(冬至)	십일월 동짓날	12월 22, 23일
	소한(小寒)	십이월 섣달	1월 7, 8일
	대한(大寒)	십이월 섣달	1월 20, 21일

1) 설날

음력 1월 1일로 원단(元旦), 세수(歲首), 연수(年首), 신일(愼日)이라 하며 일 년의 시작이라는 뜻이다. 또 삼원지일(三元之日 : 일 년의 첫날, 달의 첫날, 날의 첫날)이라 하여 원조(元朝)라고도 한다. 설의 참뜻은 확실치는 않으나 '삼가다', '설다', '선다' 등으로 해석하는데 묵은해를 지나고 새해가 되는 과정에서 근신하여 경거망동을 삼가야 한다는 뜻으로 여겨진다.

설의 풍속으로는 설빔, 차례, 세배, 덕담, 성묘, 정초 십이지일, 윷놀이(擲柶會 : 척사회), 연날리기, 널뛰기, 돈치기 등이 있다.

설날 아침에 온 가족이 일찍 일어나서 세수하고 새 옷으로 갈아입는데, 이 옷을 설빔, 설 치레, 설 옷이라고 한다. 차례는 원래 차(茶)를 올리는 예로서 본래의 뜻은 여러 명절과 조상의 생일 또는 매월 초하루·보름에도 지내던 간단한 아침 제사를 의미하던 것이다. 지금은 설날과 추석에만 지내고 있다. 세배는 설날 아침에 어른께 새해의 첫인사를 드리는 것으로 세배를 받으면 성인에게는 술이나 음식상을 내고 아이들에게는 과자나 세뱃돈을 주며 서로 좋은 말을 나누는데 이를 덕담이라 한다. 그리고 세배를 마친 다음 조상의 산소에 술, 안주, 과일 등을 차려놓고 절하는 성묘를 한다.

설에 차례와 명절을 지내기 위해 만드는 음식을 세찬(歲饌)이라 한다.

세찬으로는 떡국, 떡만둣국, 가리찜, 족편, 편육, 삼색나물, 잡채, 과정류, 식혜, 수정과, 햇김치 등이 있다. 여러 음식 중 가장 기본으로 차리는 것이 떡이다. 흰색의 음식은 천지만물의 신생을 의미하는 종교적인 뜻이 담겨 있다. 또 설날 아침의 떡국을 첨세병(添歲餅)이라 하였는데 떡국을 먹으면 한 살 더 먹는다고 여겼다. 떡가래의 모양에도 여러 의미가 있다. 시루에 찐 떡을 길게 늘려 가래로 뽑는 것은 재산이 늘어나라는 의미가 담겨 있고 가래떡을 둥글게 써는 이유는 둥근 모양이 엽전의 모양과 같아 부(富)를 축적하길 바라는 마음이다. 개성지방은 다른 지방과 다르게 조롱박 모양의 조랭이떡국(조롱떡국)을 끓여 먹었는데 여기에는 두 가지 의미가 있다. 개성지방에는 아이들이 설빔에 조롱박을 달고 다니면 액막이를 한다는 속설이 있었다. 떡도 마찬가지로 조롱박 모양으로 만들어 액 막기를 기원하였다. 두 번째는 조롱떡을 만들 때 가운데를 칼로 비틀어 만드는 과정은 마치 고려의 신하가 변절하여 조선의 신하가 된 것을 빗대어 풍자하는 것으로 당대의 현실을 조롱떡에 담아 비꼬았다.

가리찜의 가리는 쇠갈비를 뜻하는 것으로 갈비의 핏물을 빼고 익힌 다음 갖은 양념에 재웠다가 밤, 대추, 표고버섯, 은행 등을 넣고 익힌 음식이다. 편육은 고기를 푹 삶아서 덩어리째 무거운 것으로 눌렀다가 식으면 얇게 저민 음식이다. 족편은 쇠족이나 꼬리를 푹 고아서 뼈를 추려내고 국물은 맑게 거르고 고기와 족은 곱게 다져 양념한 뒤국물과 같이 끓여 네모난 틀에 붓는다. 여기에 실고추, 달걀지단, 석이버섯채 등으로 장식하여 묵처럼 굳히는 음식이다.

2) 입춘(立春)

한 해를 24절기로 나눈 첫 번째 절기로 모든 농사생활이 시작됨을 의미한다. 농사를 권장하고 풍년을 축원하기 위하여 여러 가지 행사를 하였다. 대문기둥이나 대들보 천장 등에 좋은 뜻의 글귀를 붙였는데 인생의 영달, 가정의 번창, 나라의 발전, 겨레의 번영과 행복을 기원하고 축복하는 뜻과 정성이 깃들어 있다.

세시음식으로는 움파, 멧갓, 당귀싹(신검초), 미나리싹, 무싹 등의 오신반(五辛盤)을 먹었다. 멧갓은 이른 봄, 눈이 녹을 때 산 속에서 자라는 개자(芥子)를 말한다. 이날 매운 요리와 생채요리를 만들어 새봄의 미각을 돋게 하는데 대표적인 음식으로 탕평채, 승검초산적, 죽순나물, 죽순찜, 달래나물, 달래장, 냉이나물, 산갓김치 등이 있다.

3) 정월대보름(상원, 上元)

음력으로 1월 15일로 1년 명절 중 세시행사가 가장 많은 달이 정월이며 이 중 대보름날 행사가 가장 많다. 농경민족에게는 달이 차지하는 비중이 크며 일 년 중 첫 보름달이 뜨는 이날에 중요한 의미를 부여하여 농사의 풍요를 기원하는 행사가 많았다.

대보름 풍속으로는 볏가릿대, 복토(福土) 훔치기, 다리밟기(踏橋), 쥐불놀이, 줄다리기, 달집 태우기, 사자놀이, 더위팔기 등이 있다. 보름 전날 짚을 묶어서 그 안에 벼, 기장, 피, 조의 이삭을 넣은 볏가리대(禾稈 : 화간)를 집 안 마당에 세워두고 풍년을 기원하였다. 복토 훔치기는 부잣집의 흙을 훔쳐다 자기 집 부뚜막에 바르는 풍속이다. 이또한 풍년과 풍요를 기원하는 풍속의 하나이다. 다리밟기는 제일 큰 다리나 가장 오래된 다리를 자기 나이수대로 건너면 1년 동안 다리에 병이 없고 액을 막는다고 믿었다. 쥐불놀이는 대보름날 저녁 농촌에서 횃불을 가지고 노는 놀이로 쥐나 해충을 제거하고 새싹의 발아가 촉진되기도 하며 논의 잡귀를 쫓아내어 깨끗하고 신성한 농토를 만들겠다는 신앙심도 담겨 있는 행사이다.

절식에는 귀밝이술, 부럼 깨기, 묵은 나물, 복쌈, 오곡밥, 약반, 원소병, 팥죽 등이 있다.

오곡밥은 모든 곡식이 다 잘 되기를 바라는 마음으로 청·적·황·백·흑을 의미하는 다섯 가지 곡식으로 밥을 지었으며 묵은 나물과 같이 먹으면 여름에 더위를 타지 않는 다고 하였다.

『삼국유사』의 기록에 의하면 약반은 까마귀 덕분에 신라의 소지왕이 위기를 모면하자 소지왕은 정월 15일을 오기일(烏忌日)로 정하여 찰밥을 까맣게 지어 까마귀에게 제사지냈다는 설이 있다. 호두, 은행, 잣, 밤, 땅콩 등 껍질이 딱딱한 부럼을 먹으면 1년 동안 무사태평하고 종기나 부스럼이 나지 않는다고 믿었다. 묵은 나물은 가을부터 말려두었던 호박오가리, 말린 버섯, 오이고지, 가지고지, 시래기, 취나물, 박나물, 가지, 고사리 등으로 만든다. 『동국세시기』(1849)에는 이를 진채(陳菜)라 하여 배추잎, 취, 김 등으로 쌈을 먹는데 이를 복쌈 또는 오래 산다고 하여 명쌈이라 한다. 귀밝이술은 데우지 않은 청주로 찬술을 마시면 정신이 맑아지고 1년 동안 귓병이 생기지 않으며 한 해 동안 기쁜 소식을 듣게 된다고 한다. 이 밖에 아침밥을 물에 말아먹거나 생파래를 먹으면 자기 논이나 밭에 잡초가 무성해지고 김치를 먹으면 물쐐기에 쏘이고 찬물이나 눌은밥, 고춧가루를 먹으면 벌이나 벌레에 쏘인다는 설이 있어 이들은 대보름에 금하였다.

4) 중화절(中和節)

음력 2월 초하루로 농사철의 시작을 기념하는 날이다. 노비일, 머슴날로 불렀으며 그해 풍년을 빈다는 뜻으로 마당에 세워뒀던 화간(볏가릿대)을 이른 아침에 거두어 벼를 훑어 빻아 손바닥만하게 송편을 빚어 볏짚에 찐다. 이를 노비송편이라 하며 농사일로 수고할 일꾼들에게 나이수대로 먹여서 위로하는 풍습으로 사람들을 거두고 격려하였다. 송편 소로는 검정콩, 팥, 푸른 콩, 꿀, 대추 등을 넣었다.

가정에서는 대청소를 하였으며 새 바가지에 물을 담아 장독대, 광, 부엌 등에 놓고 풍년과 가내 태평을 기원하는 풍년제도 지냈다.

또 콩볶기를 통해 새와 쥐가 없어지고 집안의 노래기도 없어져서 집안이 청결해지기를 기원하였다. 여러 곡식을 한 솥에 볶으면서 어느 곡식이 먼저 볶여 튀는가를 보아 그해에 어떤 곡식이 잘 되는지 곡식점을 치기도 하였다.

5) 삼짇날

음력 3월 초사흗날을 삼짇날이라 하며 상사(上巳), 중삼(重三)이라고도 한다. 또는 답청절(踏靑節)이라고도 하는데 들판에 나가 꽃놀이를 하고 새 풀을 밟으며 봄을 즐기기 때문에 붙여진 이름이다. 이날은 강남에서 제비가 돌아오고 뱀이 나오기 시작하는 날이다. 뱀을 보면 운수가 길하다고 하였으며 제비를 보면 손을 흔들어 오곡 풍년을 빌었다. 흰나비를 보면 복을 입고 노랑나비나 호랑나비를 보면 길하다 하였다. 이날 장을 담그면 맛이 좋고 호박을 심으면 잘되고 약물을 마시면 연중 무병하다고 했다. 또한 유생들, 농부들, 부녀자들끼리 경치 좋은 곳으로 찾아가 노는 화류놀이를 즐겼다. 절식으로는 진달래화전, 진달래화채, 서여증식, 화면(창면), 탕평채, 애탕, 북엇국, 숭어국 등을 먹었으며 두견주, 송순주, 과하주 등의 술을 빚었다. 진달래는 꽃술을 떼고 깨끗한 물에 씻어 건져 납작하게 빚은 찹쌀반죽 위에 진달래꽃을 붙여 지져서 화전을 만든다. 진달래꽃에 녹두녹말을 씌워 끓는 물에 담갔다가 꺼내어 오미자국에 띄운 진달래화채와 고두밥, 누룩, 진달래꽃을 넣어 빚은 두견주 등 진달래를 이용한 음식을 다양하게 즐겼다. 서여증식은 마를 쪄서 꿀을 찍어먹는 음식이고 화면은 녹두녹말을 얇게 익혀 면처럼 가늘게 썰어 오미자국에 띄운 음식이다. 애탕은 쑥국을 말하는데 이른 봄 어린 쑥을 데친 뒤 곱게 다져서 다진 쇠고기와 섞은 뒤 밀가루, 달걀물을 씌워서 맑은장국에 넣고 끓여 먹는 음식이다.

6) 한식(寒食)

동지 후 105일째 되는 날로 양력으로는 4월 5일이나 6일이 된다. 이날은 조상의 묘소에 성묘를 한다. 불을 쓰지 않고 모든 음식을 차게 먹는 날이라는 의미이나 술, 과일, 포, 식혜, 떡, 국수 등의 음식으로 제사를 지내며 나무와 풀이 잘 자라는 계절이므로 조상 묘지를 수축(修築)하고 잔디를 돌보는 묘지사초(墓地莎草)를 한다. 풍속으로는 닭싸움, 그네 등의 유희를 즐기며, 미리 장만해 둔 찬 음식과 쑥탕, 쑥떡을 먹는다. 찬 음식으로는 한식면(寒食麵)이라 하여 메밀국수를 먹고 과자류로는 기름에 튀겨 만든 산자류가 있다.

7) 등석(燈夕)

등석은 4월 초파일로 석가모니의 탄생일이다. 신라 때부터의 유습으로 이날 절을 찾아가 제(祭)를 올리고 가족의 평안을 축원하는 뜻으로 가족 수대로 등을 만들어 바치고 불공을 드린다. 초파일 절식으로는 유엽병(柳葉餅 : 느티떡), 장미전, 증편, 볶은 콩, 미나리강회, 파강회, 어선, 어채 등이 있다. 유엽병은 느티나무의 연한 느티잎을 따다가 씻어서 멥쌀가루에 섞어서 찐 설기떡이다. 증편은 일명 기증병(起蒸餅)으로 멥쌀가루를 막걸리로 반죽하여 더운 곳에 두어 부풀어 오르면 증편틀에 담아 쪄낸 떡이다. 강회는 미나리, 파를 데쳐 편육, 고추, 달걀지단 등과 묶어서 초고추장에 찍어 먹는 음식이다. 어선은 민어살을 넓게 포 뜬 다음 볶은 쇠고기와 채소를 넣고 돌돌 말아 찐 음식이며 어채는 민어살, 고추, 버섯 등에 녹두녹말을 묻혀 데친 뒤 색스럽게 담은 음식이다.

8) 단오(端午)

음력 5월 5일로 중오절(重午節), 단양(端陽), 천중절(天中節), 수릿날이라 하고, 여름을 알리는 시작으로 여겼다.

파종을 끝낸 5월 농경의 풍작을 기원하는 기풍계절로 여자는 그네를 뛰며 남자는 씨름 등의 놀이로 하루를 즐겼다. 비가 자주 오는 계절로 병을 예방하고 나쁜 귀신을 쫓는다는 뜻으로 여자들은 단오빔이라 하여 창포 삶은 물로 머리를 감고 창포뿌리로 붉은 물을 들인 비녀를 만들어 꽂았으며, 붉고 푸른 새 옷을 만들어 입었다. 단오 무렵 더위가 시작되므로 부채를 사용하기 시작했다. 왕은 공조에서 진상한 부채를 재상이나 시종들에게 하사했는데 이를 '단오선'이라 하였다.

절식으로는 수리취떡, 앵두화채, 앵두편, 준치국, 붕어찜, 제호탕, 도행병, 준치만두 등이 있다. 수리취떡은 일명 차륜병, 단오병이라고도 한다. 떡을 만들 때 둥근 수레바퀴 모양으로 만든다 하여 차륜병이라 하고 수리는 우리말의 수레(車)를 의미하기도 하여 붙여진 이름이다. 수리취를 데쳐서 쌀과 함께 빻아 찜통에 찐 다음 가래떡처럼 늘려 떡살로 눌러 잘라낸다. 제호탕은 오매, 축사, 백단향, 사향 등을 가루로 빻아 꿀과 함께 중탕으로 달여서 냉수에 타서 먹는 청량음료이다. 이를 마시면 더위를 타지 않고 건강하게 지낼 수 있다.

9) 유두(流頭)

음력 6월 15일경으로 상서롭지 못한 것을 쫓고 여름에 더위를 먹지 않기 위해 맑은 개울물에 나가 목욕하고 머리를 감으며 하루를 즐기는 풍습이 있다. 유두연이라 하여 경치 좋은 곳에 모여 시를 짓고 자연을 즐기는 풍류놀이를 하였다. 새 과일이 나기 시작하는 때로 수박, 참외 등을 따고 국수와 떡을 준비하여 사당에 올려 제사를 지내는데 이를 유두천신이라 한다. 잡귀의 출입을 막고 액을 쫓기 위해 밀가루에 오색의 물을 들인 밀가루 반죽을 구슬처럼 만들어 허리에 차거나 대문에 걸어두는 풍습이 있다. 절식으로는 수단, 건단, 보리수단, 증편, 편수, 밀쌈, 구절판 등이 있다. 멥쌀가루를 반죽하여 둥글게 빚은 뒤 쌀가루를 씌워 삶아 오미자국 또는 꿀물에 띄워내는 것을 수단이라 하고 건단은 물에 넣지 않은 것이다. 보리수단은 보리에 녹두녹말을 씌워 끓는 물에 데치기를 여러 번 반복한 다음 오미자국에 띄운 음료이다. 편수는 만두의 일종으로 만두 피를 네모지게 잘라 소를 넣고 빚어 익힌 다음 차게 식힌 육수에 넣어 먹는다. 구절판은 아홉 칸으로 나누어진 그릇이름으로 밀전병을 가운데 담고 가장자리 칸에는 곱게 채 썬 뒤 양념하여 볶은 쇠고기, 버섯, 채소, 달걀지단 등을 담는다.

10) 삼복(三伏)

하지 후 초복은 세 번째 경일(庚日), 중복은 네 번째 경일, 말복은 입추 후 첫 경일이며 합하여 삼복이라 한다. 복날은 양기에 눌려 음기가 엎드려 있는 날이라고 한다. 조선시대 궁중에서는 높은 벼슬아치들에게 빙표(氷票)를 주어 궁중의 장빙고(藏氷庫)에서 얼음을 타가게 하였다. 삼복기간은 여름철 중에서 가장 더운 시기로 더위를 막고 보신을 위해 계삼탕(鷄蔘湯), 개장국, 육개장, 민어탕, 임자수탕, 증편 등을 먹었다.

11) 칠석(七夕)

음력 7월 7일이며 견우와 직녀가 오작교에서 1년에 한번 만나는 날이다. 여름 장마로 축축해진 옷을 말리고 책도 말리는 풍습이 있다(曬書曝衣 : 쇄서폭의). 올벼로 떡을 해서 사당에 천신도 하며 집집마다 우물을 깨끗이 치우고 고사를 지내는 칠성제를 한다. 절식으로는 밀전병, 칼국수, 증편, 육개장, 게저냐, 잉어구이, 잉어회, 오이김치 등이 있고 복숭아나 수박으로 화채를 만들어 먹는다. 경기지방에서 이날 밀전병을 부치고, 가지, 고추 등 햇것으로 천신하고 나물을 무쳐서 햇곡식 맛을 보는 풍습이 있다. 칠석 이후로 밀가루는 철이 지나 밀 냄새가 난다고 했다. 칠석이 마지막 밀음식을 먹는 때이기도 하다.

12) 백중(白中)

7월의 보름을 백중이라 하며 중원(中元), 망혼일(亡魂日)이라고도 한다. 불가에서는 먼저 세상을 떠난 망혼을 천도하는 우란불공(盂蘭佛供)을 드린다. 지역에 따라서는 차례도 지내고 산소의 벌초도 했으며 씨름대회를 열기도 하였다.

백중에는 과일류와 오이, 산채나물, 다시마, 튀각 등의 각종 부각, 묵 등의 사찰음식을 주로 먹는다.

13) 추석(秋夕)

음력 8월 15일로 중추절, 가위, 한가위, 가배일이라고 한다. 신라 3대 유리왕(32년) 때부터 행한 큰 명절 중 하나이다. 한가위에는 오곡백과가 무르익어 풍성하고 농사가 끝나 한가하며 춥지도 덥지도 않아 살기에 가장 알맞은 계절이라 하여 '더도 말고 덜도 말고 한가위만 같아라'라는 말이 있다. 1년 중 가장 큰 만월을 맞이하여 한 해 가꾼 곡식과 과일들을 수확해 조상께 제사를 올리는 추석차례를 지낸다. 차례 순서는 기제사보다 간단하여 반(飯)과 갱(羹)을 올리는 대신 추석 절식인 송편과 토란국을 올리며 헌작(獻爵)도 한번만 드리고 축문도 읽지 않는 등 설 차례와 같다. 정월 대보름과 추석날 달 밝은 밤에는 마을의 처녀와 아낙들이 모여서 둥근 원을 그리며 노래하고 춤추는 강강술래를 한다. 농가도 잠시 한가하여 시댁에서 며느리에게 말미를 주어 친정에 떡과 술을 들고 근친을 가게 했다. 근친을 갈 수 없을 때는 딸과 친정어머니가 중간지점에서 만나 맛있는 음식을 나누면서 그리운 정을 나누는 풍습이 있는데 이를 '반보기'라 한다.

추석 음식으로는 오려송편과 토란탕, 닭찜, 화양적, 누름적, 밤단자, 배숙, 배화채 등을 만들어 먹었으며 햅쌀로 술을 빚었다.

오려송편은 햅쌀로 만든 송편을 말한다. 솔잎을 깔고 찌는 떡이라 하여 송편이라 부르며 햇녹두, 거피 팥, 참깨 등을 소로 넣어 반달모양으로 빚어 찐다.

송편을 잘 빚으면 좋은 낭군을 만나고 임산부는 예쁜 딸을 낳는다고 하였다. 설익은 송편을 깨물면 딸을 낳고 잘 익은 송편을 깨물면 아들을 낳는다는 속설도 있다. 화양적은 햇버섯, 도라지, 쇠고기 등에 갖은 양념을 하여 볶은 뒤 꼬치에 꽂은 음식이다. 누름적은 여러 재료를 꼬치에 꽂아 달걀물을 씌워 지져낸 음식이다. 햇배가 나오는 계절이므로 배를 꽃모양으로 떠서 꿀물이나 오미자국에 띄운 배화채를 먹거나 생강을 넣고 끓인 물에 통후추를 박은 배와 꿀 또는 설탕을 넣어 익힌 배숙을 즐겨 먹었다.

14) 중양절(重陽節)

음력 9월 9일로 중구(重九), 중양이라 하며 양수가 겹쳤다는 뜻이다. 삼진날 돌아온 제비가 다시 강남으로 떠나는 날로 제삿날을 모르는 사람과 연고가 없이 떠도는 귀신을 위한 제사를 지냈다. 가을이 깊어가는 시기로 『동국세시기』에는 서울 풍속으로 남산과 북악산에 올라 국화주를 마시고 국화전을 먹으며 즐기는 풍습이 있다는 기록이 있다. 또한 단풍 구경 가기 좋은 곳으로 청풍계(靑楓溪), 후조당(後凋堂), 남한산, 북한산, 도봉산, 수락산 등이 있다고 기록할 만큼 단풍 구경하기 적당한 계절이다. 또한 중양절에는 혼례나 회갑잔치를 하지 않았는데 이는 좋은 날이 한 사람만을 위한 날이 되면 안 된다는 생각으로 공동의 이익을 더 중요시하는 공동체의식이 있었기 때문이다. 이날 절식으로는 국화주, 국화전, 감국저냐, 유자화채 등이 있다. 국화주는 국화가 만발할 때 국화꽃을 따서 깨끗이 씻어 말려 찹쌀과 함께 술을 빚는다. 국화전은 찹쌀가루 반죽에 국화꽃을 붙여 기름에 지진 음식이며, 감국저냐는 감국잎 뒤에 다진 쇠고기와 두부를 섞어 양념한 것을 붙여 밀가루, 달걀물을 씌워 지진 음식이다.

유자화채의 경우 유자 알맹이는 씨를 빼고 설탕에 재우고 유자껍질은 흰 부분과 노란 부분으로 나누어 곱게 채썬 뒤 화채그릇에 담고 설탕물을 부어 석류알을 띄워 먹는 음료이다.

15) 상달(上月)

10월을 상달이라 하며 일 년 중에서 가장 으뜸가는 날이라 하여 붙여진 이름이다. 한 해 농사를 추수하고 햇곡식으로 제상을 차려 감사드렸다. 마을 사람들은 고사를 지내며 마을의 안녕을 비는 당산제나 집안의 평안을 비는 고사를 지냈다. 고사떡으로는 팥 무시루떡이나 호박고지를 넣은 시루떡으로 하여 시루째 장독, 대문, 외양간 등에 놓아 고사를 지냈다.

상달의 풍속 및 절식으로는 김장하기, 우유 만들기, 신선로(열구자탕), 타락죽 등이 있다.

신선로는 음식 담는 그릇이름에서 비롯된 것으로 옛 문헌에 기록된 이름은 열구자탕 (說口子湯)이며 이는 입을 즐겁게 해준다는 뜻이다. 신선로에는 쇠고기, 간, 처녑, 쇠 등골 등의 소 부속류와, 해삼, 전복, 흰 살 생선 등의 해산물과, 달걀, 버섯류, 미나리, 당근, 무, 은행, 호두, 잣 등의 다양한 재료들이 이용된다. 각 재료는 전으로 부치거나 양념하여 담고 지단, 은행, 호두, 잣 등은 고명으로 쓰였다. 식사 전에 육수를 붓고 화 통에 숯불을 피워서 상에 올려 끓이면서 먹는 음식이다. 타락죽은 불린 쌀을 갈아서 우 유를 섞어 죽으로 쑨 우유죽이다. 궁중에서는 10월 초하루부터 정월까지 내의원에서 타 락죽을 쑤어 왕에게 진상하였다.

16) 동지(冬至)

1년 중 밤이 가장 길고 낮이 가장 짧은 날이다. 아세(亞歲) 또는 작은설이라고도 한 다. 동짓날부터 낮이 길어지기 때문에 태양이 죽음으로부터 부활한다고 여겨 축제를 벌 여 태양신에 대한 제사를 올렸다. 동짓날에는 자기 나이 수대로 새알을 넣어 먹는 풍습 이 있으며 새알심 넣은 팥죽을 쑤어 대문간이나 울타리에 뿌리면 액을 물리친다고 생각 했다.

동지가 초승에 들면 애동지, 중순에 들면 중동지, 그믐께 들면 노동지라 하여 그 의 미를 다르게 부여했다. 애동지에는 팥죽을 쑤지 않고 떡을 해먹는데 이는 애동지에 죽 을 쑤어 먹으면 그해 아이들이 많이 상한다는 속설이 있었기 때문이다. 또한 동지팥죽 은 이웃 간에 서로 나누어 먹으며 악귀를 쫓았다. 조선시대 궁중의 내의원에서는 왕의 겨울 보양식으로 타락죽과 전약을 만들어 진상하였다. 전약은 쇠족, 쇠머리 가죽, 대추 고, 계피, 후추, 꿀 등을 넣어 푹 고아 굳힌 겨울철 보양음식이다. 동지 절식으로 골동 면(骨董麪)도 있다. 골동은 여러 가지를 섞어서 먹는 것을 뜻하며 골동면은 비빔국수를 말한다. 이 밖에 동치미, 나박김치, 백김치, 장김치 등을 담가 먹었으며 생강 달인 물에 곶감을 담그고 잣을 띄운 수정과도 있다.

17) 섣달그믐

섣달은 납월(臘月)이라 하며 1년을 마지막 보내는 날로 한 해의 끝맺음을 하는 분주

한 날이다. 조상의 산소에 성묘도 하고 집안 어른과 일가를 찾아 묵은세배를 한다. 밤 새도록 불을 밝히고 자지 않고 호롱불을 들고 다니거나 윷놀이, 옛날이야기, 이야기책 읽기 등을 한다. 먹던 음식과 바느질하던 것은 해를 넘기지 않는다고 하여 저녁밥을 남 기지 않고 바느질하던 것도 끝내야 하는 풍습이 있었다. 때문에 그믐날 저녁에는 남은 음식이 해를 넘기지 않도록 비빔밥을 만들어 먹었다. 그믐에는 비빔밥(골동반), 인절미, 족편, 내장전, 설렁탕 등을 즐겼다.

3. 조선시대의 궁중음식

1) 궁중음식의 배경

우리나라의 음식문화가 가장 발달한 곳은 궁중이다. 조선왕조의 궁중음식은 고려 왕실의 궁중음식을 계승한 문화이기도 하며 역사적 흐름 속에 나름대로 일정한 격식과 형식으로 존재해 왔다. 조선시대는 왕권 중심의 국가여서 정치는 물론 문화적·경제적 인 권력이 궁중에 집중되었으며 식생활 역시 왕권 중심으로 가장 발달하였다. 유교를 통치이념으로 채택한 조선왕조는 유교국가의 확립을 위해 국가와 왕실 주도의 전례인 "국조오례(國祖五禮)"를 규정하였으며 통과의례의 범절이 강조되는 환경에서 엄격하고 품격 있는 의례음식의 조리법과 상차림의 기술이 고도로 발달하였다.

또한 진상(進上)이나 공상(供上)제도를 통하여 각 지방의 진상품들이 궁중으로 모 아지고 이것은 숙련된 주방 상궁이나 숙수들에 의하여 음식으로 만들어져 좋은 식기에 담아 상에 차려졌다.

이처럼 궁중음식은 조선왕조 500년 역사 속에서 여러 왕조에 계승되어 내려오면서 음식의 다양화와 조리법의 발전을 가져왔기 때문에 우리 음식 중 가장 잘 다듬어진 한 국음식의 정수(精髓)라 할 수 있다.

2) 궁중음식 담당 주방 및 조리인

궁중음식이나 의례에 관련 있는 관청은 육조 중 이조, 호조, 예조로 각 관청에 속한 하급관청에서 실무를 맡았다. 이조의 하급관청으로 사옹원(司饔院)이 있는데 사옹원은 궁의 식생활 담당 부서로 주요 임무는 왕과 왕의 가족이 먹을 음식을 준비하는 것이었다. 사옹원에서는 식재료의 조달과 요리를 총괄하였다. 음식을 조리하는 주방인 수라간도 사옹원 소속이며 때로는 왕실이 주관하는 각종 연향 음식도 총괄하였다.

수라간(水刺間)은 왕과 왕비, 세자궁의 수라를 만드는 곳으로 소주방(燒廚房)이라고도 하였다. 왕, 왕비, 대왕대비, 세자, 세자빈의 부속 건물에 각각 있었으며 일상 식사를 담당하였다. 소주방은 안소주방, 밖소주방으로 나뉠 수 있는데 안소주방은 왕, 왕비의 평상시 수라를 담당하였다. 일상식을 조리하는 일은 주로 나인인 주방 상궁들이 맡았다. 주방 상궁은 여러 견습을 거쳐 조리경력이 30년 이상 되는 전문 조리인이다. 초조반(初潮飯)과 낮것(點心), 야참(野站) 등은 생과방과 협조하여 올렸다. 생과방은 생과, 숙실과, 조과, 차, 화채 등의 다과류와 음청류를 담당하는 관아이다. 밖소주방은 주로 궁중의 크고 작은 연향 음식을 담당하는 곳이다. 궐내의 대소 잔치는 물론 윗분의 탄일에 잔칫상을 차리며 차례, 고사 등도 담당한다. 수라간에서 준비한 음식들은 안소주방에서 대전, 대비전까지 멀기 때문에 수라시간 전에 퇴선간(退膳間)이라는 배선실에 보관했다가 올려졌다. 퇴선간에서는 수라를 짓고, 수라상 물림을 처분하고 기타 수라를 드실 때 쓰는 기명(器皿), 화로, 상 등도 관장하였다.

조선시대 후기 궁중 연향 때 임시로 가가(假家)를 지어서 설치한 주방을 주원숙설소(廚院熟設所) 또는 내숙설소(內熟設所)라고 하였다. 궁중의 잔치인 진연(進宴)이나 진찬(進饌) 때는 남자 전문조리사인 대령숙수들이 음식을 맡았다.

이 밖에 내시(內侍), 차비(差備) 등이 있는데 내시부에서 음식 관련 업무를 맡는 내시는 상선, 상온, 상차가 있다. 음식을 직접 만드는 일보다 전체를 주관하고 대접하는 일을 주로 맡는다. 차비란 각 관아의 최하위 고용인으로 이들이 음식 마련의 실무를 담당한다.

3) 조선시대 궁중의 연향의궤

(1) 의궤의 의미

궁중에서는 크고 작은 연향의 기록을 의궤로 남겼다. 의궤는 '의례(儀禮)의 궤범(軌範)'이라는 뜻으로 의례의 모범이 되는 책이다. '의궤(儀軌)'는 국가에 큰 일이 있었을 때 후세에 참고하기 위해 그 진말·경과·경비 등을 자세히 기록한 책이다. 의궤의 종류를 살펴보면 왕의 결혼, 왕세자의 결혼, 왕의 재혼, 왕족의 장례, 왕릉의 개수, 시호의 가상, 옥쇄의 조성, 혼전의 설치, 어진과 영정의 제작, 궁궐의 건축, 사신의 영접, 세자의 정혼, 궁중연향, 실록의 편찬, 왕릉의 이전, 왕의 친경, 왕비의 친잠 등으로 다양하다. 즉 이렇게 큰 국가행사가 있을 때 행사의 택일, 행사 수개월 전부터 준비작업, 필요한 경비의 조달방법과 비용, 경향 각지에서 조달되는 물자의 종류와 분량, 행사주관기관의 관리 등이 한 치의 하자도 없이 거론되고 진행되었음을 자세히 기록한 책이 의궤이다.

현재 남아 있는 조선시대의 의궤는 서울대학교 규장각에 약 600여 종, 3,600여 책의 의궤가 소장되어 가장 많이 보관되어 있으며, 그 밖에 540종 2,700여 책이 장서각(藏書閣)에, 71책이 일본의 궁내청(宮內廳)에, 293종 356여 책이 파리국립도서관에, 1책이 런던의 대영도서관에 소장되어 있다.

(2) 궁중연향의 의미와 연향의궤의 종류

조선왕조 궁중에서는 왕·왕비·대비 등의 회갑·탄신·4순(旬)·5순·망오(望五, 41세)·망6(望六, 51세) 등의 특별 기념일이나 이들이 존호(尊號)를 받았을 때, 또는 왕이 기로소(耆老所)에 들어갔을 때 윤허(允許)를 받아 큰 연향을 베풀었다. 이러한 연향에 관한 의례를 거행하는 모든 절차는 의궤에 기록되었으며, 『진연의궤(進宴儀軌)』, 『진찬의궤(進饌儀軌)』 그리고 『진작의궤(進爵儀軌)』 등은 궁중잔치의 규모와 내용을 보여주는 의궤들이다. 연향의 규모와 의식절차에 따라 진풍정(進豊呈), 진연(進宴), 진찬(進饌), 진작(進爵), 수작(授爵) 등으로 나뉜다. '진(進)'은 아랫사람이 웃어른에게 올린다는 뜻으로 서로 연향의 성격이 같으며 규모만 다를 뿐 의식절차는 대략 서로 같다. 이 중 대표적인 연향으로는 진연과 진찬을 꼽을 수 있다. 진연은 왕실에서 제대로 격식을 갖춘 규모가 큰 연향을 가리키며, 진찬은 진연에 비해 절차와 의식이 간단한 것을 가리킨다. 진연과 진찬은 참석자에 따라 다시 내연과 외연으로 나누어 행해졌다. 진연의 경우 외진연, 내진연으로 나뉘고 진찬의 경우 외진찬(外進饌)과 내진찬(內進饌)으로 구분되었다. 외연은 실질적으로 정치를 주도하는 군신(君臣)이 주축이 되는 연향으로, 왕비나 명부 등 여성이 참여하는 경우가 없으며, 백관이 왕에게 올리는 연향을 말한다. 내연은 대비·왕·왕비·왕세자·왕세자빈·공주를 포함한 왕실 가족과 종친·의빈·척신 등의 왕실 친인척 및 봉호를 가진 여성인 명부(命婦)가 주축이 되어 대왕대비·왕대비·왕·중궁전에 올리는 연향이다. 남자들만 참석한 외연보다 내명부까지 참석한 내연은 일반적으로 규모가 성대하고 화려하다.

조선시대의 궁중연향은 단순히 연락(宴樂)을 즐기는 것이 아니고 술과 음식을 준비하고 풍악을 울려 군신이나 빈객을 대접함으로써 검소하면서도 왕의 은혜를 드러내 보이는 행사이다. 또한 문무백관과 왕실의 친인척 및 공신들이 친애의 정을 두터이 쌓아 왕조의 토대를 굳건히 하는 사회통합의 기능을 가졌으며, '예악에 의한 교화정치'의 일환이었다. 그리고 왕세자와 신료들은 왕과 왕비에게, 왕과 왕비는 왕실 어른께 헌수(獻壽)하는 데 설행 목적을 둔 효도의 예(禮)로도 간주되었다.

궁중의 연향의궤는 현재까지 19종이 전해지고 있다.

표 3-2 조선왕조 궁중의 연향의궤 목록

의궤명	연도	설행 연유
경오 풍정도감의궤(庚午 豊呈都監儀軌)	1630(인조 8년)	인조가 자전인 대비께 올린 수연 잔치
을해 진연의궤(乙亥 進宴儀軌)	1719(숙종 45년)	숙종의 망6과 기로소 입소자가 300명에 달함을 축하한 잔치
갑자 진연의궤(甲子 進宴儀軌)	1744(영조 20년)	대왕대비인 명성왕후 김씨를 위한 잔치
을유 수작의궤(乙酉 受爵儀軌)	1765(영조 41년)	영조의 보령 망8 축하 잔치
원행을묘정리의궤(園幸乙卯整理儀軌)	1795(정조 19년)	혜경궁 갑년에 사도세자릉인 현융원에 참배하고 베푼 잔치
기사 혜경궁 진찬소의궤(己巳 惠慶宮 進饌所儀軌)	1809(순조 9년)	사도세자비인 혜경궁 홍씨의 관례회갑 축하 잔치
정해 자경전 진작정례의궤(丁亥 慈慶殿 進爵整禮儀軌)	1827(순조 27년)	순조의 모후인 김씨(자경전)를 위해 베푼 잔치
무자 진작의궤(戊子 進爵儀軌)	1828(순조 28년)	순조의 곤전인 순원왕후의 보령4순 축하 잔치
기축 진찬의궤(己丑 進饌儀軌)	1829(순조 29년)	순조의 4순과 어극 30재 축하 잔치
무신 진찬의궤(戊申 進饌儀軌)	1848(헌종 14년)	순조비 보령 6순과 익종비 보령, 조씨 보령 망5 축하 잔치

의궤명	연도	설행 연유
무진 진찬의궤(戊辰 進饌儀軌)	1868(고종 5년)	태후인 조대비의 보령 만 60세 탄신 축하 잔치
계유 진찬의궤(癸酉 進饌儀軌)	1873(고종 10년)	화재로 소실되었던 강령전 재건 축하 잔치
정축 진찬의궤(丁丑 進饌儀軌)	1877(고종 14년)	조대비 7순 축하 잔치
정해 진찬의궤(丁亥 進饌儀軌)	1887(고종 24년)	조대비 8순 축하 잔치
임진 진찬의궤(壬辰 進饌儀軌)	1892(고종 29년)	고종의 망5와 어극 30년 축하 잔치
신축 진찬의궤(辛丑 進饌儀軌)	1901(광무 5년)	헌종왕후인 명헌태후 홍씨 보령 8순 축하 잔치
신축 진연의궤(辛丑 進宴儀軌)	1901(광무 5년)	고종 5순 축하 잔치
임인 함령전 진연의궤(壬寅 咸寧殿 進宴儀軌)	1902(광무 6년)	고종 기사(耆社)입소 축하 잔치
임인 진연의궤(壬寅 進宴儀軌)	1902(광무 6년)	고종 망6과 어극(御極) 40년 축하 잔치

4) 궁중연향의궤에 나타난 일상식

　궁중의 일상식을 알 수 있는 문헌자료로는 유일하게 『원행을묘정리의궤(園幸乙卯整理儀軌)』가 남아 있다. 정조 19년(1795)에 정조의 모친인 혜경궁 홍씨(사도세자빈)의 회갑을 맞이하고 자전(영조계비)이 51세가 되며, 정조 즉위 20년 등 경사가 겹치는 해로 화성(華城)의 현륭원(顯隆園)에 행차하였을 때 그 배경과 경위 절차를 기록한 문헌이다. 의궤의 찬품기록에는 출발(1795년 음력 2월 9일)부터 환궁(음력 2월 16일)까지 8일간의 자궁·왕·군주께 올린 음식과 공궤(供饋), 그리고 진찬(進饌), 양로연 등의 차린 음식에 대한 기록이 남아 있다. 이는 행행하는 도중의 이동식 소주방에서 마련하였다. 다음 표는 원행일정에서 자궁께 올린 상차림을 정리한 내용이다. 자궁의 상차림을 보면 일상식은 미음상, 죽수라상, 조수라상, 주수라상, 석수라상, 소반과상(조다, 만다, 주다, 야다), 별반과상 등이며, 연향이 있는 날 올린 상으로 진찬상이 있다. 수라는 올리는 시간에 따라 조수라, 주수라, 석수라로 나뉘고 반과상은 올리는 시간이나 상차림 규모에 따라 조다소반과·주다소반과·주다별반과·만다소반과·야다소반과 등으로 지칭되었다. 의궤에 나오는 자궁의 일상식을 정리하면 이른 아침에 올리는 죽수라상과 아침·점심·저녁 3끼니의 수라상, 끼니 사이의 공복을 채우기 위해 올리는 미음상, 소반과·별반과로 올린 반과상으로 나눌 수 있다. 하루의 식사 횟수가 미음까지 합하면 5회 이상 제공되는데 이는 정조가 어머니인 자궁에 대한 지극한 효성을 나타내는 일면으로 보아야겠다. 그리고 행행 중의 상차림 횟수가 궁중에 기거할 때의 일상식 횟수와 같다고 보기는 어렵다.

본 책에서는 원행 일정 중 자궁께 올린 상차림을 기준으로 일상식을 분류하였다.

표 3-3 원행 일정 및 자궁께 올린 상차림

일정	장소	상차림	일정	장소	상차림
2월 9일	노량참	조다소반과 조수라	2월 13일	화성참	죽수라 조다소반과 진찬(찬안, 소별미상) 조수라 만다소반과 석수라 야다소반과
	시흥참	주다소반과 석수라 야다소반과			
	마장천교북	미음			
	중로	미음			
	안양천남변	미음	2월 14일	화성참	죽수라 조수라 주다소반과 석수라 야다소반과
	중로	미음			
2월 10일	시흥참	조수라			
	사근참	주다소반과 주수라			
	화성참	주다별반과 석수라 야다소반과	2월 15일	화성참	조수라
				사근참	주다소반과 주수라
	일용리전로	미음			
	중로	미음			
	대황교남변	미음		시흥참	석수라 야다소반과
	원소시 중로	미음			
	환지 본참시	미음		대황교남변	미음
2월 11일	화성참	죽수라 조수라 주다소반과 석수라 야다소반과		일용리전로	미음
2월 12일	화성참	조수라 주다소반과	2월 16일	시흥참	조다소반과 조수라
	원소참	주다소반과 주수라		노량참	주다소반과 주수라
	화성참	석수라 야다소반과			
	입재실시(入齋室時)	미음		안양천남변	미음
	원소전갈시(園所展喝時)	미음		마장천교북	미음
	대황교남변	미음			

(1) 미음상(米飮床)

미음상은 원행 중 출궁·환궁할 때와 중로에서 자궁과 군주에게만 제공되었다. 미음상은 주식인 미음과 찬품으로 고음, 각색 정과, 전약 등을 차렸다. 자궁에게 올린 미음의 종류에는 백감(白甘)미음, 추모(秋麰 : 보리)미음, 백미음, 대추미음, 삼합(蔘蛤)미음, 황량(黃粱 : 메조)미음, 청량(靑粱 : 기장)미음 등이 있고 고음은 닭고음, 양고음, 붕어고음 등이 있다.

표 3-4 자궁께 올린 미음상 예시

장소	날짜	찬품	
사근참	2월 10일	추모미음	고음(진계, 우둔, 전복, 양), 정과(연근, 산사, 감자, 유자, 배, 도라지, 생강, 모과, 동아), 전약
	2월 15일	청량미음	
중로 일용리 전로 (日用里 前路)	중로	백미음	

(2) 죽수라상(粥水剌床)

원행에서 죽수라상은 2월 11일, 13일, 14일에 올렸다. 자궁에게 올린 죽은 모두 백미죽이었으며 원반과 협반에 15기가 차려졌다. 찬품으로는 국(羹), 조치(助致), 구이(炙), 편육, 좌반(佐飯), 전, 젓갈(醢), 채(菜), 침채(沈菜 : 김치), 담침채(淡沈菜 : 국물김치), 장(간장, 초장) 등을 원반에 올리고 협반에는 탕, 적, 찜, 전, 편육, 장과 등을 차렸다.

표 3-5 자궁께 올린 죽수라상 예시

2월 11일	죽수라	백미죽, 진계백숙, 곤자소니찜, 죽합초, 침숭어구이, 조기, 전복다식, 불염민어, 김, 연계찜, 장과, 젓갈, 숙주잡채, 무침채, 미나리담침채, 간장, 초장 송이탕, 메추리전, 생복적

(3) 반수라상(飯水剌床)

반수라상은 밥(飯)을 주식으로 하는 상차림이다. 조수라, 주수라, 석수라라는 명칭으로 자궁에게 진상되었으며 하루에 세 번 모두 올린 적도 있으나 주수라 또는 석수라가 생략된 날도 있다. 자궁과 대전에게 올릴 때는 수라상, 군주에게는 진지상, 궁인 및 내외빈, 본소 당상 이상에게는 반상으로 통칭되었다. 찬품의 내용은 죽수라상과 거의 비슷하다.

수라는 백반과 팥물로 밥을 지은 홍반(紅飯)을 주로 올렸다. 찬품으로는 국(羹), 조치(助致), 구이(炙), 편육, 좌반(佐飯), 만두, 숙육, 젓갈, 채(菜), 침채(沈菜 : 김치), 담침채(淡沈菜 : 국물김치), 장 등이 원반에 차려지고 탕, 만두, 찜, 회(膾), 각색 어육 등이 협반에 차려졌다.

표 3-6 자궁께 올린 반수라상 예시

날짜	상차림	찬품
2월 10일	조수라	홍반, 골탕, 생복찜, 양볶기, 연계구이, 붕어구이, 전, 자반(민어어포, 약포, 약건치, 육장, 세장, 전복포, 건치포, 불염민어, 염포, 염건치, 감장초, 은어), 젓갈(하란; 蝦卵), 명태란, 대구란, 세하(細蝦), 왜방어, 연어란, 약게해, 도라지숙채, 동아초침채, 무담침채, 간장, 초장, 수장증(水醬蒸) 초계탕, 육회, 각색적(돼지갈비, 청어)
	주수라	홍반, 대구탕, 양볶기, 붕어잡장, 게각(蟹脚)구이, 연복구이, 자반(불염민어, 약건치, 약포, 광어, 전복포), 젓갈(명태란, 연어란, 하란, 명태이리침해), 육채, 석박지, 미나리담침채, 청장, 겨자 양숙, 어육만두, 각색적(붕어, 연계, 생복, 잡산적)
	석수라	백반, 양숙, 생복초, 생치볶기, 침방어구이, 약산적, 자반(민어, 전복포, 대구다식, 약포, 장볶기), 젓갈(연어란, 하란), 도라지잡채, 석박지, 치저(평김치), 즙장, 간장, 초장, 겨자 잡탕, 각색적(꿩, 쇠꼬리적), 전

(4) 반과상(盤果床)

반과상은 소반과상과 별반과상으로 나누어지며, 올리는 시간에 따라 조다, 주다, 만다, 야다 등으로 불렸다. 반과상차림은 주식으로 국수(麵)를 차리고 국, 적, 전, 증, 편육, 어채, 회, 장 등의 찬물을 차렸다. 병과로는 떡, 약반, 유밀과, 강정, 다식, 당, 정과, 숙실과, 생과, 음청, 꿀 등의 병과류와 음청류도 같이 차려졌다. 반과상은 주로 국수를 위주로 한 상차림이지만 일부 주다소반과와 만다소반과는 백자죽(柏子粥), 두죽(豆粥), 백감죽(白甘粥) 등이 차려졌으며 야다소반과에는 채만두, 생치만두, 병갱(餠羹) 등이 올라갔다.

표 3-7 자궁께 올린 반과상 예시

날짜	상차림	찬품
2월 9일	조다소반과	국수, 별잡탕, 완자탕, 각색전유화, 각색어채, 편육, 꿀, 초장, 각색병, 약반, 다식과, 각색강정, 각색다식, 각색당, 산약, 조란·율란, 각색정과, 수정과
	주다소반과	국수, 생치탕, 열구자탕, 각색전유화, 편육, 연계찜, 생복회, 꿀, 초장, 겨자, 각색병, 약반, 다식과, 각색감사과, 각색다식, 각색당, 조란, 율란, 산약, 준시, 강고, 배, 유자, 석류, 밤, 각색정과, 수정과
	야다소반과	채만두, 별잡탕, 각색화양적, 편육, 연저증(軟猪蒸), 꿀, 초장, 겨자, 각색병, 만두과, 각색연사과, 각색당, 용안, 여지, 각색정과, 화채

5) 궁중연향의궤에 나타난 연향식

진찬이나 진연 등의 연향에 참석하는 왕과 왕비·대왕대비에게 음식상을 여러 차례 올리는데, 그중 왕이나 대왕대비께 올리는 가장 큰 규모의 상은 진어찬안(進御饌案)이라 하여 떡·과자·과일·탕이나 찜 등의 음식들을 올린다. 중궁전·세자·세자빈·군주(君主) 등 주요 왕족에게 올리는 상은 진찬안(進饌案)이라 하며 진어찬안보다 적은 가짓수로 차린 상을 올린다.

찬안은 떡류, 과정류, 생과류를 가장 높이 고이고 다음으로 전유어, 편육, 적, 회 등을 높이 고인다. 그리고 화채, 찜, 탕, 열구자탕, 장류 등을 고일 수 없어 고임 안쪽에 차리는 형태이다. 연향 진행 중에 왕이나 왕족은 고임상인 찬안에 차려진 음식은 드시지 않는다. 실제로 드시는 것은 별도로 마련하여 올리는 별찬안(別饌案)이나 술잔을 올리면서 함께 내는 진어미수(進御味數)·진소선(進小膳)·진대선(進大膳)·진탕(進湯)·진만두(進饅頭)·진과합(進果榼) 등이다. 올리는 상의 순서 중에는 소금물을 올리는 진어염수(進御鹽水), 차를 올리는 진다(進茶)의 순서도 있다.

잔치에 참석한 왕족이나 재신(諸臣)·종친(宗親)·척친(戚親)·좌명부(佐命婦)·우명부(佑命婦)·의빈(儀賓)을 비롯하여 악공·정재여령·군인들에 이르기까지 참석자 전원에게 음식을 차려서 대접한다. 사찬상은 왕족 이외의 직급에게 내는 상으로 지위에 따라서 외상으로 상상(上床)·중상(中床)·하상(下床)·반사연상(頒賜宴床) 등을 내리고 하위직급은 겸상이나 두레반 등에 음식을 차려서 대접한다. 그리고 악공·정재여령·군인들에게는 궤찬(饋饌)이라 하여 간단한 음식을 내렸다.

왕이나 대왕대비에게 올리는 진어상에 차리는 음식의 종류·품수·높이 등은 뚜렷하게 정해진 규정은 없다. 현존하는 연향의궤의 찬품(饌品)조를 보면 시대에 따라 음식의 종류·품수·고임의 높이가 약간은 차이가 있으나 품수와 높이만이 약간 다를 뿐 거의 비슷하다. 기본적인 음식은 주식류·찬품류·병과류·생과류·음청류 등으로 나누어 볼 수 있다.

※ 연향식 예시

『순조기축진찬의궤』는 효명세자가 순조(1829)의 40세와 즉위 30년을 경축하여 왕에게 연향을 올린 것에 대한 기록이다. 그해 2월과 6월에 두 번 행하였는데 2월의 연향이 규모가 크고 화려하였다. 그리고 『기축진찬의궤』는 외연과 내연이 아울러 실린 몇 안 되는 의궤 중 하나이므로, 외연과 내연을 비교해 볼 수 있는 중요한 자료이다. 2월 9일의 명정전 외진찬, 12일의 자경전 내진찬, 12일 밤의 야진찬, 13일의 왕세자회작으로 3일간 잔치를 하였다. 다음 표 〈3-8〉은 2월 명정전 외진찬과 자경전 내진찬에서 순조에게 올린 상차림과 찬품을 정리한 내용이다.

표 3-8 명정전 외진찬과 자경전 내진찬에서 순조에게 올린 상차림

명정전 외진찬(1829년 2월 9일)		자경전 내진찬(1829년 2월 12일)	
상의 명칭	찬품의 종류	상의 명칭	찬품의 종류
찬안	면, 소약과, 홍세한과, 백세한과, 홍은정과, 백은정과, 석류, 배, 밤, 대추, 잣, 은행, 수정과, 배숙, 칠계탕, 잡탕, 전복절, 어전유화, 전치수, 전복숙	찬안	각색멥쌀시루떡, 각색찹쌀시루떡, 각색 조악 및 화전, 양색단자 및 잡과떡, 약반, 병시, 면, 대약과, 다식과, 만두과, 검은깨황률다식, 녹말송화다식, 양색매화강정, 양색강정, 삼색매화연사과, 삼색료화, 각색당, 용안, 여지, 조란, 율란, 강란, 삼색과편, 유자, 귤, 석류, 배, 곶감, 밤, 대추, 솔잣, 각색정과, 배숙, 화채, 금중탕, 잡탕, 추복탕, 각색절육, 편육, 양전, 해삼전, 간전, 어전, 전치수, 각색화양적, 붕어찜, 연저찜, 어채, 삼색갑회, 꿀, 겨자, 초장
	×	별행과	면, 소약과, 홍세한과, 백세한과, 홍은정과, 백은정과, 녹말다식, 송화다식, 용안, 유자, 석류, 배, 밤, 대추, 호두, 은행, 수정과, 배숙, 칠계탕, 잡탕, 골탕, 추복탕, 건치설, 전복절, 문어절, 양숙편, 전치수, 전복숙, 각색화양적, 어채

명정전 외진찬(1829년 2월 9일)			자경전 내진찬(1829년 2월 12일)		
상의 명칭		찬품의 종류	상의 명칭		찬품의 종류
미수	1	연약과, 열구자탕, 각색화양적	미수	1	연약과, 곶감, 열구자탕, 족병, 전복초, 양만두, 붕어찜
	2	연행인과, 만증탕, 양숙편		2	병시, 연행인과, 잣, 만증탕, 돼지고기숙편, 어전유화, 생복화양적
	3	홍미자, 완자탕, 돼지고기숙편		3	홍미자, 정과, 완자탕, 쇠고기숙편, 꿩볶음, 오리알화양적, 해삼찜
	4	백미자, 고제탕, 해삼찜		4	검은깨다식, 황률, 돼지고기장방탕, 생복볶음, 낙지화양적, 우족볶음, 조개회
	5	검은깨다식, 추복탕, 붕어찜		5	백미자, 찐 대추, 양탕, 뼈만두, 처녑화양적, 돼지찜, 생복회
	6	송화다식, 저포탕, 족병		6	홍료화, 조란, 고제탕, 조개만두, 연계숙편, 양전유화, 어화양적
	7	준시(곶감), 골탕, 쇠고기숙편		7	백료화, 건정과, 저포탕, 생선화양탕, 간전유화, 양화양적, 어만두
	8	호두, 양탕, 조개회	×		
	9	대추초, 꿩볶음, 어만두	×		
×			염수		염수
×			소선		쇠고기숙편, 양고기숙편
×			대선		돼지고기숙편, 닭고기숙편
탕		금중탕	탕		금중탕
만두		만두	만두		만두
×			다		작설차

Ⅳ. 전통병과

1. 전통병과의 역사

1) 떡의 정의 및 어원

국어사전에는 떡을 "곡식가루를 찌거나, 그 찐 것을 치거나 빚어서 만드는 음식을 통틀어 이르는 말"이라 명시되어 있다. 국어사전의 정의를 살펴보면 떡을 쪄서 만드는 음식에 한정하고 있으나 떡에는 찌는 떡 이외에도 기름에 지져서 만드는 떡도 있다. 이에 비에 윤서석(1991)은 떡을 "한국의 전통적 곡물요리의 하나"라 하여 매우 포괄적인 정의를 내리고 있다. 그 외의 다양한 사전과 학자들의 떡에 관한 정의를 살펴보면 조금씩 다르지만 떡의 재료를 쌀, 곡식, 곡식가루로 정의내려 쌀뿐만 아니라 곡식을 포함하고 쌀가루에 한정하는 것이 아니라 쌀알을 통째로 조리하는 것을 포함시키며 그 가열방법은 찌거나 삶거나 지지는 것을 포함시키며 익히고 성형하는 것과 성형 후 익히는 것을 포함시키는 것을 볼 수 있다.

떡의 어원은 중국의 한자에서 찾아볼 수 있는데 떡을 이르는 한자어로는 병(餠), 고(餻), 이(餌), 자(瓷), 편(片), 투(偸), 탁(飥), 병이(餠餌) 등이 있다. 한글조리서인 『음식디미방』에서는 떡을 편이라 칭하였으며, 떡이란 용어 자체는 『규합총서』에서 처음 등장하였다. 떡에 대한 명칭과 설명은 1827년경 서유거의 『임원십육지』의 「정조지」에서 자세히 찾아볼 수 있다. 『임원십육지』보다 후대에 나온 1943년의 이용기 책 『조선무쌍신식요리제법』에서도 이와 비슷한 내용을 찾아볼 수 있는데, 이 두 책에서 떡을 호칭하는 단어들을 정리하면 〈표 4-1〉과 같다. 표에서 보는 것과 같이 떡을 이르는 말은 다양한데 현대에는 이들 중 떡의 재료나 조리법에 따른 명칭의 구분 없이 '떡'이라 하고 한자로는 병(餠), 편(片), 고(餻)를 많이 사용하고 있다. 하지만 이 한자어들은 간혹 떡이 아닌 한과에도 쓰이는데 과편을 지칭하는 '녹말병(綠末餠)'이나 엿강정 종류에 속하는 잣박산을 뜻하는 '백자병(柏子餠)' 등은 한과의 이름에 쓰이기도 한다.

표 4-1 떡을 이르는 한자어

명칭	임원십육지	조선무쌍신식요리제법
이	쌀가루를 찐 것	쌀가루를 찐 것
자	가루를 내지 않고 고두밥을 쪄 절구에 찧은 것	쌀을 쪄서 절구에 치는 것
분자	콩으로 가루를 내서 자에 뿌린 것	
유병	기름에 지진 것	기름에 지진 것
당궤	꿀을 바르는 것	꿀에 반죽한 것
박탁	밀가루를 반죽하여 잘라서 익힌 것	가루를 반죽하여 썰어서 국에 삶는 것
혼돈		쌀가루를 쪄서 둥글게 만들어 가운데 소를 넣은 것
교이		쌀가루를 엿에다 섞은 것
탕중뢰환		물에다 삶는 것
담		떡을 얇게 만들어 고기를 싼 것

2) 떡의 역사

(1) 삼국시대 이전

떡은 한반도에서 잡곡만을 재배하던 원시농경기부터 만들어 지금까지 5천 년의 역사를 이어오고 있는 음식이다. 그러나 우리 민족이 언제부터 떡을 먹기 시작하였는지 정확히 알 수는 없다. 대부분의 학자들이 삼국시대 이전부터 만들어진 것으로 추정하고 있는데 이 시기에 떡의 주재료가 되는 곡물이 이미 생산되고 있었고, 갈판이나 갈돌, 돌확, 시루 등 떡의 제작에 필요한 기물들이 유적으로 출토되고 있기 때문이다.

우리나라는 벼농사보다 잡곡농사가 먼저 시작되었다. 초기 농경에서는 수확된 곡물을 갈돌이나 돌확에 갈아 껍질을 없애고 가루로 만들어 이 가루를 물이나 술로 반죽하여 불에 달군 돌판에서 지지거나 모닥불 재에 묻어 익혀 먹었을 텐데 이렇게 지진 떡, 구운 떡이 초기단계의 떡이었을 것으로 추정된다.

그 이후 신석기시대에는 토기를 화덕에 얹고 삶는 조리법을 사용하였기 때문에 곡물가루를 반죽하여 삶아 먹을 수 있었다. 즉 지지는 떡, 구운 떡, 삶는 떡이 찌는 떡보다 시기적으로 앞선 것으로 추측할 수 있다.

청동기시대의 유물에서 비로소 시루가 출토되었다. 함경북도 나진초도 조개더미에서는 양쪽 손에 손잡이가 달리고 바닥에 구멍이 여러 개 나 있는 시루가 발견되었으며 초기 철기시대의 유물로 들어서면서 시루의 출토가 전국적인 분포도를 보여, 찌는 떡이 크게 보편화되었음 알 수 있다.

이와 같이 삼국시대 이전에 지지는 떡, 구운 떡, 삶는 떡, 찌는 떡을 만들어 먹고 있었음을 알 수 있으며 안반이나 떡메 등의 도구는 찾아볼 수 없으므로 치는 떡의 존재여부는 불확실하다.

(2) 삼국시대와 통일신라시대

벼농사가 한반도에 도입된 것은 한국의 떡문화 발전에 큰 원동력이 되었다. 삼국시대는 삼국이 모두 벼농사 발전에 주력하여 쌀이 주식 곡물로 자리 잡았다. 『삼국유사』 「문무왕조」에 "시중에 물건 값이 베 1필에 벼 30석 혹은 50석이었으니 백성들은 성대했다"라는 기록으로 보아 신라가 삼국을 통일할 무렵의 쌀이 주식 곡물로 증산되었음을 알 수 있다. 이로 인해 쌀을 주재료로 하는 떡이 발전할 수 있었으며 잡곡농사도 함께 발달하여 떡이 한층 더 발달할 수 있었다. 곡물을 도정하는 도구가 절구와 디딜방아로 발전하고 대형 맷돌도 일부 사용되었다. 고구려 안악 3호분 벽화에는 시루가 걸려 있는 주방의 부뚜막에서 여인이 음식하고 있는 모습이 담겨 있으며 부엌 세간 중 디딜방아와 연자매 등의 유물이 발견되는 것으로 보아 떡의 다양함을 알 수 있다. 이와 더불어 『삼국사기』, 『삼국유사』 등의 문헌에는 떡에 관한 이야기가 많아 당시의 식생활 중에서 떡이 차지했던 비중을 짐작케 한다.

『삼국사기』 「신라본기 유리이사금조」에 유리와 탈해가 서로 왕위를 사양하다 떡을 깨물어 생긴 잇자국을 보아 이의 수가 많은 자를 왕으로 삼았다는 기록이 있다. 또 같은 책 「백결선생조」에는 가난하여 세모에 떡을 치지 못하자 부인에게 미안하여 거문고로 떡방아 소리를 내어 부인을 위로한 이야기가 나온다. 깨물어 잇자국이 선명히 난 것과 떡방아 소리를 낸 것의 기록으로 보아 찐 곡물을 방아 등에 쳐서 만든 인절미, 절편 등 삼국시대에 들어서 도병류가 있었음을 분명히 알 수 있다. 특히 백결 선생이 세모에 떡을 해먹지 못함을 안타깝게 여겼다고 하는 것으로 보아 당시 연말에 떡을 하는 절식 풍속이 있었음도 알 수 있다.

(3) 고려시대

고려시대는 미곡 증산과 숭불사회로 인해 떡이 행사 및 명절음식으로 확고히 자리 잡는다. 고려 초기에 실행된 권농정책에 힘을 기울인 결과 곡물의 생산은 크게 늘어났으며 삼국시대에 전래된 불교는 고려시대에 이르러 역사상 최고조로 번성하게 된다. 불교문화는 고려인들의 모든 생활에 영향을 미쳤으며 음식 또한 예외가 아니었다. 육식의 억제와 연등회, 팔관회와 같은 불교 제전을 국가적인 행사로 시행하면서 떡이 행사음식으로 많이 쓰이고 발전하여 한국의 떡문화 형성에 큰 영향을 끼쳤다. 특히 고려시대에는 떡의 종류와 조리법이 크게 다양해진 것을 여러 기록을 통해 볼 수 있다.

『거가필용』에 "고려율고"라는 떡이 나오는데, 한치윤의 『해동역사』에서 고려인이 율고(栗餻)를 잘 만든다고 칭송한 중국인들의 견문이 소개되고 있다. 『해동역사』의 율고는 밤을 그늘에 말려 껍질을 제거하고 빻아 멥쌀과 밤가루를 2대 1의 비율로 섞어 꿀물을 내려 시루에 찐 것으로 일종의 밤설기이다. 한편, 이수광은 『지봉유설』에서 고려에서는 상사일(上巳日)에 청애병(靑艾餅)을 해먹는다고 하였다. 어린 쑥을 쌀가루에 섞어 쪄서 만든다고 하였으니 쑥설기인 셈이다. 팥소를 넣고 지진 찰수수전병, 유월 유두에 떡수단, 정월 보름 명절에 찰밥(약밥) 등이 고려 문호 이색의 『목은집』에 기록되어 있다. 이외에도 송기떡이나 산삼설기 등이 기록에 등장하는 것으로 보아 이전에는 쌀가루만을 쪄서 만들던 설기떡류가 쌀가루 또는 찹쌀가루에 밤과 쑥 등의 부재료를 섞어 그 종류가 다양해졌음을 볼 수 있다.

(4) 조선시대

조선시대 초기부터 천문학 연구와 천문측정기기 개발되고 금속활자, 인쇄기술, 농서 간행 등 과학문명의 발달은 식품의 생산기술을 높여주었고 조리가공법의 발달로 전반적인 식생활문화가 향상된 시기이다. 또한 의학과 약학이 발달하여 떡의 종류와 맛은 더한층 다양해졌다. 특히 궁중과 반가(班家)를 중심으로 발달한 떡은 사치스럽기까지 하였다. 조선 중기부터 후기에 편찬된 『도문대작』, 『음식디미방』, 『증보산림경제』, 『규합총서』, 『임원십육지』, 『시의전서』 등의 각종 요리 관련서적들에는 매우 다양한 떡의 종류가 수록되어 있어 이러한 변화를 짐작하게 한다. 또한 조선시대에는 유교를 숭상하는 새로운 정치윤리가 확립되어 관혼상제의 풍습이 일반화되었다. 이로 인해 의례식의 발달로 각종 의례와 대소연회, 무의(巫儀) 등에 떡이 필수적으로 사용되어 떡은 고임상의 중요한 위치를 차지하면서 더욱 화려하게 발달하였다. 고려시대에 이어 명절식 및 시절식으로의 사용도 증가하였다.

3) 한과의 정의 및 어원

우리나라에서 과자를 과정류(菓飣類)라고도 하는데 외래의 과자와 구별하여 한과(韓菓)라 한다. 한과를 뜻하는 단어를 살펴보면 한과(韓菓), 과정(果飣), 조과(造果) 등이 있다. 흔히 한과(韓菓)라고 하는 것은 우리나라의 과자를 통틀어 이르는 것이며, 유밀과의 한 종류인 한과(漢菓)와는 구별되어 사용된다.

이익의 『성호사설』에 "처음에는 밀가루와 꿀로 만든 과품(果品)의 모양이 조과 또는 가과(假果)라는 이름과 같이 과일의 모양으로 만든 것이었으나 후대 사람들이 높게 '굄새'를 하는 데 불편하므로 모나게 썰었다"라고 기록되어 있다. 이와 같이 한과는 크고 작은 행사에 고임 음식으로 많이 사용되었기 때문에 굄새, 고임의 뜻인 한자 '飣'(굄새 정)이 쓰인 '과정(果飣)'이라 불리기도 했다. 또 과일처럼 만든 과자라는 의미에서 조과(造果), 가과(假果)라 불리기도 한다.

궁중의 기록에는 한과에서 '과'의 한자 표기를 '果'로 하고 있고 한과에 대한 다양한 기록을 보면 果와 菓로 혼용되어 사용되어 온 것을 볼 수 있다. 근래에는 구분되어 사용하기도 하는데 '果'는 실과·열매의 뜻을 갖는 자이고, '菓'는 과일이라는 뜻 외에도 과자라는 뜻을 지닌 한자이다. 따라서 한과의 종류 중 유밀과·유과와 같이 밀가루나 쌀가루로 만든 과자에는 과자 '菓'가 사용되고, 정과·숙실과·과편과 같이 과일이나 과일즙을 이용해 만든 과자에는 실과 '果'로 구분하여 사용하는 것이 바람직하다.

4) 한과의 역사

(1) 삼국 및 통일신라 시대

우리 민족이 한과를 만들어 먹기 시작한 시기를 확실히 알 수는 없다. 한과의 시작은 먹다 남은 과일이 상하지 않고 마른 것을 먹어보니 단맛이 높아진 것을 알고 과일을 말려 먹기 시작했던 것으로 추측된다. 그 후 과일에 단맛을 넣게 되었고, 곡물의 생산으로 과일이 아닌 곡물에 단맛을 넣어 만들어 과일이 없던 계절에도 즐기게 된 것으로 추정된다.

통일신라시대에는 차를 마시는 풍속이 상류층에 보편화됨에 따라 곁들이는 과정류가 등장하였다. 우리나라 식생활에서 꿀과 기름이 삼국시대부터 사용된 것으로 추정되지만, 꿀과 기름을 이용하여 한과를 만든 것이 기록으로 확인되는 것은 고려시대부터이다. 삼국 및 통일신라 시대에 관한 구체적인 기록이 없다고 하여 과정류가 없었다고 볼 수는 없다. 삼국시대 이전은 중국과 일본 등의 기록을 통해 당시의 한과를 짐작해 볼 수는 있다. 당시의 일본문화는 중국에서 직접 전파된 것도 있지만 대부분은 우리나라를 거쳐 전파되었으므로 유밀과 및 유과 등의 원형으로 보이는 것들을 중국 6세기 문헌인 『제민요술』에서 찾아볼 수 있다. 또한 우리나라 음식을 원류로 하는 일본 나라시대(710~784) 음식에 여러 형태의 한과가 등장하는 것으로 보아 비슷한 연대인 삼국시대에 이미 한과가 만들어졌음을 추측할 수 있다.

(2) 고려시대

고려시대에는 불교가 더욱 성행하여 호국신앙이 되었다. 불교문화는 고려인들의 모든 생활에 영향을 미쳤는데 육식이 절제되고 차를 마시는 풍속이 널리 퍼져 대·소 연회에 '진다례(進茶禮)'를 행하였다. 이를 통해 한과류가 차 마시는 풍속과 함께 크게 발달하였다. 앞서 언급한 이익의 『성호사설』과 정약용의 『아언각비』에는 유밀과가 중국에서 시작되어 고려에서 따로 개발한 것으로 약과와 같은 것이라 하였으며, 성현(成俔)의 『용재총화』에 유밀과류가 처음 기록되었으며 약과가 대표적이고 만두과, 다식과가 기록되었다. 이렇게 고려시대에 성행한 유밀과가 국외까지 전해져 몽골에서는 고려의 유밀과를 '고려병'이라 하였으며 『사류박해』에는 고려병을 약과라고 하였다. 특히 유밀과는 연등회, 팔관회 등의 행사에 고임음식으로 올려졌고, 귀족이나 사원에서 매우 성행하였으며 왕에게 올리는 진상품이나 혼례의 납폐 음식의 하나로 널리 쓰였다. 이렇듯 유밀과의 성행으로 재료인 곡물, 기름, 꿀 등이 많이 소비되어 물가가 오르고 민생이 어려워지자 유밀과에 대한 금지령이 내려질 정도였다.

고려시대에는 유밀과뿐만 아니라 다식(茶食)도 만들어졌던 것으로 보이는데 이는 고려 말 성리학자였던 이색의 『목은집』에 실린 「종덕부추팔관개복다식(種德副樞八關改服茶食)을 보내와」라는 시(詩)에서 알 수 있다.

(3) 조선시대

조선시대는 한과가 고도로 발달했던 시대이다. 의례식품 및 기호식품으로 널리 쓰였으며 궁중과 반가의 귀족들 사이에서 성행하여 세찬(歲饌)이나 제품(祭品), 연향상에 빠질 수 없는 행사식으로도 쓰였다. 궁중의 크고 작은 잔치에서 잔치의 규모에 따라 수십 가지의 음식을 만들어 고이고, 고임음식 위에 상화를 꽂아 장식했다. 이때의 고임음식 상당부분을 한과가 차지해 한과는 고임음식의 꽃이라 불리기도 하였다. 궁중의 잔치뿐만 아니라 한 개인의 통과의례 상차림에서도 한과는 필수품이 되었다.

특히 유과나 유밀과는 궁이나 귀족뿐만 아니라 민가에서도 널리 퍼져 설날이나 혼례, 회갑, 제사에 자주 사용되어 유과(강정)가 성행하자 금지령이 내려졌으며, 조선왕조의 법전인 『대전회통』에서는 헌수, 혼인, 제향 이외에 조과(한과)를 사용하면 곤장을 맞도록 규정되어 있을 정도였다.

2. 전통병과의 종류

1) 떡의 분류

(1) 찌는 떡

곡물가루를 시루에 안쳐 솥 위에 얹고 증기로 쪄내는 떡을 시루떡이라 한다. 시루떡은 증병(甑餅)이라고 하는데 같은 음이나 한자어가 다른 말인 증병(蒸餅)은 술로 발효시켜 쪄낸 증편을 가리키는 말이므로 구분하여 쓰인다. 시루떡은 설기떡과 켜떡으로 나뉘며 이 중 쌀가루에 물을 내려 켜를 만들지 않고 한 덩어리로 찐 떡을 설기떡 혹은 무리떡이라고 한다. 반면 고물을 사이사이에 넣고 켜를 만들어 찐 떡을 켜떡이라고 한다. 주로 멥쌀이나 찹쌀을 떡가루로 하여 팥·녹두·깨 등을 고물로 사용하지만, 밤·대추·석이채·잣 등을 얹어 찌기도 한다.

(2) 치는 떡(搗餅)

치는 떡은 도병(搗餅)이라 한다. 멥쌀가루나 찹쌀을 쪄서 떡이 뜨거울 때 절구나 안반에 쳐서 만든 떡으로 인절미, 흰떡, 절편, 개피떡, 단자 등이 있다. 인절미는 찹쌀을 불려서 편으로 사용하거나 가루를 내어 시루나 찜통에 찐 다음 절구나 안반에 쳐서 적당한 크기로 썰고 콩고물이나 거피팥고물을 묻힌다. 가래떡, 절편, 개피떡은 멥쌀가루에 물을 내려 시루에 찌고 절구나 안반에 친 후 떡을 막대 모양으로 길게 만들면 가래떡이 되고, 빚어 떡살로 문양을 내면 절편이 된다. 개피떡은 친 떡 덩어리를 얇게 밀어 팥소를 넣고 접은 후 반달모양으로 찍어 공기가 들어가게 만든다.

(3) 빚는 떡

빚는 떡에는 송편, 경단, 쑥개떡 등이 있다. 경단(瓊團)은 찹쌀가루나 수수가루 등을 뜨거운 물로 익반죽해서 동그랗게 빚어 끓는 물에 삶아내어 콩고물, 깨고물, 팥고물 등을 묻힌 떡이다. 송편(松餠)은 멥쌀가루를 익반죽하여 소를 넣고 빚어서 시루에 솔잎을 켜켜로 깔아 쪄낸다.

(4) 지지는 떡(油煎餠)

찹쌀가루를 익반죽하여 모양을 만들어 기름에 지지는 떡으로 화전·주악·부꾸미·우매기 등이 있으며 수수·기장·찹쌀가루를 반죽하여 당화시켜 지지는 놋티떡과 토란병 등도 지지는 떡에 속한다. 화전(花煎)은 반죽을 동글납작하게 빚어서 철에 따라 진달래꽃·장미꽃·국화 등의 꽃이나 국화잎을 얹고 지져 계절의 정취를 즐기는 떡이다.

2) 고문헌에 기록된 떡의 종류

서명	연대	저자	수록된 떡의 종류
음식디미방	1670년경	안동 장씨부인	상화떡, 증편법, 잡과편법, 밤설기법, 석이편, 인절미 굽는 법(맛질방문), 전화법, 빈자법
요록	1680년경	미상	건알판, 산약병, 상화병, 증병, 소병, 송고병, 송병, 쇄백자, 경단병, 유병, 청병, 수자
주방문	1600년대 말	하생원	겸절병법, 화전, 귀증편, 상화
음식보	1700년경	진주 정씨부인	겸전편, 귀증편법, 잡과편법, 소병법, 교의상화, 유화전, 모피편법
산림경제	1715년경	홍만선	곶감떡, 밤떡, 방검병, 석이병
규합총서	1815년	빙허각 이씨	복령조화고, 백설고, 권전병, 유자단자, 승검초단자, 석탄병, 도행병, 신과병, 혼돈병, 토란병, 남방감저병, 잡과편, 증편, 석이병, 두텁떡, 기단가오, 서여향병, 송기떡, 상화, 무떡, 백설기(흰무리), 빙자, 화전, 송편, 인절미, 대추조악, 약반, 계강과

서명	연대	저자	수록된 떡의 종류
주방	1800년대 초엽	미상	증편기주법, 상화법
술 만드는 법	1800년대	미상	석이편, 왼석이편, 토련단자, 국엽단자, 밤단자
역잡록	1829년	미상	석이편, 잡과편, 시루 찌는 법 두견·장미·국화전 증편법, 살구·복숭아떡, 쑥굴리, 약밥
역주방문	1800년대 중엽	미상	잡과병, 약고, 유고, 접과여전, 겸전편, 소병, 유화편, 모해병, 목맥병, 산약병, 토란전
윤씨 음식법	1854년	미상	증편, 시루떡, 당귀떡, 석이떡, 잡과편, 대추주악, 당귀주악, 밤주악, 웃기, 석이단자, 쑥단자, 당귀단자, 메꿀떡, 수란떡, 토란단자, 소꿀찰떡, 두텁떡, 송편
이씨 음식법	1800년대 말	미상	증편, 석이병, 원소병, 권전병, 혼찰병, 추절병, 소함병, 생강편, 백자병, 신검초단자, 두텁떡, 약반
시의전서	1800년대 말	미상	시루떡 안치는 법, 팥편, 녹두찰편, 팥찰편, 꿀찰편, 깨찰편, 꿀편, 승검초편, 백편, 녹두편, 감저병, 잡과편, 두텁떡, 무떡, 적복령편, 상실편, 막우설기, 호박떡, 증편, 석의단자, 승검초단자, 건시단자, 밤단자, 귤병단자, 계강과, 경단, 송편, 쑥송편, 대추인절미, 깨인절미, 쑥인절미, 쑥절편, 송기절편, 개피떡, 어름소편, 곱장떡, 골무떡, 약반, 흰주악, 치자주악, 대추주악, 밤주악, 생산승, 화전
부인필지	1915년	미상	석탄병, 복령병, 잡과편, 두텁떡, 나복병, 감자병, 대추인절미, 증편, 상화법, 원소병, 송편, 복숭아단자, 살구단자, 유자단자, 승검초단자, 화전, 토란병, 대추주악, 약반
조선무쌍신식요리제법	1943년	이용기	시루떡, 팥떡, 무떡, 호박떡, 느티떡, 생치떡, 쑥떡, 녹두떡, 거피팥떡, 찰떡, 개떡, 두텁떡, 백설기, 흔물이, 꿀떡, 쑥떡, 귤병떡, 신감초떡, 잡과병, 귀이리떡, 개떡(녁개떡), 밀개떡, 석탄병, 감떡, 밤떡, 토련병, 감자병, 백합떡, 옥수수떡, 송편, 재증병, 북떡, 흔떡, 절편, 인절미, 청인절미, 조인절미, 청정미인절미, 대초인절미, 동부인절미, 가피떡, 산병, 꼽장떡, 송기떡, 약밥, 주악, 대추조악, 차전병, 돈전병, 대초전병, 두견전병, 밀전병, 수수전병, 빈대떡, 북괴미, 밀쌈, 꽃전, 화전, 석류, 국화전, 고려밤떡, 신선부귀병, 혼돈자, 단자, 생단자, 팥단자, 밤단자, 잣단자, 석이단자, 경단, 팥경단, 밤경단, 쑥굴리, 수수거멀제비, 증편, 방울증편, 떡에 곰팡 아니 나는 법
우리나라 음식 만드는 법	1952년	방신영	떡가루 만드는 법, 떡 찌는 법, 거피팥 소 만드는 법, 백편, 꿀편, 승검초편, 녹두편, 팥시루편, 거피팥시루떡, 깨설기, 흰무리, 콩시루편, 느티시루편, 무시루편, 호박시루편, 쑥시루편, 서속시루편, 찰시루편, 흰떡, 개피떡, 쑥개피떡, 송기개피떡, 셋붙이, 절편, 인절미, 쑥인절미, 대추인절미, 청정미인절미, 쑥굴리, 토란병, 감떡, 두텁편, 귤병편, 석탐병, 잡과병, 증편, 방울증편, 은행편, 송편, 쑥송편, 송기송편, 송편별법, 경단, 콩경단, 팥경단, 깨경단, 재증병, 수수경단, 감자경단, 주악, 팥단자, 밤단자, 석이단자, 승검초단자, 유자단자, 생강편, 건시단자, 계강과, 녹말편, 화전, 밀쌈, 찰전병, 수수전병, 녹두부침, 밀전병, 부끄미

3) 한과의 분류

(1) 유과(油菓)

유과는 흔히 강정(強精)이라고 하는데 지방에 따라 과즐 또는 산자라고도 한다. 강정은 유과의 한 종류로 찹쌀을 물에 오래 담가 골마지가 생기도록 삭혀 가루 내어 술을 넣고 쪄서 꽈리가 일도록 친다. 이것을 얇게 밀어 네모나 누에고치 모양으로 잘라 말려 기름에 튀겨내 집청 시럽을 묻혀 고물을 입힌 것이다. 유과는 손가락강정·방울강정 등의 강정과 산자, 빙사과, 연사과 등이 있으며 깨, 찰나락, 세건반, 승검초, 잣가루 등 고물에 따라 이름을 달리하여 매화강정, 세건반강정, 백자강정, 계백강정 등이라 불리기도 한다.

(2) 유밀과(油蜜菓)

유밀과는 밀가루를 주재료로 하여 기름과 꿀로 반죽하여 모양을 내서 기름에 지져 낸 것을 집청한 것으로 그 종류에는 약과, 연약과, 만두과, 다식과, 박계, 매작과, 한과, 차수과, 타래과, 요화과 등이 있다. 대표적인 것은 약과(藥菓)로 밀가루에 참기름·꿀·술·생강즙 등을 넣고 반죽하여 기름에 튀겨내어 꿀에 집청한다. 모양에 따라 대약과·소약과·다식과·만두과 등이 있다. 유밀과는 한과의 역사상 가장 사치스럽고 화려한 것으로 원래는 불교의 소찬으로 발달해 제사음식에 쓰였으며 잔치의 고임상이나 혼례 때의 납폐음식으로도 쓰였다.

(3) 숙실과(熟實果)

한자 뜻 그대로 과수의 열매나 식물의 뿌리를 익혀서 꿀에 조려 만드는 것으로 만드는 방법의 차이에 따라 '초(炒)'와 '란(卵)'이 있다. 초(炒)는 재료를 통째로 사용해서 원래의 모양을 유지하여 달게 조려낸 것으로 밤초, 대추초가 있고, 란(卵)은 재료를 곱게 다지거나 으깨서 달게 조려 원래의 모양으로 빚어낸 것으로 율란, 조란, 강란이 대표적이다.

(4) 과편(果片)

과편은 과일의 즙을 내어 그 즙에 설탕이나 꿀을 넣어 끓이다가 녹말(綠末)을 넣어 엉기게 한 뒤 굳혀 썬 것으로, 사용되는 재료에 따라 이름이 달라진다. 앵두편, 살구편, 산사편, 복분자편, 오미자편 등 과일을 이용한 편도 있고, 두충, 치자 등을 이용해 만들기도 했다. 주로 생률과 곁들여 담는다.

(5) 다식(茶食)

다식은 곡물·한약재·종실·견과류 등을 가루내어 날로 먹을 수 있는 것은 그대로 하고 날로 먹을 수 없는 것들은 볶아서 꿀로 반죽해 다식판에 박아낸 것이다. 다식은 주재료에 따라 이름을 달리하는데 송화다식, 승검초다식, 콩다식, 백설기를 말려 가루내 만든 쌀다식, 볶은 밀가루로 만든 진말다식, 흑임자다식, 황률가루로 만든 밤다식 등이 있다. 이외에도 식물성 재료가 아닌 동물성 재료를 말려 가루내어 만들기도 했는데 쇠고기를 말려 가루내어 만든 우포다식, 새우를 말려 가루내어 만든 하설다식, 꿩을 말려 가루내어 만든 건치다식 등이 있다.

(6) 정과(正果)

정과는 식물의 뿌리·열매·줄기 등을 통째로 또는 썰어서 생것이나 데쳐서 꿀이나 설탕, 조청 등을 넣어 조린 것으로 사용되는 재료에 따라 이름이 붙는다. 정과란 전과(煎果)라고도 하는데『아언각비』에 전과란 중국 사람들이 말하기를 과니(果泥)라 하였다고 한다. 1400년대의 책인『산가요록』에서도 정과에 대한 언급이 있는데 꿀이 귀한 시절이므로 꿀이 많이 들어간 정과를 으뜸으로 여겼고 동아, 생강, 앵두 등 꿀을 넣고 조려 오래 보관하여 쓸 수 있는 법이 소개되어 있다. 정과의 종류는 동아, 생강, 앵두, 도행, 인삼, 도라지, 연근, 맥문동 등으로 다양하다.

(7) 엿강정

엿강정은 여러 가지 곡식, 견과류, 종실류 등을 조청에 버무려 밀어 펴서 썬 것이다. 엿강정의 재료로는 실깨, 흑임자, 들깨, 콩, 땅콩, 호두, 잣, 쌀 튀긴 것 등을 쓴다. 쌀 엿강정은 1680년대의 책『요록』에서 "건반병(乾飯餠)"이라 하며 찹쌀로 밥을 지어 햇볕에 말려 튀겨서 식으면 검은 엿이나 따뜻한 꿀에 섞어 뭉쳐 덩어리로 만들어 적당히 조각으로 잘라 사용했다고 기록되어 있다.

(8) 엿

엿은 멥쌀·찹쌀·수수·옥수수 등의 곡물을 익혀서 겉보리를 싹 틔워 말려 가루낸 뒤 엿기름을 넣어 당화시켜 걸러 솥에 오랫동안 조려서 만든 것이다. 묽게 고아 조청을 만들어 한과에 집청이나 엿강정 버무리는 용도로 사용되기도 한다. 조청을 더 고아 단단해지면 갱엿이 되는데 갱엿을 굳힐 때 볶은 콩이나 땅콩·깨·호두 등을 넣어 굳히기도 하며 갱엿을 여러 차례 잡아 늘이면 흰색의 백당이 된다.

4) 고문헌에 기록된 한과의 종류

서명	연대	저자	종류
음식디미방	1670년경	안동 장씨부인	연약과법, 다식법, 박산법, 앵도편법, 약과법, 듕박겨, 빙사과, 강정법, 순정과, 섭산삼법
요록	1680년경	미상	약과, 빙사과, 요화과, 백산, 연약과, 감로빈, 다식, 다을과, 거식조, 동아정과, 도행정과
주방문	1600년대 말	하생원	약과, 연약과, 듕박겨, 우근겨, 산자, 강정, 조청
음식보	1700년경	진주 정씨부인	생강정과법, 동화정과법, 모과정과법
산림경제	1715년경	홍만선	정과: 백매정과, 청매·청행정과, 살구정과, 복숭아정과, 앵도정과, 모과정과, 연근정과, 숙관우, 생강정과, 동아정과, 죽순정과, 도라지정과, 엿 고는 법
술 만드는 법	1800년대	미상	생강정과, 배정과, 모과정과, 산사정과, 들죽정과, 동화정과, 연근정과, 조란, 율란, 다식, 앵두편, 살구편, 약과, 강정, 산사, 빈사과
규합총서	1815년	빙허각 이씨	약과, 강정, 매화산자, 밥풀산자, 묘화산자, 메밀산자, 감사과, 연사, 연사라교, 계강과, 생강과, 황률다식, 흑임자다식, 용안다식, 녹말다식, 산사편, 앵도편, 복분자딸기편, 살구편, 벗편, 산사쪽정과, 모과 거른 정과, 모과쪽정과, 유자정과, 감자정과, 연근정과, 익힌 동과정과, 선동과정과, 천문동정과, 생강정과, 왜감자정과, 유리류정과, 순정과, 유자청, 조청 만드는 법, 광주 흰엿 만드는 법
주방	1800년대 초엽	미상	강정법, 쌀과슬법, 보도전과법, 죽순전과법, 순전과법, 생강전과법, 약과법, 강반법, 백청법, 조청밀법, 조청법
역주방문	1800년대 중엽	미상	약과, 중박계, 소료화, 다식, 서여다식, 송이정과
윤씨 음식법	1854년	미상	연약과, 다식과, 만두과, 연사라교, 타래과, 연사, 매화산자, 깨산자, 잣박산, 모밀산자, 황률다식, 흑임자다식, 진임다식(참깨다식), 녹말다식, 잣다식, 잡과다식, 상실다식, 송화다식, 당귀다식, 용안육다식, 건치다식, 포육다식, 광어다식, 조란, 율란, 생강편, 밤조악, 황률 두드린 것, 대조편, 산사편, 산사쪽정과, 모과정과, 동화정과, 연근정과, 생강정과, 유자정과, 감자정과, 유감정과, 맥문동정과, 들죽정과, 도랏정과, 곶감수정과, 모과편, 앵두편, 살구·딸기·벗편, 오미자고, 오미자편, 생실과, 숙실과

3. 전통병과에 쓰이는 재료

1) 고물이나 소로 쓰이는 재료

(1) 붉은팥

붉은팥은 한자로 적두(赤豆), 소두(小豆) 모두 쓰인다. 붉은팥은 통으로 삶아서 소금을 넣고 빻아 붉은팥 시루떡이나 수수경단, 무시루떡 등에 고물로 쓰이기도 하고, 푹 삶아 앙금만 받아 양념하여 볶아서 구름떡, 인절미 등에 고물로 쓰인다. 붉은팥은 고물뿐만 아니라 개피떡, 상화병, 찹쌀떡 등에 소로도 이용된다.

(2) 거피팥

거피팥은 거피두(去皮豆), 백두(白豆)로 기록되어 있다. 거피팥은 검푸른 빛이 나는 껍질로 싸여 있는데 이를 껍질을 없애고 사용한다 해서 거피두(去皮豆)로 쓰이기도 하고 껍질을 벗기고 속만 익혀 고물이나 소를 만들면 흰색이 되어 백두(白豆)라고도 한다. 거피팥 고물은 물호박떡, 인절미 등에 고물로 사용되고 송편, 쑥구리단자, 개피떡 등에 소로도 많이 이용된다. 거피팥 고물에 간장, 설탕, 후춧가루 등으로 양념하여 볶은 고물을 초두(炒豆)라 하여 두텁떡 등의 고물에 쓰인다.

(3) 녹두

녹두(綠豆)는 궁의 기록인 의궤에 '菉豆'로 기록되어 있다. 푸른 껍질이 있는 녹두를 맷돌에 타서 불린 후 거피하여 쪄서 어레미에 내려 고물을 만들어 쓴다. 녹두찰편, 녹두메편, 석탄병 등에 고물로 널리 쓰이며 송편 등에 소로도 쓰인다.

(4) 콩

콩가루를 만들 때 쓰이는 콩의 종류에는 흰콩, 푸른콩, 서리태 등이 있다. 푸른콩고물은 껍질은 검고 속은 파란 서리태로 만들기도 하며 청태로 불리는 푸른콩으로 만들기도 하는데 청태로 할 때도 껍질의 씨눈부분은 검기 때문에 껍질을 벗기고 만들어야 한다. 노란콩은 볶아서 고소하게 하여 고물을 만들어 쓰는 데 비해 푸른콩으로 고물을 만들 때는 살짝 쪄서 고물을 만들어야 그 푸른색이 잘 유지된다. 인절미나 경단 등에 고물로 주로 이용되며 다식을 만들 때도 쓰인다.

(5) 깨

깨라고 하면 보통 참깨를 일컬으며 참깨는 임자(荏子), 지마(脂麻), 유마(油麻), 호마(胡麻) 등으로 쓰인다. 깨의 속껍질을 벗겨 볶은 것을 실임자(實荏子)라고 한다. 깨를 불려서 손으로 비비면 속껍질이 벗겨지는데 예전에는 손으로 비비거나 키, 홈이 있는 자배기 등에 비벼 벗겨서 볶은 뒤 사용했다. 근래에는 일자날을 사용하는 다용도 커터기를 이용하여 손쉽게 속껍질을 벗길 수 있다. 볶은 실임자에 소금을 조금 넣고 반쯤 으깨 깨찰편 등의 고물로 사용하며 송편 소로도 사용한다. 흑임자는 검정깨를 씻어 일어 물기를 빼고 깨알이 통통해질 때까지 볶아 깨찰편이나 흑임자편, 인절미, 경단 등의 고물로 사용된다.

(6) 잣

잣은 겉껍질과 보늬라고 불리는 속껍질까지 벗겨서 사용하며 속껍질이 벗겨지지 않으면 남아 있는 고깔을 떼고 행주로 먼지를 닦아서 쓴다. 고물로 사용할 때는 비늘잣으로 만들어 손가락강정이나 산자에 쓰이기도 하며 종이를 깔고 칼날로 다져 잣가루를 만들어 단자나 강란, 계강과 등의 고물로 쓰인다.

2) 색을 내는 재료

색을 쓰는 이유는 음식에 색을 들여 아름답게 하기도 하지만, 식욕을 증진시키고 먹음직스럽게 보이며 우리나라의 약식동원 사상대로 그 재료가 가지고 있는 효능을 자연스럽게 섭취할 수 있어 몸에 이로움이 되도록 하려는 배려까지 있다.

- **황색** : 송화, 치자, 울금, 단호박, 노란콩
- **홍색** : 오미자, 지초, 연지(잇꽃), 맨드라미, 백년초
- **녹색** : 갈매, 쑥, 신감초, 청태, 모시잎, 감태
- **갈색** : 계피, 송기, 대추고, 도토리가루, 감가루
- **흑색** : 석이버섯, 흑임자, 검정콩, 검정깨, 흑미

(1) 황색

① 치자

치자는 물에 담그면 노란색이 우러나서 천연색소로 다양하게 쓰이는데 말린 치자를 주로 사용한다. 치자는 씻어 반으로 갈라 따뜻한 물에 담가두면 노란색의 물이 나오는데 진한 색을 낼 때는 물을 조금만 넣고 연한 색을 얻으려면 물의 양을 늘려 사용한다. 떡에 색을 들이거나 매작과, 밤초 등에 노란색을 내는 데 많이 쓰인다.

② 송홧가루

송홧가루는 소나무의 꽃가루로 매우 가볍다. 봄에 소나무에 핀 송화를 물에 수비하여 이물질을 제거한 후 말려서 사용한다. 송화는 단백질과 당질 및 무기질이 풍부하고 비타민 C가 비교적 많다. 삼색 무리병 등 떡에 넣어 색을 내기도 하고 유과에 고물로 쓰이기도 하며 송화다식이나 송화 밀수의 재료로 쓰이기도 한다.

③ 울금가루

카레의 황색을 내는 재료인 울금은 궁중의 잔치기록인 의궤에서 한과의 노란빛을 낼 때 사용한 기록이 있다. 주로 수입에 의존하였으나 근래에는 우리나라에서도 재배되어 쉽게 구할 수 있게 되었다.

(2) 홍색

① 백년초가루

제주도에서 나는 손바닥선인장의 열매로 그 색이 열에 불안정하다. 백년초는 말려서 가루로 만들어 사용하는데 동결건조로 말린 가루가 더 선명한 색을 낸다. 떡에서는 익힌 후 색을 들여 쓸 수 있는 절편이나 개피떡 등에 주로 사용되며 한과에서는 쌀엿강정, 매작과 등에 이용한다.

② 오미자

오미자는 단맛, 신맛, 쓴맛, 짠맛, 매운맛의 다섯 가지 맛을 낸다는 뜻의 이름이며 신맛이 강하다. 물에 담가두면 붉은색을 내는데 오미자를 사용하기 전날 깨끗이 씻어 찬물에 담가 우린 다음 면포에 걸러 그 물을 쓴다. 끓이거나 더운물에 우리면 쓴맛과 떫

은맛이 우러나오니 찬물에 우려야 한다. 오미자화채는 물론, 보리수단, 창면, 진달래 화채 등의 기본 국물로 사용되며, 떡에서는 각종 편이나 송편에 색을 낼 때, 그리고 한과에서는 오미자편이나 오미자다식의 재료가 되기도 한다.

③ 지치

지치는 지초, 지근이라고도 하며 몸에 털이 많이 붙어 있는 풀로 우리나라 각처 산과 들의 풀밭에서 나는 다년생 초본이다. 지초 뿌리는 붉은색을 내는 천연색소 역할을 하는데 물에 색소가 우러나오지 않고 알코올이나 기름에 색이 우러나오기 때문에 기름에 담가 붉은색을 우려내 지초기름을 만들어 색을 쓴다. 붉게 물든 지초기름에 쌀알을 튀겨 홍세반강정의 고물로 쓰거나 붉은색 쌀엿강정을 만들 때 쓰인다.

(3) 녹색

① 감태가루

녹조류에 속하는 파래과의 해조류로 마른 감태의 이물질을 골라내고 갈아 사용한다. 고물로 사용할 때는 체에 내려 거친 고물을 만들어 손가락강정 등의 고물로 쓰고 곱게 가루내어 쌀가루에 섞어 삼색주악, 부꾸미 등에 쓰이거나 매작과에 녹색을 낼 때도 쓰인다. 파래보다는 감태의 색과 향이 좋아 감태가루를 쓰며 찌는 떡보다는 지지는 떡이나 튀기는 한과류에 잘 어울린다.

② 승검초가루

승검초는 당귀의 잎으로 신감채라고도 한다. 승검초를 말려 가루내어 사용하며 궁에서 떡이나 한과에 푸른빛을 낼 때 많이 사용되었다. 주악이나 각색편, 산승, 다식 등에 쓰인다.

(4) 갈색

① 계핏가루

계피는 계수나무의 껍질로 이것을 분말로 만들어 약반에 쓰이거나, 삼색주악, 경단 등의 소에 조금씩 넣어 맛과 향을 낸다. 또한 약과나 매작과 등을 만들 때 꿀에 계핏가루를 섞어 집청하는 데 쓰이고 각종 밤초, 대추초 등의 한과에 향을 낼 때 쓴다.

② 감가루

단감 껍질을 벗겨 얇게 저며 썰어 볕에 바싹 말린다. 감에는 당분이 많아 잘 마르지 않을뿐더러 말려서 가루낼 때 덩어리가 잘 져서 한약재를 가루로 빻아주는 제분소에 맡기면 말려서 가루로 빻아준다. 쌀가루에 감가루를 섞어 석탄병 등에 쓴다.

③ 송기

송기는 소나무의 속껍질로 나무가 마르지 않고 물기가 있을 때 벗겨서 말려두었다가 물에 푹 삶아 쌀가루를 빻을 때 함께 넣고 빻거나 절편을 칠 때 섬유질이 풀어지도록 친 후에 사용한다. 주로 절편 등에 쓰이고 송기를 우려 말려서 가루로 낸 뒤 송편이나 각색편을 만들 때 섞어 색과 향을 낸다.

④ 대추고

대추고는 대추에 물을 충분히 넣고 푹 삶아 체에 내려 과육만 걸러 만든다. 대추고는 대추를 돌려 깎고 남은 씨를 고아 만들면 좋다. 약반, 약편, 각색편 등에 쓰여 색과 맛을 더해준다.

(5) 흑색

① 석이버섯

석이(石耳)버섯, 석의(石衣)버섯이라고 한다. 돌에 붙어 자라는 석이버섯은 뜨거운 물에 담가 불려 손으로 비벼 이끼를 제거하고 석이의 배꼽을 떼어 다지거나 채썰어 쓰기도 하고 물기를 꼭 짜서 채반에 널어 바싹 말린 뒤 분쇄기에 넣고 가루로 만들어 체에 쳐서 고운 가루를 만들어 쓰기도 한다. 석이단자, 석이병 등의 각종 떡에 넣어 검은 색을 낸다.

Ⅴ. 저장발효식품

세계 여러 나라에서 유용하게 이용되고 식문화의 중요한 부분을 차지하는 발효식품은 그 지역의 고유한 방식으로 제조되고 있으며 한 나라의 정서와 슬기를 담아내고 있다. 또한 발효식품은 미생물학 연구와 깊은 연관성을 가지고 있으며 인체에 유익한 미생물은 자연환경과 유기물 분해에 의한 생성에 의해 건강상에 유익함을 준다. 다른 한편에서 식품의 미생물은 독성을 갖게도 하고 곰팡이 등에 의해 오염될 경우 부패식품이 되어 식중독을 일으키지만 발효식품은 유익한 미생물작용으로 좋은 맛과 독특한 풍미, 소화에 이로움을 주기 때문에 건강기능성 식품으로 주목받고 있다.

우리나라는 농경생활을 시작으로 다양한 곡물이 생산되었고 저장기술의 발달로 곡류, 두류, 채소류, 어패류 등의 다양한 식재료를 이용한 발효식품이 발달했다. 곡류의 재배는 각종 행사나 제례의식에 이용되는 술을 빚었고 콩의 재배로 장류도 자연적으로 발전하였다. 특히 채소류는 겨울철 재배가 어려운 시기에 저장을 위해 염장기술을 이용하여 김치류가 생겨났고 삼면이 바다인 우리나라에서는 생선을 염장하여 발효된 젓갈류가 발달하게 되었다.

우리나라는 염장기술과 양조기술의 정착으로 장류, 김치류, 젓갈류, 주류, 장아찌류 등의 발효식품 문화권으로 자리 잡게 되었다.

1. 장류

콩을 이용한 장류는 농경문화권에서 발달하였고 우리나라는 곡류나 채소류 위주의 식습관을 갖고 있어 일상에서 부족한 단백질을 콩에서 활용하였는데 콩 발효식품이 장이다. 장은 간장, 된장, 고추장 등을 통틀어 일컫는 말로 한국, 중국, 일본 등의 나라에서 주로 조미료의 역할을 하는 발효식품이다. 식물성 단백질을 많이 함유한 콩에 소금을 가해 미생물작용으로 분해하여 구수한 향을 내기 때문에 조미료 역할을 하게 된다.

장의 역사는 콩의 원산지인 우리나라를 비롯하여 한반도 북쪽의 만주를 포함한 동북아시아 지역으로 보고 있고 우리나라 콩 재배 흔적은 청동기시대의 유적에서 찾을 수 있다. 문헌상으로는 『삼국지 위지』, 『삼국사기』에 장 담그기, 술 빚기, 젓갈 담그기 등에 관한 기록이 나와 있다.

장의 기본은 콩을 푹 삶아 메주를 만드는 것에서 시작한다. 메주는 볏짚이나 공기의 접촉에 의한 미생물 발육으로 콩의 단백질 분해효소와 전분 분해효소를 분비하여 장의 고유한 맛과 향을 내는 미생물이 번식하여 만들어진다. 메주의 숙성 및 발효에 관여하는 주 미생물은 누룩곰팡이속(Aspergillus)과 고초균(Bacillus subtilis)이다. 메주를 볏짚으로 묶어 말리는 것은 메주를 잘 발효시키기 위한 것으로 우리 조상들의 지혜가 돋보이는 방법이라 할 수 있다.

1) 간장

간장은 콩과 소금물을 주원료로 만들며 콩을 삶아 쪄서 말린 메주를 60일간 띄워 소금물에 담가 발효시켜 우려낸 뒤 거른 액체를 달여서 만든 것은 간장이고 거른 뒤 남은 재료를 된장으로 만든다. 재래간장은 발효기간을 거치는 동안 효소와 미생물의 작용에 의해 구수한 맛, 짠맛, 여러 가지 유기성분의 향미가 어우러져 간장 특유의 향과 맛을 지니게 된다.

간장은 단백질과 아미노산이 풍부한 콩으로 만들어지는 발효식품으로 훌륭한 단백질 공급원이며 오래도록 저장이 가능한 식품이다.

2) 된장

된장은 덩어리지고 되직하다 하여 된장이라 불린다. 재래식 된장은 메주를 소금물에 담가 발효시켜 여러 성분들이 우러나오면 간장을 떠내고 남은 재료들을 섞어 웃소금을 뿌려 보관하는 것이다. 메주를 만들 때 사용한 재료의 종류와 양, 숙성시간, 소금의 양 등에 따라 풍미가 달라진다.

된장은 콩을 주재료로 만들어져 단백질 함량이 높고 제조과정 중 콩단백질이 미생물에 의해 분해되고 다양한 아미노산이 생성되어 소화와 흡수에 도움을 준다.

된장의 종류로는 막장, 토장, 청국장 등이 있는데, 막장은 간장을 빼고 나머지 재료를 섞어 만든 것을 말하고, 토장은 메줏가루에 소금물만 넣고 담가 2~3개월간 숙성시킨 된장으로 간장을 뜨지 않은 된장을 말한다. 청국장은 콩을 푹 삶아 40℃ 정도의 따뜻한 곳에 2~3일 정도 발효시켜 끈끈한 실이 생기면 소금, 파, 마늘, 고춧가루 등을 섞어 만드는 장이다. 특히 청국장은 콩을 가장 지혜롭게 먹는 방법 중 하나로 단기 발효에 의해 제조되는 특성을 갖고 있으며 소금의 첨가 없이 발효가 이루어지기 때문에 혈전치료나 암세포 분열을 억제하는 우수한 효과가 있음이 여러 연구에서 밝혀졌다.

3) 고추장

고추장은 짠맛 이외에 단맛, 고소한 맛과 함께 매운맛이 더해진 독특한 맛이라고 할 수 있다. 고추장은 조선시대 우리나라에 고추가 전해지면서 만들어지기 시작했고 조미료써의 역할뿐만 아니라 우리 고유의 독창적인 음식문화를 형성하는 데 기여하였다. 『증보산림경제』에는 "만초장"이라는 이름으로 고추장 제조방법이 최초로 기록되어 있으며, 짠맛과 단맛 등을 기술하였고 『농가월령가』, 『규합총서』에도 관련기록이 있어 이 시기에 이미 고추장 담그기가 연중행사였음을 알 수 있다. 고추장은 일반적으로 찹쌀고추장, 밀고추장, 보리고추장, 무거리고추장 등이 있다. 찹쌀고추장은 찹쌀가루를 익반죽하여 구멍 떡을 빚어 끓는 물에 삶아 건져 메줏가루, 엿기름가루, 고춧가루, 소금 등을 넣어 덩어리지지 않게 만드는 고추장이고, 찹쌀가루 대신 밀가루를 사용하면 밀고추장이다. 보리고추장은 보리쌀을 가루로 빻아 시루에 찐 다음 시루에 넣어 따뜻한 곳에 놓고 띄워 흰곰팡이가 필 때 고춧가루와 메줏가루, 소금으로 간하여 만드는데 보리고추장은 엿기름을 사용하지 않는 것이 특징이고, 여름철에 쌈장으로 많이 이용한다. 무거리고추장은 메줏가루를 만들고 남은 무거리와 보릿가루, 엿기름가루, 고춧가루를 섞어 담근 것으로 주로 찌개고추장으로 쓰인다.

2. 김치류

우리나라에서는 독특한 채소류 발효식품이 개발되었는데 채소류는 수분이 많아 저장·보관이 매우 어려워 건조나 소금절임이 필요했다. 특히 소금에 절이면 채소가 연해지고 오랫동안 저장이 가능하며 자가효소작용과 호염성세균의 발효작용으로 아미노산과 젖산을 생산하는 숙성과정을 거치게 된다. 김치는 이러한 숙성과정을 발전시켜 다양한 재료와 소금, 젓갈 등을 이용하여 맛과 영양적으로 우수한 발효식품으로 거듭나고 있다.

우리나라의 김치는 삼국시대 이전부터 채소절임형, 단순절임형 형태로 채소를 소금에만 절인 형태, 간장·된장 등의 장류에 절인 형태, 소금과 술지게미에 절인 형태, 소금과 곡물죽에 절인 형태, 식초에 절인 장아찌 형태가 김치의 시작이라고 할 수 있다. 고려시대부터 김치에 양념이 사용되고 있으며 싱겁고 순한 나박지형과 싱건지형태의 김치도 등장하게 된다. 조선 초기에는 김치가 향토성을 나타나기 시작하고 꿩이나 닭 등의 육류가 가미된 김치형태를 보여주기도 한다. 조선 중기 이후에 고추가 우리나라에 유입되면서 양념으로 자리 잡게 되었고 젓갈도 다양하게 쓰이게 되었다. 또한 김치는 채소류와 젓갈류의 다양한 조화에 의해 영양과 맛을 향상시켜 주게 되었다. 김치의 담금법도 장아찌형, 물김치형, 소박이형, 석박지형 등으로 다양하게 발달하였다. 김치는 배추나 무 등에 다양한 부재료를 넣어 숙성되는 동안 채소류에 함유된 당류가 젖산균에 의해 젖산과 유기산으로 변하여 신선한 맛과 각종 향신료가 가미되어 독특한 향미를 준다.

지역에 따른 김치의 특징을 살펴보면 우리나라는 남북으로 길게 뻗어 있어 기온차가 크기 때문에 날씨가 추운 북부지방 김치는 국물이 많고 싱거운 편이며, 남부는 김치에 속을 적게 쓰고 고춧가루와 젓갈, 소금을 많이 넣어 맵고 짜게 담그고 김칫국이 적은 것이 특징이다. 특히 북부지방은 간이 싱겁고 양념을 적게 하여 담백하고 시원하며 국물이 넉넉한 동치미, 백김치 등이 있다. 중부지방은 간이 중간 정도이고 양념이 호화롭고 담백한 맛을 내는 것이 특징이다. 서울을 중심으로 경기지방 김치는 다양한 편인데 보쌈김치는 배추와 각종 양념재료 외에 밤, 배 등의 과실류와 낙지, 버섯 등을 이용하여 부재료를 35가지 정도 사용하는 김치이다.

3. 장아찌류

장아찌는 짠지라고도 하며 한자어로 장과(醬瓜)라고 불리며 채소 등을 소금이나 장(醬)에 절여 숙성시킨 발효식품이다. 주로 무, 오이, 깻잎 등의 채소가 장아찌의 기본 재료이지만 김, 미역 등의 해조류와 굴비, 전복, 홍합 등의 어패류, 호두, 땅콩 등의 견과류 및 감, 살구, 참외 등의 과실류도 장아찌의 재료로 매우 다양하다. 장아찌의 절임원은 주로 소금이나 간장이 사용되지만 고추장, 된장, 식초 등을 사용하는 경우도 많다. 장아찌는 김치의 역사와 거의 같고 오늘날의 김치의 원형이라 할 수 있다. 고려시기에는 무를 소금이나 간장에 절인 무장아찌 기록이 『동국이상국집』에 수록되었고, 조선시대의 『증보산림경제』에는 청장, 즙장, 된장, 젓갈 등의 다양한 절임원을 사용한 기록이 있고 여러 고문헌에도 장아찌가 수록되었음을 알 수 있다. 이러한 장아찌는 우리나라 상차림에서 중요한 반찬의 역할을 하고 있으며 계절에 따라 다양한 식재료를 이용할 수 있다는 데 큰 의미가 있다. 장아찌는 조리법에 따라 간장에 절였다가 잠깐 볶는 형태인 숙장아찌와 절임원에 장기간 숙성시키는 절임 장아찌로 분류할 수 있다.

장아찌의 종류는 절임원에 따라 간장장아찌, 된장·고추장장아찌, 식초장아찌, 소금장아찌가 있다. 간장장아찌는 간장에 식초, 설탕, 생강, 마늘, 건고추, 물엿 등을 넣고 끓여 식힌 국물을 부어 담근 것으로 고추장아찌, 무장아찌, 김장아찌, 마늘장아찌, 깻잎장아찌, 무청장아찌 등이 있다. 된장·고추장장아찌는 채소 등을 꾸덕꾸덕 말린 후 된장이나 고추장에 박아 담는 장아찌로 동아장아찌, 매실장아찌, 고추장아찌, 마른오징어장아찌, 호박장아찌, 북어장아찌, 굴비장아찌 등이 있다. 식초장아찌는 식초에 물, 설탕 등을 섞어 재료에 부어서 숙성시키는 장아찌로 오이장아찌, 양파장아찌, 마늘장아찌, 마늘종장아찌 등이 있다. 소금장아찌는 소금에 절이는 장아찌로 오이지, 오이장아찌, 골곰짠지 등이 있다.

4. 젓갈류

젓갈은 우리나라 어패류의 대표적인 발효식품으로 어패류에 다량의 소금을 첨가하여 자가효소 및 미생물의 분해작용에 의해 숙성되는 원리를 이용한다. 주식인 밥과 함께 반찬으로 상에 올리기도 하지만 김치를 만들 때 부재료나 양념으로 사용되기도 한다. 우리나라는 삼면이 바다로 둘러싸여 있어 어패류와 수산물의 종류가 다양하고 풍부한 가운데 소금에 절여서 이용하였던 것을 시작으로 점차 젓갈로 발전하게 되었다.

젓갈은 주재료가 되는 어패류와 갑각류의 종류와 부위, 지역에 따라 만드는 방법이 조금씩 다른데, 소금만으로 담그는 젓갈, 소금과 고춧가루를 섞는 양념젓갈, 간장으로 담그는 간장젓갈로 구분한다. 소금으로 담그는 젓갈은 멸치, 갈치, 조기 등의 생선이나 새우, 조개 등의 갑각류, 패류 등에 많은 소금을 섞어 상온에서 숙성시켜 만드는 젓갈이다. 이때 소금에 의해 어패류의 자가소화효소와 미생물의 작용으로 단백질이 아미노산으로 분해되어 새로운 맛을 만들어낸다. 양념젓갈은 어패류에 소금, 고춧가루, 마늘, 파, 생강 등의 양념을 넣어 숙성 발효시키는 젓갈과 어패류를 소금에 숙성시켜 나중에 양념을 넣는 방법이 있다. 주로 명태의 알인 명란, 명태의 내장인 창난, 대구의 아가미, 오징어, 낙지, 조개 등이 젓갈에 이용된다. 간장으로 담그는 젓갈은 주로 갑각류인 꽃게, 새우, 전복 등을 간장에 숙성시켜 만드는 젓갈을 말한다. 어류의 몸통이나 살로 담그는 젓갈류는 멸치젓, 황석어젓, 밴댕이젓, 가자미젓, 뱅어젓, 오징어젓, 조기젓, 실치젓 등이 있다. 내장이나 생식소로 담는 젓갈류는 갈치속젓, 돔배젓, 명란젓, 창난젓, 대구아가미젓, 민어아가미젓, 전복내장젓, 성게젓 등이 있다. 갑각류로 만드는 젓갈은 꽃게젓, 새우젓, 성게젓 등이 있고, 조개류로 만드는 젓갈은 굴젓, 바지락젓, 모시조개젓, 꼬막젓이 있고, 연체류로 담그는 젓갈은 오징어젓, 꼴뚜기젓, 한치젓, 세발낙지젓 등이 있다.

5. 건조식품

건조식품은 자연상태의 식재료를 자연적이거나 인공적으로 건조시킨 식품을 의미하며 식품의 수분을 증발시켜 미생물이 자라지 못하게 보존성과 저장성을 높이는 방법이다. 우리나라의 대표적인 건조식품은 부각이나 튀각을 의미하는데 부각은 채소나 해초를 손질해서 찹쌀풀이나 밀가루풀을 발라 말린 뒤 기름에 튀겨내고, 튀각은 찹쌀풀을 바르지 않고 그대로 튀긴 음식이다. 특히 튀각은 재료를 튀겨서 소금이나 설탕에 조미한 것으로 부각과 튀각은 안주나 마른 찬, 간식으로 이용된다.

부각과 튀각의 재료는 채소류의 잎이나 꽃, 열매, 뿌리 등과 미역이나 다시마, 김 등의 해조류와 견과류, 과일류, 버섯류 등 다양한 식재료가 이용된다.

채소의 잎, 줄기, 열매, 뿌리 등은 끓는 물에 데쳐 말리는 건조법이나 생채로 썰어서 말려 효소작용과 미생물의 활동을 적게 하는 방법이 있다.

부각을 만들 때 재료마다 찹쌀풀이나 밀가루풀을 발라 볕이 좋을 때 수분이 거의 없을 정도로 잘 말려서 먹기 직전에 170℃의 고온에서 단시간에 기름에 튀긴다.

6. 주류

술은 과실이나 곡류의 당질성분이 미생물 분해작용에 의해 알코올과 이산화탄소 등의 여러 성분이 생성된 발효음료이며 인류가 만든 음료 중 가장 오래된 음료이다.

술은 쌀을 쪄서 식힌 후 누룩으로 버무려 섞고 일정량의 물을 부어 발효시키는데 이를 상온에서 그대로 두면 기포와 거품 등이 끓어오른다. 이러한 현상을 보고 '물에서 불이 붙는다' 하여 '수불'이라 하여 오늘날의 '술'이 된 것으로 추측하고 있다. 원시시대의 술은 포도주처럼 발효주를 시작으로 수렵시대에는 과실주, 농경시대에는 곡류를 원료로 한 곡주가 만들어진 것으로 보인다.

나라마다 오랜 세월을 두고 그 나라의 기후와 풍토에 맞게 고유한 술문화가 발달하였으며 술은 민족성과 풍토성을 반영하였을 뿐만 아니라 술과 함께 곁들이는 안주문화 즉 음식문화도 발전시켰다는 데 큰 의미가 있다.

우리나라의 전통주는 조선시대에 가장 발전하였고 조선 후기까지 술의 전성기를 이루었으며 다양한 양조기술이 있었다. 특히 원재료는 멥쌀보다는 찹쌀 위주로 만들었고 단양주에서 이양주, 삼양주 등의 덧술을 여러 번 섞는 형태로 발전하였다. 또한 누룩을 이용한 방법이 일반화되었는데 누룩은 밀, 보리, 쌀, 녹두 등에 당화와 알코올 발효제를 생산하는 곰팡이를 번식시킨 것으로 술을 빚는 데 있어 쌀, 물과 함께 가장 기본이 되는 재료이다. 누룩은 밀이나 쌀, 녹두 등을 갈아서 약간의 물을 넣어 반죽하고 성형하여 발로 밟아 모양을 만들어 짚에 깔아 말려서 띄웠다.

술을 빚을 때 쌀을 고두밥으로 지어 식혀서 빚거나 백설기로 만들어 빚기도 하는데 고두밥으로 만든 것을 차게 식혀 누룩가루와 물을 섞어 잘 버무려 항아리에 담아 따뜻한 방에서 발효시킨다. 술이 다 익으면 용수를 술덧에 박아 맑은 술을 떠낸 것이 청주, 약주이며 맑은 술을 떠내고 남은 지게미를 베주머니에 담아 눌러 짜낸 것을 막걸리라고 하고 용수를 박지 않고 체에 걸러낸 술을 탁주라고 한다. 증류주는 발효된 술을 가마솥에 부어 소줏고리를 올리고 가마솥의 온도가 올라가면서 솥 안 술덧의 휘발성 강한 알코올이 기화하면서 냉각되어 물방울처럼 소줏고리 벽을 타고 흘러내리면 소주가 만들어진다. 우리나라 소주는 지역에 따라 개성 소주, 김제 송순주, 안동 소주, 전주 이강주, 진도 홍주, 영광 강하주, 송화 백일주, 담양 추성주, 영광 토종주, 해남 녹향주 등이 있다.

7. 식초

식초는 과일류나 곡류를 주원료로 하여 초산 발효한 식품으로 우리 몸에 유익함을 주고 음식의 풍미를 더해 짠맛, 쓴맛을 제거할 뿐만 아니라 생선의 비린내를 없애고 살균이나 보존에도 도움을 준다. 또한 식초는 여름철 냉면이나 냉국 등에 넣어 음식의 맛과 상쾌함을 주고 살균작용과 저장성도 뛰어나 장아찌나 초절임에도 이용된다.

우리나라 식초의 역사는 정확히 알 수 없지만 고려시대에 『해동역사』에 식품의 조리에 초가 이용되었다고 쓰였고 『향약구급방』에는 의약품으로도 사용되어 부스럼이나 중풍 치료에 사용되었다는 기록이 남아 있다. 조선시대 『동의보감』에는 "초는 성(性)이 온(溫)하며 맛이 시고 독이 없어 옹종(擁腫)을 없애고 혈운(血暈)을 부수며, 모든 실혈(失血)의 과다와 심통(心通)과 인통(咽痛)을 다스린다. 또한 일체의 어육과 채소 독을 소멸시킨다"고 기록하였다. 조선 후기의 문헌에 나타난 식초를 열거해 보면 "소맥초(小麥醋)·나미초(糯米醋)·미초(米醋)·시초(柿醋)·대추초(大棗醋)·포초(蒲醋)·길경초(桔梗醋)·속초(俗醋)·밀초(密醋)·조초(糟醋)·부초(趺醋)" 등이 기록되어 있다.

식초는 제조방법에 따라 양조식초와 합성식초로 나뉘는데 양조식초는 곡류, 과실류, 주류 등을 원료로 발효시켜 만든 것이고, 합성식초는 화학적으로 만든 것으로 순수한 초산을 희석시켜 만든 것이다. 양조식초는 사용하는 원료가 자연식재료이고, 여기에 초산균(Acetobacter)에 의해 초산발효하여 식초로 만든 것이므로, 천연의 자연식품이면서 발효조미료라고 할 수 있다. 양조식초의 곡물식초는 곡물을 원료로 하여 초산발효한 것으로 현미식초, 쌀식초가 있다. 과실식초는 과일이나 과즙액, 과실술덧 등을 혼합시켜 초산 발효한 것으로 감식초, 사과식초, 포도식초 등이 있고, 양조식초는 주정, 당류, 첨가물 등을 혼합하여 초산 발효한 것에 곡류나 과실 등을 혼합한 것이다.

Traditional Cuisine of Korea

1. 밑준비하기

양지 육수내기

재료 및 분량

- 쇠고기(양지) 200g • 대파 1대 • 양파 1개 • 저민 생강 1톨
- 마늘 3쪽 • 통후추 5g • 다시마 1조각(10cm) • 건표고버섯 10g • 물 12컵

만드는 법

1. 양지머리는 흐르는 물에 30분 정도 담가 핏물을 뺀다.

2. 찬물에 양지머리, 파, 건표고버섯, 저민 생강, 마늘, 양파, 통후추, 다시마를 넣고 뚜껑을 열고 고기를 30분 정도 익힌다.

3. ②의 다시마는 건지고 뚜껑을 덮고 1시간 반 정도 약한 불에서 끓인다.

4. 면포에 건더기를 거르고 육수를 식힌 후 걸러 기름을 제거하여 사용한다.

겨자 발효하기

재료 및 분량

- 겨자분말 2큰술 • 물 1큰술

만드는 법

1. 겨자분말에 40℃의 따뜻한 물을 넣고 되직하게 반죽한다.

2. ①의 겨자를 그릇의 벽면을 따라 두께가 일정하도록 펼쳐준다.

3. 랩으로 덮은 후 따뜻한 냄비 위에 10~15분 정도 올린다.

녹두녹말 만들기

재료 및 분량

• 깐 녹두 300g • 고운 주머니 • 물 • 한지

만드는 법

1. 깐 녹두는 물에 담가 불려(6시간 정도) 껍질을 벗겨 곱게 믹서기에 간다.
2. ①을 체에 밭쳐 고운 주머니에 넣고 주물러 짠다. 이때 노란 첫물은 버리고 두 번째 나온 물부터 사용한다.
3. 웃물을 여러 번 갈면서 우려내어 앙금을 가라앉힌다.
4. 녹말 앙금이 하얗게 가라앉으면 웃물은 버리고, 깨끗한 면 보자기에 앙금을 떠서 놓으면 수분을 다 빨아들인다.
5. 수분이 없어지면 한지에 한 술씩 떠서 통풍이 잘되는 곳에서 말린다.
6. 거의 마르면 고운체로 쳐서 가루로 만든 뒤 바싹 말려, 한지 봉지에 보관한다.

  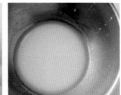 

대추고 만들기

재료 및 분량

• 대추씨 및 대추 2kg • 물 대추부피의 3배 • 황설탕 500g

만드는 법

1. 대추를 깨끗이 씻어 대추씨 및 대추 부피의 3배 정도의 물을 붓고 중간불에서 1시간 정도 끓인다.
2. 약불에서 대추살이 무를 때까지 푹 끓인다.
3. 물의 부피가 3배에서 1배가 되면 체에 내려 껍질과 씨를 제거한다.
4. ③의 대추살에 황설탕 500g을 넣고 1시간 정도 약불에서 뭉근하게 끓인다.

쌀가루 만들기

재료 및 분량

멥쌀가루 12컵(1112g) · 멥쌀 5컵(800g) · 호렴 12g · 물 1/2컵(100g)
찹쌀가루 12컵(1112g) · 찹쌀 5컵(800g) · 호렴 12g

만드는 법

1. 쌀 불리기

① 쌀을 깨끗이 씻어 일어 여름에는 4~5시간, 겨울에는 7~8시간 정도 불린 뒤 소쿠리에 건져 30
분 정도 물기를 뺀다.

② 충분히 불리면 멥쌀은 무게가 1.2~1.3배 정도 되고, 찹쌀은 무게가 1.4배 정도 된다.

2. 소금 간하기

① 마른 쌀 1되(800g)에 굵은소금 1큰술(12g) 비율로 넣어 가루로 빻는다.

3. 가루 내기

① 멥쌀은 방아기계에 두 번 빻는데 처음에는 소금을 넣어 굵게 빻고 두 번째 빻을 때 불린 쌀 무게
의 10%의 물을 넣어 곱게 빻는다.

② 찹쌀은 소금을 넣고 곱게 한번 빻는다.

쑥쌀가루 만들기

재료 및 분량

쑥멥쌀가루 12컵

• 멥쌀 5컵(800g) • 호렴 12g • 데친 쑥 100g • 물 1/4컵(50g)

만드는 법

1. 쌀 불리기

① 쌀을 깨끗이 씻어 일어 여름에는 4~5시간, 겨울에는 7~8시간 정도 불린 뒤 소쿠리에 건져 30분
   정도 물기를 뺀다.

2. 쑥 손질하기

① 쑥은 억센 줄기와 누런 잎을 떼고 깨끗이 씻는다.

② 끓는 물에 소금을 넣고 쑥을 넣어 데친 후 찬물에 헹궈 물기를 꼭 짠다.

3. 가루 내기

① 롤러기계에 쌀과 소금, 데친 쑥을 넣고 거칠게 빻는다.

② ①의 쌀가루를 기계에 한번 더 내린다.

③ ②의 쌀가루에 물(5%)을 넣고 기계에 한번 더 곱게 내린다.

※ 쑥의 함량은 떡의 종류에 따라 가감한다.

2. 재료 손질하기

관자 손질하기

재료 및 분량

• 키조개 1마리

만드는 법

1. 흐르는 물에 관자를 씻는다.

2. 관자살과 날개부분의 연결부분을 칼로 자른다.

3. 관자살에 붙어 있는 내장부분을 손으로 잡아 벌려 관자를 분리하고 얇은 막을 제거한다.

4. 내장은 잘라내고 관자, 날개부분을 사용한다.

대합 손질하기

재료 및 분량

• 대합 1개 • 소금물

만드는 법

1. 대합은 옅은 소금물(약 3~5%)을 만들어 대합을 넣고 어두운 곳에 두어 해감한다.

2. ①의 대합을 끓는 물에 넣어 입이 벌어질 때까지 데친다.

3. 입이 벌어지면 수저로 대합살과 껍질을 분리한다.

4. 대합살만 사용한다.

전복 손질하기

재료 및 분량

• 전복 1개

만드는 법

1. 전복은 솔로 문질러 깨끗하게 씻는다.

2. ①의 전복은 수저나 칼을 이용하여 살과 껍질을 분리한다.

3. 분리된 살에서 내장과 이빨을 칼로 제거한다.

4. 전복살만 조리에 사용한다.

3. 고물 만들기

붉은팥 고물 만들기

재료 및 분량

• 붉은팥 850g • 소금 1/2큰술

만드는 법

1. 붉은팥은 깨끗이 씻어 돌을 인다.

2. 씻은 팥은 냄비에 넣고 물을 넉넉히 붓고 끓인다.

3. 우르르 끓으면 체에 부어 첫물을 버리고, 다시 물을 붓고 푹 삶는다.

4. 팥이 거의 익으면 물을 따라 내고 약한 불에서 뜸을 들인다. 뜸을 들일 때 타지 않도록 주의한다.

5. 삶은 팥을 큰 양푼에 쏟아 소금을 넣고 적당히 찧어 부슬부슬하게 만든다.

푸른팥 고물 만들기

재료 및 분량

• 푸른팥 1.7kg • 국간장 4큰술 • 흰 설탕 1컵 • 황설탕 2컵

만드는 법

1. 푸른팥은 물에 담가 불려 거피한 후에 일어서 물기를 뺀다.

2. 찜기에 50분 정도 찐 후 어레미에 내린다.

3. ②에 국간장, 흰 설탕, 황설탕을 넣고 섞어서 마른 팬에 보슬보슬할 때까지 볶는다.

4. 식은 뒤 어레미에 내려 보관한다.

볶은 팥앙금가루 만들기

재료 및 분량

• 붉은팥 850g • 국간장 1/3컵 • 흰 설탕 1컵

만드는 법

1. 팥은 씻어 일어 팥이 잠길 만큼 물을 넣고 끓여 한번 끓으면 첫물은 쏟아버린다.

2. 다시 ①의 팥에 물을 넉넉하게 넣고 푹 무르게 삶은 뒤 고운체에 넣고 주물러 터뜨려 껍질은 버린다.

3. ②를 광목에 넣어 물기를 짜버리고 앙금만 받는다.

4. 팥앙금에 국간장과 설탕을 넣어 고슬고슬하게 볶는다.

5. 식혀서 고운체에 쳐 습기가 차지 않는 곳에 보관한다.

6. 바싹 볶아 한지나 종이봉지에 담아 보관해 두었다가 사용할 만큼씩 덜어 끓인 설탕물을 먹여 사용하였으나 근래에는 사용할 만큼만 촉촉하게 볶아서 쓴다.

깨고물 만들기

재료 및 분량

실깨고물 · 참깨 120g · 소금 1/3작은술
흑임자고물 · 흑임자 110g · 소금 1/3작은술

만드는 법

실깨고물

1. 참깨를 깨끗이 씻어 2시간 이상 불린 후 돌을 인다.

2. 자배기에 담아 보리쌀 닦듯이 닦아 껍질을 벗긴다.

3. 볼에 깨를 넣고 물을 부어 껍질이 떠오르면 체 위로 가만히 껍질을 따라버린다.

4. 체에 걸러진 물을 깨에 다시 부어 위의 과정을 반복해 껍질을 제거한다.

5. ④의 깨는 물기를 빼서 팬에 타지 않게 볶는다.

흑임자고물

1. 흑임자를 깨끗이 씻어 일어 물기를 뺀다.

2. ①의 흑임자를 깨알이 통통해질 때까지 살살 볶는다.

3. 볶아낸 흑임자에 소금을 넣고 절구에 빻아 체에 친다.

4. 고명 만들기

황·백지단 만들기

재료 및 분량

• 달걀 2개 • 소금 약간 • 식용유 약간

만드는 법

1. 달걀을 흰자와 노른자로 나누어, 소금을 조금씩 넣고 거품이 일지 않게 저어 체에 내린다.

2. 팬을 달구어 식용유를 얇게 바르고 한 김 식힌 뒤 풀어놓은 달걀물을 붓고 기울여 달걀이 퍼지도록 한다.

3. 약한 불에서 타지 않게 지져 뒤집어 살짝 익혀낸다.

4. 식은 다음 채썰거나, 골패모양 또는 마름모꼴로 썰어 용도에 맞게 사용한다.

tip 팬의 열기가 너무 강하면 물에 젖은 행주를 도마 위에 올려 온도를 낮춰 갈색이 돌거나 표면이 매끄럽지 않는 지단이 만들어지는 것을 방지한다.

미나리초대 만들기

재료 및 분량

· 미나리 50g · 달걀 1개 · 식용유 약간

만드는 법

1. 미나리는 잎과 뿌리는 떼어내고 줄기만 깨끗이 씻어 굵은 줄기와 가는 줄기를 번갈아 꼬치에 꿰어 밀대로 민다.

2. 밀가루를 얇게 묻힌 후 달걀물을 입혀 지진다.

3. 식힌 후 골패모양이나 마름모양으로 썰어서 사용한다.

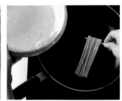

석이지단 만들기

재료 및 분량

· 달걀 흰자 1개 · 석이버섯 10g · 식용유 약간

만드는 법

1. 석이버섯은 물에 불려 양손으로 비벼 이끼를 말끔히 제거하고 깨끗이 씻어 배꼽을 뗀다.

2. 마른 면포로 닦아서 잠깐 말렸다가, 다지거나 빻는다.

3. 만들어둔 석이가루는 달걀 흰자와 섞어 지단을 부쳐 식힌 후 골패모양으로 썰어 사용한다.

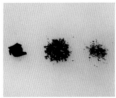

알쌈 만들기

재료 및 분량

- 달걀 2개 • 쇠고기 50g • 식용유 약간
쇠고기양념 • 진간장 1작은술 • 설탕 1/4작은술 • 다진 파 1작은술 • 다진 마늘 1/2작은술
　　　　　　• 깨소금 1작은술 • 참기름 1/2작은술 • 후춧가루 약간

만드는 법

1. 쇠고기는 곱게 다져 양념한다.

2. 지름 0.5cm로 떼어내 동그랗게 빚어 팬에 굴리며 익힌다.

3. 달걀은 황·백으로 나눠서 풀어 체에 거른다.

4. 식용유를 두른 팬에 달걀을 한 숟가락씩 떠서 지름 3cm의 둥근 지단으로 부친다.

5. ④에 고기완자를 놓고 반으로 접어 반달모양으로 지진다.

수란 만들기

재료 및 분량

· 달걀 1개 · 소금 1작은술 · 식초 1작은술 · 식용유 약간

만드는 법

1. 냄비에 달걀이 잠길 높이만큼 물을 담고 소금, 식초를 넣고 살짝 끓인다.

2. 식용유를 바른 국자에 달걀을 부어 ①의 냄비에 국자를 80% 정도 담근다.

3. ②의 국자에 뜨거운 물을 부어가며 달걀의 윗부분을 익힌다.

4. 흰자 윗부분이 익으면 국자를 완전히 물에 담가 익힌다.

실기편
1. 밥, 죽, 미음

· 비빔밥 · 중등반
· 타락죽 · 잣죽 · 맑은장국죽 · 팥죽 · 전복죽 · 패주죽
· 구선왕도고미음

Traditional Cuisine of Korea

비빔밥

재료 및 분량

- 불린 쌀　　　　4컵
- 쇠고기　　　　200g
- 건표고버섯　　40g
- 오이　　　　　300g
- 무　　　　　　200g
- 도라지　　　　100g
- 고사리　　　　100g
- 미나리　　　　100g
- 배　　　　　　1개
- 다시마　　　　10g

쇠고기양념
- 진간장　　　　2큰술
- 설탕　　　　　1큰술
- 다진 파　　　2작은술
- 다진 마늘　　1작은술
- 깨소금　　　2작은술
- 참기름　　　2작은술
- 후춧가루　　　약간

알쌈재료
- 달걀　　　　　2개
- 소금　　　　　약간
- 다진 쇠고기　50g
- **쇠고기양념**
　진간장　　　1/2큰술
　설탕　　　　1/4큰술
　다진 파　　1/2작은술
　다진 마늘　1/4작은술
　깨소금　　1/2작은술
　참기름　　1/2작은술
　후춧가루　　　약간

나물양념
- 국간장
- 진간장
- 육수
- 소금
- 다진 파
- 다진 마늘
- 생강즙
- 깨소금
- 참기름

만드는 법

1. 쇠고기는 핏물을 제거하고 곱게 채썰어 쇠고기양념하여 팬에 볶는다.

2. 건표고버섯은 따뜻한 물에 불려 기둥을 떼고 채썬 뒤 다진 파, 다진 마늘을 넣어 팬에 볶는다.

3. 오이는 5cm로 돌려깎아 채썰고 소금에 살짝 절였다가 물기를 짠 뒤 다진 파, 다진 마늘을 넣어 팬에 살짝 볶는다.

4. 무는 오이와 같은 길이로 곱게 채썰어 국간장으로 간하고 다진 파, 다진 마늘, 생강즙, 육수를 넣고 뚜껑을 덮어 볶는다.

5. 도라지도 같은 길이로 6cm 정도로 잘라 가늘게 쪼개어 소금물에 바락바락 씻고 찬물에 담가 쓴맛을 뺀 뒤 다진 파, 다진 마늘, 소금, 육수를 넣어 볶는다.

6. 고사리 줄기는 6cm 정도로 잘라 다진 파, 다진 마늘, 국간장, 육수를 넣고 부드럽게 볶는다.

7. 미나리는 줄기부분만 살짝 데쳐 물기를 짠 뒤 6cm 정도로 잘라 소금을 넣고 팬에 볶는다.

8. 배는 껍질을 벗겨 6cm 길이로 채썬다.

9. 다시마는 길이 4cm×0.3cm로 썰어 묶은 다음 기름에 튀긴 후 설탕을 약간 뿌린다.

10. 다진 쇠고기 50g은 양념하여 익힌 후 달걀물을 풀어 부쳐서 알쌈을 만든다.

11. 그릇에 밥을 담고 준비한 모든 재료를 색스럽게 돌려 담고 알쌈과 튀각을 가운데에 올린다.

12. 비빔밥에 약고추장을 곁들인다.

중등반

재료 및 분량

• 찹쌀 2컵 • 붉은팥 1/2컵 • 물 4컵 • 소금 1/2작은술

만드는 법

1. 찹쌀은 깨끗이 씻어 2시간 정도 물에 불린다.

2. 팥은 깨끗이 씻어 냄비에 넣고 팥이 충분히 잠길 정도의 물을 부어 끓여준 후 첫물은 버린다.

3. ②의 팥에 다시 물 4컵을 넣어 팥알이 터지지 않을 정도로 삶아 건진 후 팥물은 따로 받는다.

4. 냄비에 쌀과 팥물, 물을 계량하여 넣고 소금으로 간하여 끓인다.

5. 끓으면 중불로 줄이고 쌀알이 퍼지면 불을 약하게 하여 뜸을 들인 후 위아래를 잘 섞어 밥그릇에 담는다.

타락죽

재료 및 분량

• 멥쌀 1컵 • 우유 3컵 • 물 2컵 • 소금 1작은술

만드는 법

1. 쌀은 깨끗이 씻어 불려서 건져 그늘에 말린 뒤 가루로 빻은 후 팬에 볶는다.

2. 냄비에 볶은 멥쌀가루와 물을 넣고 나무주걱으로 저으면서 중간불에서 끓인다.

3. ②의 흰죽이 쑤어지면 우유를 조금씩 넣고 약한 불에서 어우러지도록 끓인다.

4. 먹기 직전에 소금으로 간한다.

잣죽

재료 및 분량

- 멥쌀   1컵
- 잣   1/2컵
- 물   5~6컵
- 소금   1작은술

만드는 법

1. 쌀은 깨끗이 씻어 2시간 이상 불린 다음 체에 건져 물기를 뺀다.

2. 불린 쌀은 물을 넣고 갈아서 고운체에 밭치고 내려진 것은 그대로 두어 가라앉힌다.

3. 잣은 고깔을 뗀 뒤 물을 붓고 곱게 갈아 고운체에 밭쳐 내려진 것만 두어 가라앉힌다.

4. 잣을 간 웃물은 냄비에 붓고, 나무주걱으로 저어가며 끓이다가 잣 앙금을 넣고 끓인다.

5. ④에 ②의 갈아 놓은 쌀 웃물을 넣고 끓이다가 쌀 앙금을 넣고 멍울이 지지 않도록 약한 불에서 서서히 끓인다.

6. 잣죽을 먹기 직전에 소금으로 간을 한다.

7. 종지에 설탕이나 꿀을 담아 곁들인다.

맑은장국죽

재료 및 분량

· 멥쌀 1컵 · 건표고버섯 30g · 양지육수 6컵 · 국간장 1큰술 · 다진 파 1작은술
· 다진 마늘 1작은술 · 참기름 약간

만드는 법

1. 쌀을 깨끗이 씻어 2시간 정도 물에 불리고 체에 밭쳐 물기를 뺀다.

2. 건표고버섯은 따뜻한 물에 불려 꼭지를 제거하고 얇게 저며 채썬다.

3. 육수는 다진 파, 다진 마늘, 국간장으로 간한다.

4. 냄비에 참기름을 넣고 불린 쌀, 표고버섯을 볶다가 ③의 육수를 조금씩 넣고 나무주걱으로 저어가며 약불에서 서서히 끓인다.

팥죽

재료 및 분량

• 불린 멥쌀 1/2컵 • 찹쌀가루 1컵 • 팥 1컵 • 물 10컵 • 생강즙 약간 • 소금 약간

만드는 법

1. 팥은 깨끗이 씻어 냄비에 넣고 팥이 충분히 잠길 정도의 물을 부어 끓여준 후 첫물은 버린다.

2. ①의 팥에 다시 물을 8컵 넣어 팥알이 터질 때까지 푹 삶아 체에 밭쳐 팥물은 따로 준비한다.

3. 팥은 뜨거울 때 으깨어 팥물을 조금씩 부으면서 체에 내려 껍질은 버리고 앙금은 가라앉힌다.

4. 찹쌀가루는 끓는 물과 생강즙을 넣고 익반죽하여 둥글게 빚어 새알심을 만든다.

5. 냄비에 거른 팥 웃물을 먼저 넣고 약불에서 서서히 끓이다가 팥앙금을 넣고 다시 저으면서 끓인다.

6. ⑤가 끓을 때 불린 쌀과 분량의 물을 넣고 쌀알이 퍼지도록 주걱으로 저으면서 약불에서 끓인다.

7. 쌀알이 퍼지면 새알심을 넣어 새알심이 떠오를 때까지 서서히 끓이고 소금으로 간한다.

전복죽

재료 및 분량

- 멥쌀   2컵
- 전복   300g
- 참기름   2큰술
- 물   8컵
- 소금   1작은술

만드는 법

1. 쌀은 씻어서 2시간 이상 물에 충분히 불린 뒤 체에 건져 물기를 뺀다.

2. 전복은 고운 솔로 문질러 깨끗이 씻은 다음 껍질이 얇은 쪽으로 숟가락을 넣어 내장이 터지지 않도록 살을 떼어낸다.

3. 전복살은 얇게 저며 썬다.

4. 냄비에 참기름, 불린 쌀, 전복내장을 넣고 조물조물 무친다.

5. 불에 냄비를 올리고 볶다가 분량의 물을 붓고 끓인다.

6. 죽이 어느 정도 퍼지면 전복살을 넣고 약불에서 서서히 끓이고 소금으로 간한다.

패주죽

재료 및 분량

- 멥쌀   1컵
- 패주   4개
- 참기름   1큰술
- 생강즙   1/4작은술
- 대   1대
- 소금   약간
- 후춧가루   약간
- 조개육수   4컵
- 물   2컵

만드는 법

1. 멥쌀은 씻어서 2시간 이상 물에 충분히 불린 뒤 체에 건져 물기를 뺀다.

2. 패주는 껍질을 벗기고 곱게 다진다.

3. 냄비에 참기름, 불린 멥쌀, 다진 패주, 생강즙을 넣고 볶다가 물과 조개육수, 대파를 넣고 끓인다.

4. 센 불에서 끓이다가 쌀, 패주, 참기름이 어우러지면 약한 불에서 끓인다.

5. 쌀이 퍼지고 죽이 어우러지면 파는 제거하고 소금과 후춧가루로 간을 맞춘다.

::tip 조개육수 만들기

조개는 소금물에 하룻밤 정도 담가 해감시킨 뒤 바락바락 주물러 씻고 냄비에 물을 넣고 팔팔 끓으면 조개를 넣어 조개의 입이 벌어지면 불을 끈 뒤 조개는 건져내고 국물은 면포에 걸러 국물만 육수로 준비한다.

구선왕도고미음

재료 및 분량

- 연유(연뿌리) 150g • 산약(마가루) 150g • 백복령(소나무 뿌리 말린 것) 150g
- 의이인(율무) 150g • 맥아 75g • 백변두 75g • 능인 75g • 시상 37.5g • 설탕 750g • 소금 2½큰술

미음 • 구선왕도고가루 4큰술 • 물 4컵

만드는 법

1. 쌀은 깨끗이 씻어 건져 다시 물에 담가 불린 뒤 소금을 넣어 가루로 만든다.

2. 산약. 맥아. 백변두는 볶아서 가루로 만든다.

3. 연유. 백복령. 의이인. 능인. 시상은 가루로 만든다.

4. 쌀가루에 설탕물을 섞고, ②와 ③의 약재가루도 섞어 설탕물을 더 넣고 약간 촉촉하게 한다.

5. 시루에 ④를 넣어 켜 없이 찐다.

6. 찐 떡을 그늘에 말려 가루를 낸다.

7. ⑥의 구선왕도고가루에 물을 조금씩 넣으며 멍울 없이 풀어 약불에서 익힌다.

실기편

2 만두, 국수

• 규아상 • 편수 • 어만두 • 파만두
• 떡국 • 잣국수 • 칼싹둑이
• 면신선로 • 비빔난면

Traditional Cuisine of Korea

규아상

재료 및 분량

- 쇠고기   200g
- 오이   4개
- 건표고버섯   20g
- 잣   1큰술
- 담쟁이 잎   약간

밀가루반죽
- 밀가루   2컵
- 물   3/4컵
- 소금   1작은술

쇠고기양념
- 진간장   2큰술
- 설탕   1큰술
- 다진 파   2작은술
- 다진 마늘 1작은술
- 깨소금   2작은술
- 참기름   2작은술
- 후춧가루   약간

오이양념
- 다진 파   2작은술
- 다진 마늘 1작은술
- 참기름   약간
- 깨소금   약간

초간장
- 진간장   1큰술
- 설탕   약간
- 식초   1/2큰술

만드는 법

1. 밀가루에 물과 소금을 넣고 반죽하여 젖은 면포로 싸서 냉장고에 잠시 넣어둔다.

2. 쇠고기는 곱게 다져 쇠고기양념을 하여 팬에 볶는다.

3. 오이는 3cm 길이로 잘라 돌려깎아 곱게 채썬 뒤 소금에 절이고 물기를 꼭 짠 후 팬에 참기름을 둘러 오이와 양념을 넣고 볶아 식힌다.

4. 건표고버섯은 따뜻한 물에 불려 기둥을 떼고 얇게 저며 채썬 뒤 양념하여 팬에 볶아 식힌다.

5. 쇠고기와 오이, 표고버섯은 골고루 섞어 소를 만든다.

6. ①의 반죽을 얇게 밀어 지름 10cm로 동그랗게 떠서 ⑤의 소와 비늘잣을 넣고 반죽의 끝을 가운데로 모아 주름을 잡고 양쪽에 남은 자락을 붙여 양귀를 만든다.

7. 김이 오른 찜통에 담쟁이 잎을 깔고 ⑥을 올려 찌고 따뜻할 때 참기름을 발라 접시에 담쟁이 잎을 깔고 찐 편수를 얹는다.

8. 편수에 초간장을 곁들인다.

편수

재료 및 분량

재료 및 분량
- 애호박 300g
- 쇠고기 200g
- 건표고버섯 20g
- 숙주 100g
- 양파 150g
- 잣 1큰술
- 식용유 적당량

밀가루반죽
- 밀가루 2컵
- 물 3/4컵
- 소금 1/2작은술

육수
- 양지머리국물 5컵
- 국간장 2작은술
- 소금 약간

호박양념
- 다진 파 1작은술
- 다진 마늘 1/2작은술
- 참기름 약간

쇠고기양념
- 진간장 2큰술
- 설탕 1큰술
- 다진 파 2작은술
- 다진 마늘 1작은술
- 깨소금 2작은술
- 참기름 2작은술
- 후춧가루 약간

표고버섯양념
- 진간장 1작은술
- 설탕 1/2작은술
- 참기름 약간
- 후춧가루 약간

숙주양념
- 다진 파 1작은술
- 다진 마늘 1/2작은술
- 참기름 1/2작은술
- 소금 약간

만드는 법

1. 밀가루에 물과 소금을 넣고 반죽하여 젖은 면포에 싸서 냉장고에 잠시 넣어 둔다.

2. 애호박은 2cm 길이로 잘라 돌려깎기한 뒤 곱게 채썰어 소금물에 절인 다음 물기를 꼭 짜서 달군 팬에 참기름을 두르고 양념하여 볶아 식힌다.

3. 쇠고기는 곱게 다져 쇠고기양념한 뒤 볶아서 식힌다.

4. 표고버섯은 따뜻한 물에 불려 기둥을 떼고 얇게 저며서 곱게 채썰어 양념한 뒤 팬에 참기름을 두르고 볶아서 식힌다.

5. 숙주는 거두절미하고 끓는 물에 데친 후 찬물에 헹궈 물기를 짠 다음 잘게 썰어 양념한다.

6. 양파는 채썰어 소금을 약간 넣고 팬에 볶는다.

7. 잣은 고깔을 떼고 길이로 반 가른다.

8. 볼에 애호박, 쇠고기, 표고버섯, 숙주, 양파를 모두 섞어 소를 만든다.

9. ①의 반죽은 밀대로 얇게 밀어 사방 8~9cm 정도의 정사각형으로 잘라 ⑧의 소와 ⑦의 잣을 넣어 네 귀를 모아서 가장자리를 눌러 붙인다.

10. 육수는 국간장을 넣고 소금으로 간한다.

11. 냄비에 육수를 넣고 끓으면 ⑨의 편수를 넣어 끓인다.

12. 편수가 떠오르면 찬물을 조금씩 넣어가며 투명하게 삶는다.

13. 삶은 편수를 건져 그릇에 담고 얼음이나 식힌 육수를 부어 먹기도 한다.

어만두

재료 및 분량

- 민어살 400g
- 소금 1큰술
- 백후춧가루 약간
- 쇠고기 200g
- 숙주 100g
- 건표고버섯 20g
- 목이버섯 10g
- 애호박 150g
- 석이버섯 5g
- 오이 1개
- 당근 30g
- 홍고추 1개
- 녹두녹말 1/2컵
- 쑥갓 약간
- 담쟁이 잎 약간

쇠고기양념

- 진간장 2큰술
- 설탕 1큰술
- 다진 파 2작은술
- 다진 마늘 1작은술
- 깨소금 2작은술
- 참기름 2작은술
- 후춧가루 약간

소양념

- 다진 파 2작은술
- 다진 마늘 1/2작은술
- 소금 2작은술
- 참기름 1작은술
- 깨소금 1작은술
- 후춧가루 약간

겨자즙

- 겨잣가루 2큰술
- 물 1큰술
- 식초 2큰술
- 설탕 1큰술
- 소금 1/2큰술
- 후춧가루 약간

만드는 법

1. 민어는 8cm 길이로 넓적하고 얇게 포를 떠서 소금과 백후춧가루를 살짝 뿌려둔다.

2. 쇠고기는 곱게 다져 쇠고기양념을 한다.

3. 숙주는 거두절미하고 끓는 물에 데친 후 찬물에 헹궈 물기를 짜고 잘게 썬다.

4. 건표고버섯과 목이버섯은 따뜻한 물에 불려 곱게 채썰어 볶는다.

5. 애호박은 2~3cm 길이로 돌려깎아 곱게 채썬 뒤 소금에 살짝 절였다가 꼭 짜서 다진 파, 다진 마늘을 넣고 볶다가 참기름, 깨소금을 넣어 양념한다.

6. 쇠고기, 숙주, 표고버섯, 목이버섯, 애호박은 소양념을 하여 골고루 섞어서 준비한다.

7. 석이버섯, 표고버섯, 오이, 당근, 홍고추는 5cm×1.5cm 정도로 썰어 녹두녹말을 묻혀 끓는 물에 살짝 데친 뒤 식혀 놓는다.

8. ①의 생선포 1조각을 펴서 안쪽에 녹두녹말을 뿌려 ⑥의 양념한 소를 한 술 떠서 반으로 접어 만두처럼 만들어 바깥쪽을 꼭꼭 누른다.

9. ⑧의 만두에 녹말을 뿌려 김 오른 찜통에 담쟁이 잎을 깔고 만두를 얹어 물을 뿌려 찐다.

10. 어만두를 찐 후 물을 한번 더 뿌리고 꺼낸 다음 가장자리를 만두 모양으로 다듬는다.

11. 접시에 쑥갓이나 담쟁이 잎을 깐 뒤 만두를 담고 ⑦의 재료를 색깔 맞추어 보기 좋게 담아 겨자즙을 곁들여 낸다.

파만두

재료 및 분량

- 대파   5대
- 무   100g
- 쇠고기   100g
- 조갯살   30g
- 생선살   30g
- 밀가루   1/3컵
- 달걀   2개

소양념

- 소금   1작은술
- 설탕   1/2작은술
- 다진 파   2작은술
- 다진 마늘   1작은술
- 깨소금   1작은술
- 참기름   2작은술
- 후춧가루   약간

초간장

- 진간장   1큰술
- 식초   1/2큰술
- 설탕   약간

만드는 법

1. 대파는 흰 부분만 8cm 정도 길이로 자르고 파뿌리 쪽을 3cm 길이로 두께에 따라 4~8갈래로 쪼갠다.

2. 무는 길이 2cm로 잘라 곱게 채썰고 소금에 절여 물기를 꼭 짠다.

3. 쇠고기, 조갯살, 생선살은 각각 곱게 다져 소양념한 다음 무와 같이 섞어 소를 만든다.

4. 달걀은 황·백으로 구분하여 멍울 없이 달걀물을 만든다.

5. ①의 쪼개 놓은 파부분에 밀가루를 묻히고 ③의 소를 둥글게 옥잠화 모양으로 얹어 밀가루를 다시 묻혀 황·백으로 분리한 달걀물을 입히고 끓는 물에 소금을 살짝 넣고 삶는다.

6. 접시에 파만두를 담고 초간장과 함께 낸다.

떡국

재료 및 분량

• 흰떡 600g • 양지육수 8컵 • 쇠고기 200g • 움파(실파) 2대 • 다진 파 약간
• 다진 마늘 약간 • 국간장 약간 • 식용유 약간

쇠고기양념 • 진간장 2큰술 • 설탕 1큰술 • 다진 파 2작은술 • 다진 마늘 1작은술 • 깨소금 2작은술
• 참기름 2작은술 • 후춧가루 약간

만드는 법

1. 흰떡은 얄팍하게 썬다.

2. 쇠고기는 두께 1cm 정도로 포를 떠서 잔 칼질하여 쇠고기양념하고 석쇠에 구워 길이 5cm×0.5cm로 썬다.

3. 파는 5cm 정도 길이로 썰어 양지육수에 살짝 데친 다음 기름 두른 팬에 볶은 뒤 꼬치에 쇠고기와 파를 번갈아 꿰어 파산적을 만든다.

4. 달걀은 황·백으로 나누어 지단으로 부쳐 마름모꼴로 썬다.

5. 양지육수에 다진 파, 다진 마늘을 넣어 국간장으로 간을 맞추어 끓인다.

6. ⑤의 국물이 끓으면 흰떡을 넣고 흰떡이 떠오르면 그릇에 담아 파산적과 지단을 고명으로 얹는다.

잣국수

재료 및 분량

· 잣 2컵 · 소면 400g · 오이 2개 · 달걀 1개 · 석이버섯 5g · 소금 약간

만드는 법

1. 잣은 고깔을 떼고 닦아 놓는다.

2. 물은 펄펄 끓여 차게 식힌다.

3. 믹서에 물과 잣을 넣고 곱게 갈아 차게 둔다.

4. 국수는 삶아 찬물에 헹궈 체에 밭친다.

5. 오이는 소금으로 깨끗이 씻어 길이 3~4cm로 자르고 돌려깎아서 곱게 채썬다.

6. 석이버섯은 따뜻한 물에 불려 손으로 비벼 이끼와 배꼽을 제거하고 곱게 채썰어 마른 팬에 살짝 볶는다.

7. 달걀은 황 · 백으로 나누어 지단을 부친 후 곱게 채썬다.

8. 그릇에 삶은 국수를 담고 잣 국물을 부어 채썬 오이, 지단채, 석이버섯을 얹고 먹기 직전 소금으로 간한다.

칼싹둑이

재료 및 분량

- 메밀가루 2컵
- 소금 1/2작은술
- 쇠고기 100g
- 통김치 400g
- 물 6컵

쇠고기양념

- 진간장 1큰술
- 설탕 1/2큰술
- 다진 파 1작은술
- 다진 마늘 1/2작은술
- 깨소금 1작은술
- 참기름 1작은술
- 후춧가루 약간

만드는 법

1. 메밀가루와 소금을 섞고 끓는 물에 익반죽하여 두께 0.5cm, 길이 5cm, 너비 1cm 정도로 썬다.

2. 쇠고기는 나박나박 작게 썰고 쇠고기양념으로 무친다.

3. 통김치는 속을 털고 송송 썰어서 양념한 쇠고기를 섞은 후 냄비에 넣어 볶다가 재료가 잠길 정도로 물을 넣고 끓여 장국을 만든다.

4. 장국의 맛이 우러날 정도로 끓으면 ①의 국수를 넣어 한소끔 끓인다.

면신선로

재료 및 분량

- 쇠고기 100g
- 두부 70g
- 관자 300g
- 새우 50g
- 죽순 150g
- 오이 150g
- 홍고추 1개
- 미나리 200g
- 달걀 3개
- 밀가루 적당량
- 누른 메밀국수 250g
- 식용유 적당량

육수

- 사태 300g
- 양지머리 300g
- 대파 1/2대
- 생강 2쪽
- 마늘 3쪽
- 국간장 약간
- 소금 약간
- 후춧가루 약간

사태양념

- 국간장 1작은술
- 다진 파 1작은술
- 다진 마늘 1작은술
- 깨소금 1작은술
- 참기름 1작은술
- 후춧가루 약간

신선로국물

- 육수 8컵
- 국간장 2큰술
- 소금 약간
- 후춧가루 약간

완자

- 쇠고기양념
  - 진간장 1큰술
  - 설탕 1/2큰술
  - 다진 파 1작은술
  - 다진 마늘 1/2작은술
  - 깨소금 1작은술
  - 참기름 1작은술
  - 후춧가루 약간
- 두부양념
  - 소금 약간
  - 참기름 약간
  - 후춧가루 약간
  - 밀가루 약간
  - 달걀 1개

기타 양념

- 다진 파 약간
- 다진 마늘 약간
- 참기름 약간
- 소금 약간
- 생강즙 약간
- 후춧가루 약간

만드는 법

1. 냄비에 사태와 양지머리, 대파, 생강, 마늘을 넣고 고기가 익을 때까지 삶은 다음 건더기는 거르고 국물은 식혀서 기름을 걷어낸다.

2. ①의 육수에 국간장, 소금, 후춧가루를 넣어 신선로 국물을 만든다.

3. ①의 육수에서 건진 사태는 너비 2.5cm, 길이는 신선로 크기에 맞춰 골패 모양으로 썬 다음 양념에 무치고 양지머리는 눌러 편육으로 만들고 사태와 같은 크기로 썬다.

4. 쇠고기는 곱게 다져서 쇠고기양념을 하고 두부는 으깨서 물기 제거 후 두부양념을 하여 쇠고기와 두부를 섞어 치댄 뒤 둥글게 빚어 밀가루와 달걀물을 입혀 팬에 둥글려 지져서 완자를 만든다.

5. 완자는 납작하게 저며 썰어 다진 파, 다진 마늘, 생강즙, 소금을 약간 넣고 양념한다.

6. 새우는 깨끗이 씻어 등 쪽 내장을 제거하고 껍질을 벗겨 소금물에 살짝 데친다.

7. 해삼은 신선로 크기에 맞추어 썰어 다진 파, 생강즙, 소금, 후춧가루에 무치고 참기름에 볶는다.

8. 죽순은 반을 갈라서 빗살모양으로 저며 썰어 다진 파, 다진 마늘, 소금으로 무치고 참기름에 볶는다.

9. 오이는 소금으로 문질러 씻고 돌려깎기하여 신선로 길이와 넓이 2.5cm 골패 모양으로 썰어 다진 파, 다진 마늘, 소금으로 살짝 무치고 참기름으로 볶는다.

10. 홍고추는 씨를 발라 골패모양으로 썬다.

11. 미나리는 미나리초대를 만든다.

12. 달걀은 황·백지단을 부쳐 골패 모양과 마름모꼴로 썬다.

13. 신선로 밑에 ③의 사태와 양지머리를 깔고 준비한 재료들을 색스럽게 담은 뒤 쇠고기완자를 둥글게 담아 신선로국물을 붓고 신선로에 불을 넣는다.

14. 메밀국수는 삶아 그릇에 담고 신선로국물을 부어 달걀지단을 얹어 신선로와 함께 낸다.

비빔난면

재료 및 분량

- 쇠고기 　　　　150g
- 두부 　　　　　30g
- 미나리 　　　　100g
- 달걀 　　　　　1개
- 참기름 　　　　약간
- 소금 　　　　　약간
- 깨소금 　　　　약간
- 식용유 　　　　적당량

국수반죽

- 밀가루 　　　　3컵
- 달걀노른자 　　3개
- 소금 　　　2/3작은술
- 물 　　　　　1/2컵

쇠고기양념

- 진간장 　　　　1큰술
- 설탕 　　　　1/2큰술
- 다진 파 　　　1작은술
- 다진 마늘 　1/2작은술
- 깨소금 　　　1작은술
- 참기름 　　　1작은술
- 후춧가루 　　　약간

완자

- **쇠고기양념**
  - 다진 쇠고기 　50g
  - 진간장 　　　1작은술
  - 다진 마늘 　1/3작은술
  - 깨소금 　　　약간
  - 참기름 　　　약간
  - 후춧가루 　　약간
- **두부양념**
  - 다진 파 　　1/2작은술
  - 소금 　　　　약간
  - 참기름 　　　약간
- 밀가루 　　　　약간
- 달걀 　　　　　1개

만드는 법

1. 밀가루에 달걀노른자와 소금, 물을 섞어 반죽한 뒤 밀대로 얇게 밀어 밀가루를 뿌려가며 지그재그로 접고 가늘게 채썬다.

2. 냄비에 물을 끓여 ①의 면발을 훌훌 털며 젓가락으로 저어 엉키지 않게 삶고 찬물에 헹구어 체에 밭쳐 물기를 뺀다.

3. 쇠고기는 5cm 정도로 곱게 채썰어 고기양념하여 볶아 식힌다.

4. 미나리는 잎을 떼고 줄기만 준비하여 5cm 정도로 썰어 끓는 물에 살짝 데쳐 찬물에 헹궈 물기를 제거하고 달군 팬에 식용유를 두르고 소금을 살짝 뿌려 볶아 식힌다.

5. 완자용 다진 쇠고기는 양념하고 두부는 으깬 뒤 양념하여 다진 쇠고기와 두부를 섞어 찰기가 생기도록 치댄 후 완자를 은행알보다 작은 크기로 동그랗게 만들어 밀가루, 달걀물을 입힌 다음 달군 팬에 굴려가며 지진다.

6. 달걀은 황·백으로 나누어 소금을 살짝 넣고 지단을 부쳐 곱게 채썬다.

7. 볼에 ②의 국수를 담고 참기름을 넣어 살짝 섞은 뒤, 쇠고기, 미나리, 지단, 깨소금을 넣어 가볍게 버무리고 소금으로 간을 한다.

8. 그릇에 국수를 담고 쇠고기완자를 올린다.

한국의 갖춘 음식
Traditional Cuisine of Korea

Traditional Cuisine of Korea

육개장

재료 및 분량

- 양깃머리　　300g
- 쇠고기(양지)　600g
- 물　　　　　12컵
- 대파　　　　1대
- 생강　　　　15g
- 마늘　　　　7쪽

고추기름
- 고춧가루　　2큰술
- 참기름　　　1큰술

쇠고기양념
- 국간장　　　3큰술
- 다진 파　　　1큰술
- 다진 마늘　　1/2큰술
- 생강즙　　　1작은술
- 깨소금　　　1큰술
- 참기름　　　1큰술
- 후춧가루　　1/4작은술

만드는 법

1. 양깃머리는 굵은소금으로 문질러 깨끗이 씻은 다음 끓는 물에 데쳐 칼로 검은 표피를 벗겨내고, 안쪽에 있는 기름을 완전히 제거하여 깨끗이 씻는다.

2. 쇠고기 양지는 찬물에 담가 핏물을 뺀 다음 물이 펄펄 끓을 때 ①의 양깃머리와 파, 마늘, 생강을 같이 넣고 삶는다.

3. 파는 10cm 정도로 썰어 주물러서 으깨어 어느 정도 파란 물을 뺀 다음 살짝 데친다.

4. 고춧가루와 참기름을 섞어 고추기름을 만든다.

5. 고기가 익으면 건져서 손으로 찢거나 굵직하게 채썰어 고기양념으로 무쳐 끓고 있는 육수에 넣고, 파와 고추기름을 넣어서 한소끔 끓인다.

오이무름국

재료 및 분량

- 늙은 오이
  (노각/단단한 것)   1kg
- 쇠고기   150g
- 두부   70g
- 느타리버섯   50g
- 건표고버섯   20g
- 달걀   2개
- 대파   1대
- 밀가루   약간
- 식용유   적당량

양념육수

- 양지육수   6컵
- 국간장   작은술
- 고추장   1½큰술
- 채썬 파   60g
- 다진 마늘   2작은술

쇠고기양념

- 진간장   2작은술
- 설탕   1작은술
- 소금   약간
- 다진 파   1작은술
- 다진 마늘   1/2작은술
- 생강즙   약간
- 깨소금   2작은술
- 참기름   2작은술
- 후춧가루   1/3작은술

만드는 법

1. 늙은 오이는 껍질을 벗겨 길이를 1/2 정도 잘라 속을 긁는다.

2. 쇠고기는 곱게 다져 쇠고기양념을 한다.

3. 두부는 물기를 꼭 짠 다음 곱게 으깨어, 소금, 후춧가루, 참기름을 약간씩 넣고 무쳐서 ②와 함께 섞는다.

4. ③을 오이에 들어갈 크기인 지름 2~3cm 정도로 둥글게 빚어 밀가루를 씌우고 달걀을 입혀 굴리면서 지진다.

5. ①의 늙은 오이에 완자를 넣어 빠지지 않도록 열십자 모양으로 꼬치를 끼운다.

6. 양지육수에 고추장을 풀고 끓으면 간을 맞춘 뒤 느타리버섯과 건표고버섯을 넣고 끓인다.

7. ⑥에 거품이 생기다가 없어지면 준비해 둔 오이를 넣고 굴리면서 끓이고 마지막에 채썬 파를 넣어 한소끔 더 끓인다.

8. ⑦의 오이를 약간 식혀 두께 3cm 정도로 잘라 그릇에 담고, 국물을 붓는다.

승기악탕

재료 및 분량

- 숭어   1마리
- 쇠고기   200g
- 미나리   200g
- 건표고버섯   20g
- 무   200g
- 당근   100g
- 달걀   2개
- 숙주   150g
- 대파   1대
- 국수나 흰떡   50g

유장

- 진간장   1⅓큰술
- 청주   2큰술
- 참기름   2큰술
- 후춧가루   1/4작은술

쇠고기양념

- 진간장   2큰술
- 설탕   2작은술
- 다진 파   1큰술
- 다진 마늘   1큰술
- 생강즙   1큰술
- 깨소금   1/2큰술
- 참기름   1큰술
- 후춧가루   1/2작은술

만드는 법

1. 숭어는 신선한 것으로 골라 비늘을 긁고 배를 갈라 내장을 손질한 뒤 살만 발라 3장 뜨기를 한다. 생선살은 4~5cm 크기로 토막을 내어 등 쪽에 칼집을 비스듬히 넣는다.

2. 포 뜨고 남은 숭어 뼈와 머리는 냄비에 물과 함께 한소끔 끓인 뒤 체에 걸러 생선육수를 만들어둔다.

3. 냄비에 유장 재료인 진간장, 청주, 후춧가루를 넣고 끓여 한 김 식힌다.

4. ①의 칼집을 넣은 숭어에 솔로 유장을 바른 뒤 앞뒤가 노릇해지도록 석쇠에 구운 다음 참기름을 바른다.

5. 쇠고기는 5cm 길이로 얇게 저며 채썬 뒤 양념한다.

6. 숙주는 거두절미하여 씻어 살짝 데친 후 물기를 짜고 소금, 후추, 다진 파를 넣고 양념한다.

7. 미나리는 잎을 떼어 다듬어 4cm 길이로 자른다. 파는 흰 부분을 4cm로 잘라 채썬다.

8. 건표고버섯은 따뜻한 물에 불려 기둥을 자르고 채썰어 양념하여 볶는다.

9. 달걀도 황·백으로 나누어 체에 내려 지단을 부쳐 골패모양으로 썬다.

10. 무와 당근은 껍질을 벗겨 손질한 후 1.5cm×4cm 크기의 골패모양으로 썬다.

11. 떡은 찬물에 담가 불리고, 접시에 미나리, 표고버섯, 떡(국수), 숙주, 당근 등을 가지런히 담는다.

12. 전골냄비에 양념한 쇠고기와 무를 넣어 볶다가 생선육수를 부어 끓인다. 한소끔 끓으면 구운 숭어를 냄비 한쪽에 겹치지 않게 넣고 한참 끓인 후에 접시에 담아둔 재료(숙주, 파, 미나리, 표고, 당근)를 넣고 한소끔 끓인다.

13. 먹기 직전에 황·백지단을 올리고, 거의 다 먹을 때쯤 흰떡이나 국수를 넣고 끓여 먹는다.

임자수탕

재료 및 분량

- 닭 1.2kg
- 배 1개
- 오이 100g
- 건표고버섯 20g
- 달걀 2개
- 쇠고기 50g
- 두부 20g
- 식용유 약간

닭육수 재료
- 저민 생강 30g
- 파 1대
- 마늘 4쪽
- 물 10컵

깻국
- 깨 1컵
- 잣 1/2컵
- 닭육수 5컵
- 소금 약간

닭고기양념
- 국간장 1작은술
- 소금 1/작은술
- 다진 파 1작은술
- 다진 마늘 1작은술
- 생강즙 2작은술
- 깨소금 1큰술
- 후춧가루 1/2작은술

쇠고기완자양념
- 진간장 1작은술
- 설탕 1/4작은술
- 다진 파 1/2작은술
- 다진 마늘 1/3작은술
- 깨소금 1/2작은
- 참기름 1/2작은술
- 후춧가루 약간

두부양념
- 참기름 약간
- 후춧가루 약간
- 소금 약간

만드는 법

1. 닭은 물에 담가 피를 빼고 깨끗이 씻는다.

2. 냄비에 닭과 함께 생강, 마늘, 파를 넣고 재료가 잠길 정도로 물을 넉넉히 붓고 푹 삶아 닭육수를 만든다.

3. 닭이 속까지 익으면 닭은 건지고 국물은 식혀 체에 밭쳐둔다.

4. ③의 건진 닭은 껍질을 버리고 살만 발라 납작납작하게 저며 썰어 양념한다.

5. 깨는 깨끗이 씻어 일어 껍질을 벗긴 다음 팬에 한지를 깔고 볶는다. 볶은 깨와 잣에 닭육수를 부어 가며 곱게 갈아서 체에 걸러 깻국을 만들어 소금으로 간하여 차게 둔다.

6. 배는 껍질을 벗기고 골패모양으로 썬다.

7. 오이는 소금으로 문질러 씻어 4cm 길이로 토막낸다. 도톰하게 벗긴 껍질을 골패모양으로 썰어 소금에 절여 꼭 짜서 볶는다.

8. 건표고버섯은 따뜻한 물에 불려 손질하여 오이와 같은 크기로 썬 뒤 양념하여 살짝 볶는다.

9. 달걀은 황·백지단을 부쳐 골패모양으로 썬다.

10. 다진 쇠고기와 으깬 두부는 각각 양념하여 한데 섞어 치댄 뒤 둥글게 빚어 밀가루와 달걀물을 입혀 식용유를 두른 팬에 굴려가며 지진다.

11. 차가운 그릇에 양념한 닭살, 오이, 표고, 배, 황·백지단을 어우러지게 돌려 담고 가운데 완자를 올린 뒤 차게 둔 깻국을 붓는다.

초교탕

재료 및 분량

• 닭(중)	800g
• 도라지	100g
• 미나리	50g
• 쇠고기	100g
• 표고버섯	20g
• 녹두녹말	1큰술
• 달걀	1개
• 닭육수	5컵

닭육수 재료

• 저민 생강	30g
• 파	1대
• 마늘	4쪽
• 물	10컵

닭살양념

• 국간장	1작은술
• 소금	1작은술
• 다진 파	1큰술
• 다진 마늘	2작은술
• 생강즙	1/3작은술
• 참기름	1작은술
• 후춧가루	1/4작은술

쇠고기양념

• 국간장	1큰술
• 다진 파	2작은술
• 다진 마늘	1작은술
• 참기름	1작은술
• 후춧가루	1/4작은술

만드는 법

1. 닭은 손질해서 물을 넉넉히 붓고 저민 생강, 파, 마늘을 넣고 삶아 살은 찢고 국물은 면포에 밭쳐 기름기를 제거한다.

2. 도라지는 4cm 길이로 잘게 찢어 소금으로 주물러 씻어 쓴맛을 빼고, 흐르는 물에 헹궈준다. 미나리는 다듬어 4cm 길이로 잘라 끓는 물에 데친다.

3. ①의 닭살과 ②의 도라지, 미나리를 합해 닭살양념을 한다.

4. 쇠고기는 다지고, 건표고버섯은 따뜻한 물에 불려 기둥을 떼고 채썬 다음 합해 고기양념으로 무친다.

5. ③과 ④에 녹두녹말과 달걀을 풀어 넣고 잘 섞어 둥글게 빚는다.

6. 닭육수 5컵에 국간장, 소금으로 간을 맞춰 끓이다가 불을 줄여 완자를 넣고 떠오를 때까지 끓인다.

토란탕

재료 및 분량

• 토란 400g • 쇠고기(양지머리) 200g • 다시마 20g

전체 양념 • 국간장 1작은술 • 다진 파 1/2큰술 • 다진 마늘 1작은술 • 후춧가루 1/4작은술

만드는 법

1. 토란은 껍질을 벗겨 큰 것은 자르고, 작은 것은 그대로 소금을 넣은 속뜨물에 살짝 삶아 찬물에 헹군다.

2. 쇠고기는 덩어리째 준비하여 찬물에 담가 핏물을 빼고, 냄비에 물과 함께 파, 마늘을 넣고 약한 불에서 1시간 정도 삶는다.

3. 다 삶아지면 다시마를 젖은 면포로 닦아 넣고 함께 끓인다.

4. 푹 삶아진 고기와 다시마는 건져 납작하게 썰고, 육수는 체에 걸러 냄비에 담고 국간장, 소금으로 간을 한다.

5. 삶은 토란과 고기는 전체 양념을 넣고 고루 섞은 뒤 끓고 있는 육수에 넣는다. 여기에 자른 다시마도 함께 넣어 끓인다.

애탕

재료 및 분량

· 삶은 쑥 80g · 쇠고기 100g · 밀가루 1/2컵 · 실파 약간 · 양지육수 4컵 · 국간장 4컵

쇠고기양념 · 진간장 2작은술 · 다진 파 1작은술 · 다진 마늘 1/2작은술 · 깨소금 1작은술
· 참기름 1작은술 · 후춧가루 약간

만드는 법

1. 이른 봄에 나는 뽀얀 어린 쑥을 살짝 데쳐 찬물에 헹궈 꼭 짜서 곱게 다진다.

2. 쇠고기는 곱게 다져 쇠고기양념을 한 다음 다진 쑥을 넣고 함께 버무려 완자로 빚는다.

3. 양지육수 4컵에 국간장, 소금으로 간을 한 뒤 팔팔 끓인다.

4. ③의 육수에 밀가루에 굴려 달걀물을 입힌 완자를 하나씩 넣고 실파를 3cm 길이로 썰어 넣어 끓인다.

5. 뚜껑을 닫고 한소끔 끓여 완자가 떠오르면 그릇에 담는다.

어글탕

재료 및 분량

- 북어껍질   30g
- 쇠고기   200g
- 두부   100g
- 숙주   30g
- 양파   50g
- 실파   약간
- 달걀   2개
- 밀가루   1/2컵
- 양지육수   4컵

북어껍질양념

- 국간장   1/2작은술
- 소금   1/4작은술
- 참기름   1큰술
- 소주   1큰술

쇠고기양념

- 진간장   2큰술
- 다진 파   2작은술
- 다진 마늘   1작은술
- 참기름   1작은술

두부 · 숙주 양념

- 참기름   약간
- 소금   약간

만드는 법

1. 북어는 껍질을 벗겨서 물에 불린 후 비늘을 긁어 마른 면포로 물기를 닦고 북어껍질양념을 한다.

2. 쇠고기 150g은 곱게 다지고 50g은 채썰어 쇠고기양념한다.

3. 숙주는 거두절미하여 끓는 물에 데쳐 물기를 짜고 송송 썰어 양념한다.

4. 두부는 면포로 물기를 제거하고 곱게 으깨어 양념한다.

5. 볼에 다진 쇠고기, 두부, 숙주를 넣고 치댄 뒤 둥글납작하게 만든다.

6. 양념한 북어껍질은 3cm×5cm 크기로 자른 뒤 껍질 안쪽에 밀가루를 고루 뿌리고 ⑤의 재료를 올린 다음 북어껍질로 덮는다. 다시 밀가루, 달걀물을 입힌 후 기름 두른 팬에 노릇하게 지진다.

7. 냄비에 양직육수를 넣고 국간장, 소금으로 간을 한 뒤 끓으면 양파를 채썰어 넣고 채썰어 양념한 쇠고기와 ⑥의 재료를 넣어 끓인다.

8. 다 익으면 실파는 송송 썰고, 홍고추 · 풋고추는 동그랗게 썰어 씨를 빼고 넣는다.

계감정

재료 및 분량

재료 및 분량
- 꽃게(암게)   1.2kg
- 풋고추   20g
- 대파   1대
- 밀가루   1큰술
- 달걀   2개
- 쇠고기(양지)   50g

소재료
- 쇠고기   100g
- 숙주   30g
- 건표고버섯   10g
- 두부   60g
- 녹두녹말   1큰술

쇠고기양념
- 진간장   2작은술
- 설탕   1작은술
- 다진 파   2작은술
- 다진 마늘   1작은술
- 깨소금   1작은술
- 참기름   1작은술
- 후춧가루   1/4작은술

소양념
- 설탕   2작은술
- 다진 파   2작은술
- 다진 마늘   1작은술
- 생강즙   1작은술
- 깨소금   1작은술
- 참기름   2작은술
- 후춧가루   1/2작은술
- 소금   1작은술

국물양념
- 쇠고기   50g
- 고추장   2큰술
- 된장   1/2큰술
- 다진 마늘   1/2큰술
- 양지육수   2컵
- 무   60g

만드는 법

1. 꽃게를 솔로 깨끗이 씻어 잔발과 집게발 윗부분은 잘라 버린다. 등딱지를 떼고 속에 있는 모래주머니를 제거한 뒤 속을 긁어모으고, 배 쪽에 붙은 내장을 제거한다.

2. 물기를 잘 닦아 도마 위에 놓고 가는 밀대로 다리를 잡고 힘껏 밀면 살이 빠져 나온다. 이것과 따로 모은 딱지 속을 함께 다진다.

3. 게 껍데기는 깨끗이 씻어 게눈이 있는 곳은 깨끗이 다듬어 물기 없이 준비한다.

4. 쇠고기는 다져서 양념한다.

5. 숙주는 거두절미하고 끓는 물에 소금을 넣고 데쳐 꼭 짜서 다진다.

6. 건표고버섯은 따뜻한 물에 불려 씻어 꼭 짜서 숙주와 같이 썬다.

7. 두부는 면포에 물기를 제거하고 곱게 으깬다.

8. 준비된 재료를 모두 합치고, 녹두녹말을 넣고 버무려 소를 만든다.

9. 국물용 쇠고기는 나붓나붓하게 썰어 고추장, 된장, 다진 마늘과 함께 주물러 냄비에 넣고 잠깐 볶은 후, 국물(양지머리국물 2컵+물 2컵)을 부어 끓이다가 게살을 발라낸 다리와 무를 함께 썰어 넣고 끓인다.

10. 준비해 놓은 게딱지 안쪽에 참기름을 바르고 밀가루를 뿌린다.

11. ⑧의 양념한 소를 안쪽부터 채워 윗면을 평평하게 만든다.

12. 소를 넣은 위에 밀가루를 솔솔 뿌리고 달걀노른자를 씌운다. 식용유를 약간 두른 팬에 게딱지를 엎어 눌러가면서 지진다.

13. ⑨의 국물에 지져 놓은 게를 넣고 한소끔 더 끓인다. 풋고추는 씨를 빼고 파와 함께 썰어 넣고 잠시 뒤 불에서 내려 그릇에 담는다. 상에 낼 때에는 다리 껍데기나 맛을 내기 위해 넣은 재료는 담지 않도록 한다.

맛살찌개

재료 및 분량

· 맛조개 400g · 풋고추 4개

양념 · 고추장 2큰술 · 설탕 2작은술 · 다진 파 1큰술 · 다진 마늘 2작은술
· 생강즙 2작은술 · 깨소금 2작은술 · 참기름 1큰술

만드는 법

1. 맛조개는 껍데기가 붙어 있고 살아 있는 것으로
준비하여 껍질째 씻는다.

2. 씻은 맛조개는 살을 발라내고 검은 줄처럼 생긴
내장을 빼낸다. 연한 소금물에 흔들어 씻어 체에
건져 물기를 뺀다.

3. 풋고추는 손바닥으로 비벼 반으로 갈라 씨를 털어
내고 3~4cm 길이로 썬다.

4. 분량의 양념을 섞어 양념장을 만든다.

5. 뚝배기 바닥에 양념장을 바르고 ②의 맛살을 넣고
그 위에 ④의 양념장을 얹고 다시 고추를 얹는다.
이런 방법으로 재료를 켜켜이 얹는다.

6. 김이 충분히 오른 찜통에 뚝배기를 넣고 30분 정
도 찐다. 찜기에서 국물이 생기면 뚝배기를 꺼내
센 불에서 끓으면 상에 낸다.

민어감정

재료 및 분량

· 민어 600g(1마리) · 쇠고기(양지) 50g · 무 200g · 미나리 30g · 파 1/2대 · 속뜨물 2컵
양념 · 고추장 2큰술 · 설탕 2작은술 · 다진 파 2작은술 · 다진 마늘 1작은술

만드는 법

1. 민어는 비늘을 벗기고 지느러미와 내장을 제거하고 5cm 정도로 토막을 낸다.

2. 쇠고기는 5cm 길이로 채썰고 무도 같은 길이로 도톰하게 썬다. 대파도 같은 길이로 채썰고 일부는 다진다. 미나리는 줄기만 5cm 길이로 자른다.

3. 쇠고기와 무는 다진 파, 다진 마늘, 설탕, 고추장으로 무쳐 냄비나 뚝배기에 담는다.

4. ③에 쌀뜨물을 붓고 팔팔 끓으면 손질한 민어를 넣고 끓인다.

5. 마지막에 대파, 미나리를 넣고 끓인다.

쇠고기전골

재료 및 분량

• 쇠고기	200g
• 송이버섯	80g
• 건표고버섯	30g
• 느타리버섯	80g
• 목이버섯	10g
• 미나리	100g
• 당근	100g
• 양파	100g
• 달걀	2개
• 잣	1/2큰술
• 양지육수	4컵

쇠고기양념

• 간장	3큰술
• 설탕	2큰술
• 다진 파	2큰술
• 다진 마늘	1큰술
• 깨소금	2큰술
• 참기름	3큰술
• 후춧가루	1/3작은술

만드는 법

1. 쇠고기는 핏물을 제거하고 곱게 채썰어 양념한다.

2. 송이버섯은 소금물에 담가 칼로 껍질을 살살 벗겨 2~3쪽으로 쪼갠다. 건표고버섯은 따뜻한 물에 불려 손질한 뒤 너비 0.7cm 정도로 썬 뒤 양념하여 볶는다.

3. 느타리버섯은 살짝 데쳐 잘게 찢어 양념하여 볶고, 목이버섯도 불려 손질한 뒤 양념하여 볶는다.

4. 미나리는 초대를 부쳐 너비 1.5cm로 썰어 길이는 전골틀에 맞추어 자른다.

5. 당근은 미나리초대와 같은 크기로 썰어 소금물에 살짝 데친다.

6. 양파는 굵게 채썬다.

7. 달걀은 황·백지단을 부쳐 ④와 같은 크기로 썬다.

8. 잣은 고깔을 떼고 마른행주로 닦는다.

9. ②~⑦까지 준비한 재료를 보기 좋게 전골틀에 돌려 담고, ①의 쇠고기를 얹은 후 잣을 얹고, 양지육수 4컵에 국간장, 후춧가루, 소금으로 간을 하여 부어 끓인다.

낙지전골

재료 및 분량

- 낙지   4마리
- 쇠고기   150g
- 불린 해삼   80g
- 조개관자   100g
- 새우(중)   5마리
- 양파   150g
- 미나리   150g
- 홍고추   1개
- 두부   20g
- 달걀   2개
- 잣가루   2작은술
- 양지육수   4컵

낙지, 관자, 불린 해삼 양념

- 파 · 마늘   약간씩
- 생강즙   2작은술
- 백후춧가루   1/3작은술

쇠고기양념

- 진간장   3큰술
- 설탕   2작은술
- 소금   약간
- 다진 파   1큰술
- 다진 마늘   2작은술
- 생강즙   1작은술
- 깨소금   1 큰술
- 참기름   1큰술
- 후춧가루   1/2작은술

쇠고기완자양념

- 진간장   1작은술
- 설탕   1/4작은술
- 다진 파   1/2작은술
- 다진 마늘   1/3작은술
- 깨소금   1/2작은술
- 참기름   1/2작은술
- 후춧가루   약간

만드는 법

1. 낙지는 소금으로 문질러 깨끗이 씻은 뒤 손에 소금을 묻혀가며 다리의 껍질을 벗긴 후 깨끗이 씻은 다음 길이 6cm 정도로 썰어 갖은 양념을 한다.

2. 쇠고기 100g은 핏물을 제거하고 채썰어 양념한다.

3. 남은 쇠고기 50g은 곱게 다지고, 두부는 면포에 물기를 제거하고 곱게 으깨어 섞어 쇠고기완자양념을 한다.

4. ③을 지름 1cm 정도의 크기로 둥글게 빚은 후 밀가루, 달걀물을 씌워 지진다.

5. 불린 해삼은 길이 6cm, 너비 0.5cm 정도로 썰어 양념한다.

6. 조개관자는 납작하게 썰어 갖은 양념을 한다.

7. 새우는 껍질을 벗겨 내장을 빼고 씻어 물기를 없앤다.

8. 건표고버섯은 따뜻한 물에 불려 손질하여 채썰어 양념한 후 살짝 볶는다.

9. 양파는 굵게 채썬다.

10. 미나리는 소금물에 살짝 데쳐 길이 6cm 정도로 자른다.

11. 홍고추는 씨를 빼고 길이 6cm 정도로 채썬다.

12. 달걀은 황 · 백지단을 부쳐 마름모꼴로 썬다.

13. 위에 준비한 ①~⑫의 재료를 전골냄비에 색스럽게 돌려 담고 잣가루를 뿌린 뒤, 양지육수 4컵에 국간장, 후춧가루, 소금으로 간을 하여 부어 끓인다.

조개관자전골

재료 및 분량

- 조개관자 200g
- 쇠고기 150g
- 불린 해삼 70g
- 전복(중) 2개
- 건표고버섯 10g
- 당근 70g
- 양파 100g
- 미나리 20g
- 홍고추 1개
- 양지육수 4컵

관자. 불린 해삼 양념

- 파, 마늘 약간씩
- 생강즙 1작은술
- 백후춧가루 1/3작은술

쇠고기양념

- 진간장 3큰술
- 설탕 1½큰술
- 다진 파 2큰술
- 다진 마늘 1큰술
- 생강즙 1작은술
- 깨소금 1큰술
- 참기름 1큰술

만드는 법

1. 조개관자는 내장을 떼고 잘 씻어 4쪽으로 썰어 양념한다.

2. 쇠고기는 핏물을 제거하고 채썰어 양념하고, 양지머리는 삶아 육수를 준비한다.

3. 불린 해삼은 5cm 길이로 채썰어 양념한다.

4. 전복은 잘 씻은 뒤 살짝 쪄서 해삼과 같은 크기로 썰어 양념한다.

5. 건표고버섯은 따뜻한 물에 불려 손질한 뒤 납작하게 썰어 양념한 후 살짝 볶는다.

6. 당근은 표고버섯과 같은 크기로 썰어 소금물에 살짝 데쳐 놓는다.

7. 양파는 채썬다.

8. 미나리는 잘 다듬어 줄기만 5cm 정도의 길이로 썰어 소금에 살짝 절여 놓는다.

9. 홍고추는 씨를 발라 채썬다.

10. 전골틀에 ①~⑨의 재료를 색 맞추어 담고 잣을 뿌려, 양지육수 4컵에 국간장, 후춧가루, 소금으로 간을 하여 부어 끓인다.

두부전골

재료 및 분량

- 두부 240g
- 쇠고기 200g
- 건표고버섯 20g
- 석이버섯 5g
- 느타리버섯 80g
- 죽순 1개
- 미나리 150g
- 당근 40g
- 숙주 100g
- 파 1대
- 달걀 2개
- 녹두녹말 2큰술
- 양지육수 4컵

쇠고기양념

- 진간장 4큰술
- 설탕 2큰술
- 다진 파 2큰술
- 다진 마늘 1큰술
- 깨소금 2작은술
- 참기름 2작은술
- 후춧가루 1/3작은술

만드는 법

1. 쇠고기 100g은 채썰어 양념하고, 100g은 곱게 다져 양념한다.

2. 두부는 흐르는 물에 씻어서 너비 2.5cm, 길이 4cm 크기로 자른다.

3. 자른 두부의 한쪽 면에 녹두녹말을 고루 묻히고, 양념한 다진 쇠고기를 얇게 펴 얹는다.

4. 쇠고기 얹은 두부에 다른 두부의 녹두녹말 묻힌 면이 쇠고기와 맞닿도록 얹어 두 쪽을 붙인 뒤 앞뒤로 다시 녹두녹말을 묻힌다.

5. ③의 두부를 식용유 두른 팬에 앞뒤로 지진 뒤 미나리를 데쳐 묶는다.

6. 건표고버섯은 따뜻한 물에 불려 기둥을 떼고 곱게 채썰어 양념한 뒤 볶는다.

7. 느타리버섯은 끓는 물에 살짝 데쳐 잘게 찢어 양념하여 볶는다.

8. 석이버섯은 물에 불려 비빈 뒤 깨끗이 손질하여 채썬다.

9. 죽순은 5cm 길이로 빗살모양으로 썬다.

10. 미나리는 5cm 길이로 썰어 끓는 소금물에 살짝 데쳐 찬물에 건져 놓는다.

11. 숙주는 거두절미한 뒤 살짝 데쳐 양념하여 놓고, 파는 다듬어 씻어 5cm 길이로 썬다.

12. 달걀을 황·백으로 나누어 지단을 부쳐 마름모꼴로 썬다.

13. 전골냄비에 채썰어 양념한 고기를 깔고, 그 위에 준비한 재료들을 색스럽게 돌려 담는다. 양지육수 4컵에 국간장, 후춧가루, 소금으로 간을 하여 부어 끓인다.

도미면

재료 및 분량

- 도미(중간 것) 600g
- 쇠등골 80g
- 쇠간 80g
- 처녑 80g
- 쇠고기 150g
- 두부 30g
- 미나리 100g
- 달걀 4개
- 건표고버섯 10g
- 느타리버섯 80g
- 목이버섯 5g
- 석이버섯 5g
- 당근 70g
- 호두 5개
- 홍고추 1개
- 쑥갓 50g
- 당면 60g
- 밀가루 1/2컵
- 메밀가루 1/4컵
- 식용유 약간
- 양지육수 4컵

쇠고기양념

- 진간장 3큰술
- 설탕 1큰술
- 다진 파 2큰술
- 다진 마늘 1큰술
- 생강즙 1작은술
- 깨소금 1큰술
- 참기름 1큰술
- 후춧가루 1/3작은술

TIP **도미면 육수**

냄비에 발라낸 도미 뼈를 넣고 끓여 생선육수를 만들고 양지머리는 마늘과 생강 등의 채소를 넣고 푹 끓여 면포에 걸러 육수를 만든다. 생선육수와 양지머리 육수를 섞어 국물을 만든 뒤 국간장과 소금으로 색을 내고 간을 맞추어 따뜻하게 끓인다.

만드는 법

1. 도미는 신선한 것으로 골라 비늘을 긁고 내장을 꺼낸 다음, 세 장 뜨기하여 토막을 낸다. 소금과 후춧가루를 약간 뿌려두었다가 밀가루를 묻힌 다음 달걀물을 입혀 지진다.

2. 처녑은 굵은소금, 밀가루 등으로 깨끗하게 씻은 다음 끓는 물에 데쳐 검은 껍질을 긁어내고, 가장자리에 칼집을 넣어 소금, 후춧가루로 밑간 후 밀가루, 달걀흰자를 씌워 식용유를 두른 팬에 지진다.

3. 쇠간은 물에 담가 꼭꼭 눌러 핏물을 뺀 다음, 소금을 발라가면서 얇은 피막을 벗긴다. 냉동실에 넣었다가 좀 굳으면 0.4cm 두께로 저며 소금, 후춧가루 간을 하고 메밀가루를 고루 묻혀 식용유를 두른 팬에 지진다.

4. 쇠등골은 껍질을 벗기고 속에 있는 등골을 빼내어 가운데를 훑으면 납작하게 펴진다. 밀가루를 묻히고 달걀물을 씌워 식용유를 두른 팬에 지진다.

5. ②,③,④의 처녑, 쇠간, 등골은 너비 2cm 길이의 골패모양으로 알맞게 썬다.

6. 쇠고기 50g은 다져서 물기를 뺀 두부와 함께 양념하여 둥글게 빚어 밀가루, 달걀물을 씌워 팬을 돌려가며 지진다.

7. 쇠고기 100g은 채썰어 양념한다.

8. 건표고버섯은 따뜻한 물에 담가 불려 골패모양으로 썬 뒤 양념하여 팬에 살짝 볶고, 느타리버섯은 끓는 소금물에 데치고, 목이버섯은 불려 손으로 찢어서 양념한다.

9. 석이버섯은 물에 불려 문질러 누런 부분을 제거하고 깨끗이 씻어 배꼽을 뗀 다음, 마른 면포로 닦아 곱게 채썬다.

10. 쑥갓은 씻어 놓고, 홍고추와 당근은 씻어서 골패모양으로 썬다.

11. 달걀은 황·백지단을 부쳐 골패모양으로 썬다.

12. 미나리는 초대를 부쳐서 골패모양으로 썬다.

13. 호두는 뜨거운 물에 튀겨 속껍질을 깨끗이 벗긴다.

14. 당면은 더운물에 담가 부드럽게 불려 7cm 길이로 자른다.

15. 양지육수를 끓여 소금으로 간을 맞추고 국간장으로 색을 낸다.

16. 제일 밑에 쇠고기양념한 것을 깔고 쇠등골, 쇠간, 처녑을 담고 준비해 둔 재료를 색 맞추어 돌려 담는다.

17. ⑯에 양지육수 4컵에 국간장, 후춧가루, 소금으로 간을 하여 한소끔 끓인 다음 당면도 한쪽으로 놓는다.

신선로

재료 및 분량

- 처녑 100g
- 쇠간 100g
- 생선살 200g
- 쇠고기 200g
- 두부 50g
- 쇠등골 100g
- 미나리 200g
- 달걀 5개
- 전복(중) 3개
- 불린 해삼 80g
- 석이버섯 10g
- 건표고버섯 30g
- 느타리버섯 50g
- 당근 80g
- 호두 5개
- 은행 50g
- 잣 1큰술
- 밀가루 1/2컵
- 메밀가루 1/4컵
- 식용유 약간

양지육수
- 양지머리 300g
- 무 200g
- 물 10컵
- 국간장
- 소금 약간
- 후춧가루

쇠고기양념
- 진간장 2큰술
- 설탕 1작은술
- 다진 파 1큰술
- 다진 마늘 2작은술
- 깨소금 1작은술
- 참기름 1큰술
- 후춧가루 1/3작은술

쇠고기완자양념
- 진간장 1작은술
- 설탕 1/4작은술
- 다진 파 1/2작은술
- 다진 마늘 1/3작은술
- 깨소금 1/2작은술
- 참기름 1/2작은술
- 후춧가루 약간

기타 양념

만드는 법

1. 처녑은 굵은소금, 밀가루 등으로 깨끗하게 씻은 다음 끓는 물에 데쳐 검은 껍질을 긁어내고 오그라들지 않도록 가장자리에 칼집을 넣어 소금, 생강즙, 후춧가루 밑간한 다음 밀가루, 달걀흰자를 씌워 식용유를 두른 팬에 지진다.

2. 쇠간은 물에 담가 꼭꼭 눌러 핏물을 뺀 다음, 소금을 발라가면서 얇은 피막을 벗긴다. 냉동실에 넣었다가 좀 굳으면 0.4cm 두께로 저며 소금, 후춧가루 간을 하고 메밀가루를 묻혀 식용유 두른 팬에 지진다.

3. 생선은 전감으로 포를 떠서 소금과 후춧가루로 밑간을 하고 밀가루, 달걀물을 씌워 식용유를 두른 팬에 부친다.

4. 쇠등골은 껍질을 벗기고 속에 있는 등골을 빼내어 가운데를 훑으면 납작하게 펴진다. 밀가루, 달걀물을 씌워 식용유를 두른 팬에 지진다.

5. 전으로 부친 처녑, 쇠간, 생선, 등골은 너비 2cm 길이로 신선로 틀에 맞추어 골패모양으로 썬다.

6. 쇠고기 100g은 곱게 다져 양념하여 전 모양으로 지져 같은 크기로 자른다.

7. 나머지 쇠고기 100g은 다져서 물기를 뺀 두부와 함께 양념하여 1.5cm 너비로 둥글게 빚는다. 여기에 밀가루, 달걀물을 씌워 팬을 돌려가며 지진다.

8. 양지머리는 찬물에 담가 핏물을 뺀 뒤 크게 썬 양파, 통마늘을 냄비에 넣어 분량의 물을 부어 끓인다. 고기가 익으면 무를 큼직하게 썰어 넣고 물 8컵 정도가 되도록 끓인다. 고기와 무는 한 김 식힌 뒤 골패모양으로 썰어 양념하고 육수는 면포에 기름을 걸러내고 국물로 사용한다.

9. ⑧의 국물을 충분히 끓인 다음, 고기는 건져서 납작하게 썰어 국간장, 다진 파, 다진 마늘로 양념하고 국물은 체에 밭쳐 국간장으로 색을 낸 뒤, 소금, 후춧가루로 간을 한다.

10. 미나리는 초대를 부쳐 골패모양으로 썬다.

11. 달걀은 황·백지단을 부쳐 골패모양으로 썬다.

12. 석이버섯은 물에 불려 문질러 누런 부분을 제거하고 깨끗이 씻어 배꼽을 뗀 다음, 마른 면포로 닦아서 잠깐 말렸다가, 다지거나 빻아 달걀흰자와 섞어 지단을 부쳐서 썬다.

13. 전복은 내장을 제거하고 살짝 쪄서 무르게 만들어 채썬 뒤 참기름에 볶는다.

- 국간장 약간
- 다진 파 약간
- 다진 마늘 약간
- 생강즙 약간
- 참기름 약간
- 후춧가루 약간
- 소금 약간

14. 불린 해삼은 배를 갈라 내장을 제거하고 채썬 뒤 파, 마늘, 생강즙을 약간씩 넣어 양념한다.

15. 건표고버섯은 따뜻한 물에 불려 골패모양으로 썬 뒤 양념하여 팬에 살짝 볶고 느타리버섯은 끓는 소금물에 데쳐 잘게 찢은 다음 다진 파, 다진 마늘, 참기름으로 양념한다.

16. 당근은 골패모양으로 썰어 소금물에 살짝 데친다.

17. 은행은 겉껍질을 까서 소금물에 담갔다가 파랗게 볶아 속껍질을 벗긴다. 호두는 뜨거운 물에 튀겨 건져 속껍질을 벗긴다.

18. 신선로에 담을 때는 썰어 놓은 무에 국간장, 다진 파, 다진 마늘, 참기름을 약간씩 넣고 무쳐 밑바닥에 먼저 깐다. 그 위에 ⑨의 납작하게 썬 쇠고기와 느타리버섯을 얹고 또 그 위에 전과 전복, 해삼, 버섯, 당근, 미나리초대, 지단, 해삼 등을 색 맞추어 돌려 담는다.

19. 호두, 은행, 잣, 완자를 고명으로 얹는다.

20. ⑧의 양지육수 5컵에 국간장, 소금, 후춧가루로 간을 하여 붓고 뚜껑을 덮은 다음, 화통 속에 숯불을 넣어 상에 올린다.

실기편

4. 찜, 선

• 송이찜 • 궁중닭찜 • 가리찜 • 떡찜 • 전복찜 • 사태찜
• 북어찜 • 호박찜 • 가지찜 • 영계찜 • 닭구이찜 • 민어찜
• 어선 • 가지선 • 호박선 • 오이선 • 두부선

Traditional Cuisine of Korea

송이찜

재료 및 분량

- 송이버섯   300g
- 쇠고기   200g
- 당근   50g
- 건표고버섯   20g
- 느타리버섯   10g
- 달걀   3개
- 미나리   50g
- 잣   2작은술

육수

- 양지머리국물   1컵
- 국간장   1작은술
- 소금   약간
- 녹두녹말   1작은술

쇠고기양념(100g 기준)

- 진간장   1큰술
- 설탕   1/2큰술
- 다진 파   1작은술
- 다진 마늘   1/2작은술
- 생강즙   1작은술
- 깨소금   1작은술
- 참기름   1작은술
- 후춧가루   약간

느타리버섯 양념

- 다진 파   약간
- 소금   약간
- 참기름   약간

완자

- 다진 쇠고기   50g
- 진간장   1/2큰술
- 설탕   1/4큰술
- 다진 파   1/2작은술
- 다진 마늘   1/4작은술
- 깨소금   1/2작은술
- 참기름   1/2작은술
- 후춧가루   약간

- 두부   30g
- 다진 파   약간
- 소금   약간
- 참기름   약간
- 달걀   1개
- 밀가루   약간

만드는 법

1. 송이버섯은 뿌리 쪽의 모래를 칼로 잘라내고 소금물에 담가 칼로 껍질을 살살 벗겨 반으로 쪼갠다.

2. 쇠고기 100g은 곱게 다져 양념한다.

3. 쪼갠 송이 안쪽에 밀가루를 바르고 양념한 쇠고기를 얄팍하게 붙인 뒤 다른 한쪽을 맞붙인 후 밀가루, 달걀물을 입쳐 팬에 지진다.

4. 미나리 30g은 끓는 물에 데쳐 찬물에 헹궈 물기를 짜고 ③의 송이 중앙에 묶는다.

5. 표고버섯은 따뜻한 물에 불려 기둥을 떼고 골패모양으로 썰어서 볶는다.

6. 당근은 골패모양으로 썰어서 볶는다.

7. 미나리의 20g은 초대를 부치고 달걀은 황·백지단으로 나누어 부쳐서 각각 골패모양으로 썬다.

8. 양지머리국물은 국간장, 소금으로 간하고 녹두녹말을 풀어 끓여둔다.

9. 쇠고기 100g은 채썰어 양념하고 느타리버섯은 물에 불려 찢어서 물기를 짠 뒤 다진 파, 소금, 참기름을 넣어 양념한다.

10. 완자용 다진 쇠고기는 양념하고 두부는 으깨어 양념한 뒤 다진 쇠고기와 두부를 섞어 찰기가 생기도록 치댄 후 완자를 은행알보다 작은 크기로 동그랗게 만들어 밀가루, 달걀물을 입힌 다음 달군 팬에 굴려가며 지진다.

11. 냄비에 ⑨의 쇠고기와 느타리버섯을 냄비 밑으로 깔고 송이버섯 지진 것, 표고버섯, 황·백지단, 미나리초대, 당근을 색스럽게 돌려 담은 뒤에 ⑩의 완자를 올리고 잣을 얹는다.

12. ⑪의 냄비에 ⑧의 양지머리국물을 붓고 한소끔 끓인다.

궁중닭찜

재료 및 분량

- 닭 1.5kg
- 대파 1대
- 저민 생강 3쪽
- 마늘 3쪽
- 건표고버섯 20g
- 목이버섯 5g
- 석이버섯 5g
- 달걀 2개
- 녹두녹말 1큰술
- 물 1/2컵

닭양념
- 소금 1작은술
- 다진 파 2큰술
- 다진 마늘 1큰술
- 생강즙 2작은술
- 깨소금 1큰술
- 참기름 1큰술
- 후춧가루 약간

닭국물
- 닭국물 3컵
- 소금 1작은술
- 후춧가루 1/2작은술

만드는 법

1. 닭이 잠길 정도의 물에 대파, 저민 생강, 마늘을 넣고 삶아 익으면 건져서 뼈와 껍질은 버리고 살만 굵직하게 뜯고 국물은 식혀서 기름을 걷고 체에 거른다.

2. 목이버섯은 따뜻한 물에 불려 뜯어둔다.

3. 석이버섯은 따뜻한 물에 불려 손으로 비벼 이끼와 배꼽을 제거하고 곱게 채썰어 마른 팬에 살짝 볶는다.

4. 표고버섯은 따뜻한 물에 불려 기둥을 자르고 은행잎모양으로 썬다.

5. 닭국물에 소금과 후춧가루로 간을 맞추고 ④의 표고버섯을 넣어 끓인다.

6. 녹두녹말은 물에 풀어서 ⑤의 국물이 끓으면 녹말물을 조금씩 부어 걸쭉하게 되면 목이버섯을 넣어 끓이고 달걀을 풀어 줄알을 친다.

7. ①의 닭살을 양념하여 그릇에 담고 ⑥의 따뜻한 국물을 붓고 석이버섯 채썬 것을 고명으로 얹는다.

가리찜

재료 및 분량

- 갈비   900g
- 표고버섯   20g
- 당근   200g
- 양파   1개
- 은행   20개
- 대추   10개
- 달걀   1개
- 미나리   40g
- 잣가루   약간

양념장

- 진간장   5큰술
- 배즙   1큰술
- 설탕   2큰술
- 꿀   1큰술
- 다진 파   3큰술
- 다진 마늘   1큰술
- 생강즙   1작은술
- 깨소금   1큰술
- 참기름   1큰술
- 후춧가루   1/2큰술

만드는 법

1. 갈비는 2~3cm 정도로 짧게 토막쳐 30분 정도 물에 담가 핏물을 뺀다.

2. 끓는 물에 갈비를 넣고 핏물이 우러난 첫물은 버리고 다시 찬물을 자작하게 부은 뒤 양파를 큼직하게 썰어 넣고 끓인다.

3. ②의 갈비가 삶아지면 갈비를 건져 한 김 식히고 기름기를 잘라내어 칼집을 넣고 갈비 삶은 국물은 식혀서 기름기를 걷어낸다.

4. 양념장은 모두 섞고 냄비에 ③의 갈비와 양념장이 속까지 배도록 버무려 재워둔다.

5. 표고버섯은 따뜻한 물에 불려 기둥을 자르고 3~4등분으로 자른다.

6. 당근은 큼직하게 썰어 모서리는 도려낸다.

7. 은행은 삶거나 볶아 껍질을 벗겨 놓는다.

8. 대추는 씨를 발라 3~4쪽으로 썬다.

9. 미나리는 초대를 만들고 달걀은 황·백으로 나누어 지단을 부쳐 각각 마름모로 썬다.

10. ④의 양념에 재운 갈비는 냄비에 넣고 걸러둔 육수를 붓고 갈비가 익을 때까지 끓인다.

11. 갈비가 어느 정도 익으면 표고버섯, 당근, 대추를 넣어 다시 한번 푹 끓이고 불을 약하게 줄여 위아래로 뒤적이며 윤기 나게 조린 뒤 불을 끈다.

12. 그릇에 담고 은행과 황·백지단, 미나리초대를 고명으로 얹는다.

떡찜

재료 및 분량

- 가래떡 600g
- 쇠고기 200g
- 사태 300g
- 곤자소니 300g
- 곱창 300g
- 양깃머리 300g
- 대파 1대
- 마늘 5쪽
- 생강 30g
- 당근 1개
- 양파 150g
- 건표고버섯 20g
- 달걀 2개
- 은행 약간
- 미나리 20g
- 밀가루 약간
- 소금 약간

쇠고기양념

- 진간장 2큰술
- 설탕 1큰술
- 다진 파 2작은술
- 다진 마늘 1작은술
- 깨소금 2작은술
- 참기름 2작은술
- 후춧가루 약간

삶은 고기양념

- 간장 4큰술
- 설탕 1큰술
- 다진 파 2큰술
- 다진 마늘 2큰술
- 깨소금 2큰술
- 참기름 1큰술
- 후춧가루 약간

만드는 법

1. 가래떡은 5~6cm 길이로 썰어 아래위가 떨어지지 않고 가운데가 통하도록 두 번 칼집을 넣어 끓는 물에 데쳐 떡을 부드럽게 한다.

2. 쇠고기는 곱게 다져 양념한 다음 살짝 볶는다.

3. ①의 가래떡에 ②의 쇠고기를 사이사이에 넣는다.

4. 곤자소니, 곱창, 양깃머리는 밀가루, 소금으로 바락바락 문질러 깨끗이 씻고 양깃머리는 끓는 물에 데쳐 검은 표피를 벗긴다.

5. ④의 내장과 사태는 물을 넉넉히 붓고 대파, 마늘, 생강을 넣고 삶아 모두 나붓나붓 썰어 양념한다.

6. 당근은 어슷썰고 양파는 3~4쪽으로 썰어 놓는다.

7. 표고버섯은 따뜻한 물에 불려 기둥을 자르고 3~4등분으로 자른다.

8. 미나리는 미나리초대를 만들고 달걀은 황·백으로 나누어 지단을 부쳐 각각 마름모로 자른다.

9. 은행은 삶거나 볶아 껍질을 벗겨 놓는다.

10. 찜그릇에 ⑤의 고기와 당근, 양파, 표고버섯, ③의 가래떡과 은행을 넣어 약한 불로 끓인다.

11. 떡찜을 그릇에 담고 미나리초대와 황·백지단을 얹는다.

전복찜

재료 및 분량

- 전복 300g • 쇠고기 200g • 건표고버섯 10g • 당근 70g
- 양지머리국물 1½컵 • 소금 1작은술 • 잣가루 1큰술 • 달걀 1개

쇠고기양념 • 진간장 2큰술 • 설탕 1큰술 • 다진 파 2작은술 • 다진 마늘 1작은술
• 깨소금 2작은술 • 참기름 2작은술 • 후춧가루 약간

만드는 법

1. 전복은 고운 솔로 깨끗이 문질러 씻은 다음 껍질이 얇은 쪽으로 숟가락을 넣어 내장이 터지지 않도록 살을 떼어내고 가장자리는 자르고 전복 앞면은 사선으로 칼집을 넣고 뒷면은 서너 번 정도 칼집을 넣는다.

2. 쇠고기는 저며서 칼집을 넣고 두드려 양념한다.

3. 표고버섯은 따뜻한 물에 불려 기둥을 자르고 3~4등분으로 자른다.

4. 당근은 썰어 밤톨만 하게 모서리를 깎는다.

5. 양파는 당근의 크기와 비슷하게 자른다.

6. ②의 양념한 쇠고기는 냄비에 깔고 그 위에 표고버섯, 당근, 양파를 넣고 다시 위에 ①의 전복을 얹고 소금으로 간을 한 양지국물을 부어 뭉근히 끓여 찜을 한다.

7. 달걀은 황·백으로 나누어 지단을 부쳐 마름모로 썬다.

8. 그릇에 ⑥의 찜을 담고 마름모 황·백지단을 얹고 잣가루를 뿌린다.

사태찜

재료 및 분량

• 사태 1.2kg • 양파 300g • 건표고버섯 10g • 당근 150g • 은행 10개
• 밤 200g • 달걀 1개

사태양념장 • 간장 6큰술 • 배즙 1/2컵 • 설탕 4큰술 • 다진 파 3큰술 • 다진 마늘 1½큰술
• 생강즙 2작은술 • 깨소금 2큰술 • 참기름 2큰술 • 후춧가루 1작은술

만드는 법

1. 사태는 흐르는 물에 30분 정도 핏물을 제거하고 깨끗이 씻는다.

2. 냄비에 물을 자작하게 붓고 사태와 큼직하게 썬 양파를 넣고 거품을 제거하면서 끓인다.

3. 삶은 사태는 건져서 4cm 크기로 썰어 양념장을 고르게 섞고 국물은 식혀서 기름기를 걷어낸다.

4. 표고버섯은 따뜻한 물에 불려 기둥을 자르고 3~4 등분으로 자른다.

5. 당근은 썰어 모서리를 깎아 밤톨만 하게 만든다.

6. 은행은 삶거나 볶아 껍질을 벗겨 놓고 밤은 껍질을 벗긴다.

7. 달걀은 황·백으로 나누어 지단으로 부쳐 마름모로 자른다.

8. 냄비에 ③의 양념한 사태와 육수를 넣고 표고버섯, 당근, 은행, 밤을 넣어 끓인다.

9. 그릇에 ⑧의 사태찜을 담고 황·백지단을 얹는다.

북어찜

재료 및 분량

• 북어(황태) 250g • 홍고추 1/2개

양념장 • 진간장 4큰술 • 설탕 2큰술 • 다진 파 2큰술 • 다진 마늘 2큰술
• 깨소금 2큰술 • 참기름 1큰술 • 후춧가루 약간

만드는 법

1. 북어는 바싹 마른 것으로 준비하여 흐르는 물에 씻은 뒤 북어가 잠기도록 넉넉하게 물을 붓고 1~2시간 담가 불린다.

2. 북어가 부드러워지면 물기를 닦고 방망이로 북어의 앞뒤를 고르게 두들긴 후 머리와 꼬리, 지느러미를 자르고 배를 갈라 배에 붙어 있는 검은 막과 뼈, 가시를 발라내서 5~6cm 크기로 토막을 낸다.

3. 홍고추는 곱게 채썬다.

4. ②의 북어를 김이 오른 찜통에 넣고 살짝 찐 후 양념장을 켜켜로 발라 그릇에 담고 홍고추 채썬 것을 얹는다.

호박찜

재료 및 분량

• 애호박 2개 • 쇠고기 200g • 군밤 6개 • 잣 약간

쇠고기양념 • 진간장 2큰술 • 설탕 1큰술 • 다진 파 2작은술 • 다진 마늘 1작은술
• 깨소금 2작은술 • 참기름 2작은술 • 후춧가루 약간

초간장 • 진간장 1큰술 • 식초 1/2큰술 • 설탕 약간

만드는 법

1. 애호박은 지름 5cm 정도의 작은 것으로 곧게 생긴
것을 준비해서 3.5cm 크기로 토막을 낸다.

2. 자른 호박에 끝이 잘리지 않도록 2/3 깊이만 열십
자로 칼집을 넣고 호박 속을 약간 파낸다.

3. 쇠고기는 다져서 양념한다.

4. ②의 호박에 양념한 고기를 채워 넣는다.

5. ④의 호박 가운데에 군밤을 반 잘라 빠지지 않게
박고 밤 둘레에 잣을 박는다.

6. 냄비에 호박이 반쯤 잘길 만큼 물을 붓고 소금으
로 간하여 ⑤의 호박을 넣고 중불에서 은근히 익
힌다.

7. 찐 호박은 국물과 함께 그릇에 담고 초간장과 낸다.

가지찜

재료 및 분량

• 가지 400g • 쇠고기 100g • 홍고추 1/2개 • 대파 1대
• 달걀 1개 • 양지머리국물 1컵 • 소금 약간

쇠고기양념 • 고추장 1작은술 • 진간장 1작은술 • 설탕 1작은술 • 다진 파 1작은술
• 다진 마늘 1/2작은술 • 생강즙 1/2작은술 • 깨소금 1작은술 • 참기름 1작은술
• 후춧가루 약간

만드는 법

1. 가지는 가는 것으로 골라 6~7cm 정도로 두 토막
으로 자르고 3군데 칼집을 넣어 소금물에 약간 절
인 후 물기를 꼭 짠다.

2. 쇠고기는 곱게 다지고 홍고추는 가늘게 채썰어 쇠
고기양념으로 모두 섞어 칼집 넣은 가지 속에 넣
는다.

3. 달걀은 황·백으로 나누어 지단을 부쳐 마름모로
썬다.

4. 냄비에 대파 잎을 굵게 썰어 깔고 그 위에 ①의 가
지를 담고 소금으로 간을 한 양지머리국물을 자작
하게 부어 끓인다.

5. 그릇에 찐 가지와 국물을 담고 황·백지단을 얹는
다.

영계찜

재료 및 분량

• 영계 1마리 • 쇠고기 100g • 숙주 100g • 건표고버섯 20g
• 석이버섯 5g • 달걀 1개 • 녹두녹말 3큰술 • 잣가루 1큰술

쇠고기양념 • 진간장 1큰술 • 설탕 1/2큰술 • 다진 파 1작은술 • 다진 마늘 1/2작은술
• 생강즙 1작은술 • 깨소금 1작은술 • 참기름 1작은술 • 후춧가루 약간

만드는 법

1. 영계를 깨끗이 씻는다.

2. 쇠고기는 곱게 다져 양념한다.

3. 숙주는 거두절미하고 살짝 데쳐 찬물에 헹구어 건진다.

4. 표고버섯은 따뜻한 물에 불려 기둥을 자르고 채썬다.

5. 석이버섯은 따뜻한 물에 불려 손으로 비벼 이끼와 배꼽을 제거하고 곱게 채썰어 마른 팬에 살짝 볶는다.

6. 달걀은 황·백으로 나누어 지단을 부쳐 채썬다.

7. 영계 뱃속에 ②의 고기를 넣고 양념한 고기의 일부는 남겨 맑은장국을 끓인다.

8. 맑은 장국이 끓으면 쇠고기양념한 것을 넣은 영계에 녹두녹말을 온몸에 묻혀 끓인다.

9. ⑧의 영계가 끓으면 표고버섯, 숙주도 같이 넣어 끓인다.

10. 그릇에 영계를 담고 지단채와 석이버섯채, 잣가루를 고명으로 얹는다.

닭구이찜

재료 및 분량

- 닭   1마리(800g)
- 마른 홍고추   2개
- 무   300g
- 생강   3톨

양념

- 간장   3큰술
- 소금   1작은술
- 청주   2큰술
- 설탕   1½큰술
- 참기름   2큰술
- 후춧가루   약간
- 식용유   약간
- 물   2컵

만드는 법

1. 닭은 내장을 빼고 깨끗이 씻어 물에 담가 핏물을 뺀 다음 넓적하게 편다.

2. 생강은 강판에 갈아 면포로 짜서 즙만 받는다.

3. ①에 생강즙을 버무려 놓는다.

4. 간장, 소금, 청주, 설탕, 참기름, 후춧가루를 한데 섞어 양념을 만든다.

5. ④의 양념에 2/3는 닭에 버무려 2시간 정도 재워둔다.

6. 무는 2cm 두께로 큼지막하게 썰고 마른 홍고추는 깨끗하게 닦아 준비한다.

7. 두꺼운 냄비에 식용유를 두르고 양념에 재워둔 닭을 앞뒤로 노릇하게 지진다.

8. 냄비 아래에 무를 깔고 노릇하게 지진 닭을 올린다.

9. 마른 홍고추는 4등분으로 잘라 씨를 뺀 뒤 닭 위에 얹고 나머지 양념 1/3과 물을 넣고 뚜껑을 덮은 뒤 불을 약하게 하여 익힌다.

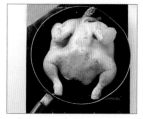   

민어찜

재료 및 분량

- 민어(또는 흰 살 생선) 300g
- 쇠고기
  (홍두깨 또는 우둔살) 200g
- 무 200g
- 당근 50g
- 건표고버섯 30g
- 풋고추 4개
- 달걀 6개
- 육수 1컵

육수
- 표고버섯 불린 물 1컵
- 당근 약간
- 무 약간
- 물 2컵
- 국간장 1작은술

생선포 밑준비
- 흰 살 생선 300g
- 소금 1작은술
- 백후춧가루 약간
- 밀가루 적당량

무채 밑준비
- 무 200g
- 소금 1/2작은술
- 홍고추 1개
- 생강즙 1/2 작은술

쇠고기 · 표고버섯 양념
- 진간장 2큰술
- 설탕 1/2작은술
- 다진 마늘 1작은술
- 후춧가루 약간
- 참기름 1작은술

만드는 법

1. 민어는 머리와 내장, 껍질을 제거한 뒤 3장 뜨기를 하여 포를 뜬다. 소금과 백후춧가루를 뿌려 밑간한 다음 밀가루를 앞뒤로 고루 묻힌다.

2. 무는 곱게 채썰어 소금을 뿌려 살짝 절인 뒤 물기를 꼭 짜고 홍고추는 얇게 저며 실고추로 만든다. 생강은 강판에 갈아 즙만 받는다.

3. 무에 생강즙과 실고추를 넣고 버무려 붉은 물을 들인다.

4. 쇠고기는 4cm 길이로 곱게 채썰어 분량의 양념을 넣고 주무른 뒤 무와 섞는다.

5. 표고버섯은 미지근한 물에 불려 기둥을 떼고 물기를 꼭 짠 후 곱게 채썰어 양념하고, 표고 불린 물과 기둥은 따로 두었다가 육수 낼 때 쓴다.

6. 달걀 4개는 황 · 백으로 나누어 체에 내린 다음 지단을 부쳐 4cm 길이로 가늘게 채썰고, 나머지 달걀은 잘 섞어 달걀물을 만들어 놓는다. 당근은 4cm 길이로 자른 뒤 채썰어 소금에 절여 물기를 꼭 짠다. 풋고추도 씨를 빼고 곱게 채썬다.

7. 냄비에 표고 불린 물과 표고기둥, 채썰고 남은 무, 당근, 풋고추 등의 자투리 채소를 넣고 물을 부어 한소끔 끓인다. 면포에 국물만 맑게 거른 뒤 국간장으로 색을 내고 소금으로 간을 맞춘 다음 따뜻하게 준비한다.

8. 찜그릇을 준비하여 밑바닥에 쇠고기와 무를 반쯤 고르게 깔고 그 위에 밀가루 묻힌 생선포를 얹은 다음 달걀물을 고르게 펴 바른다. 그 위에 다시 무와 쇠고기, 생선을 얹은 후 달걀물을 바르고 표고채, 황 · 백지단채, 당근채 등을 색 맞춰 둥글게 얹는다.

9. 김이 충분히 오른 찜통에 찜그릇을 얹고 20분 정도 찐다. 전체적으로 윤기가 돌면서 꼬치로 찔러보아 물이 안 나오도록 찐 다음 풋고추채를 얹고 한소끔 더 찐 뒤 육수를 뜨겁게 끓여 자작하게 부어 낸다.

어선

재료 및 분량

- 민어살   500g
- 쇠고기   100g
- 건표고버섯   20g
- 목이버섯   5g
- 석이버섯   5g
- 당근   50g
- 오이   150g
- 달걀   2개
- 잣   1큰술
- 백후춧가루   약간
- 녹두녹말   1/3컵

소금물

- 소금   1큰술
- 물   1컵

쇠고기양념

- 고추장   1작은술
- 진간장   1작은술
- 설탕   1작은술
- 다진 파   1작은술
- 다진 마늘   1/2작은술
- 생강즙   1/2작은술
- 깨소금   1작은술
- 참기름   1작은술
- 후춧가루   약간

초간장

- 진간장   1큰술
- 식초   1/2큰술
- 설탕   약간

겨자즙

- 겨잣가루   2큰술
- 물   1큰술
- 식초   2큰술
- 설탕   1큰술
- 소금   1/2큰술
- 후춧가루   약간

만드는 법

1. 민어살은 얄팍하고 넓적하게 포를 떠서 소금물에 담갔다가 바로 꺼내어 채반에 놓고 백후춧가루를 뿌린다.

2. 쇠고기는 가늘게 채썰어 양념해서 볶는다.

3. 표고버섯, 목이버섯, 석이버섯은 각각 따뜻한 물에 불려 깨끗이 손질한 뒤 물기를 제거하고 곱게 채썰어 볶는다.

4. 당근은 5cm 길이로 채썰어 끓는 물에 소금을 넣고 데쳐서 식힌다.

5. 오이는 소금으로 껍질을 문질러 씻어 돌려깎고 채썬 뒤 소금에 약간 절였다가 꼭 짜서 식용유에 볶아 식힌다.

6. 달걀은 황 · 백으로 나누어 지단을 부쳐 곱게 채썬다.

7. 잣은 비늘잣으로 만든다.

8. 쇠고기, 표고버섯, 목이버섯, 석이버섯, 당근, 오이, 황 · 백지단, 잣을 모두 섞는다.

9. 도마에 민어포를 놓고 칼등으로 누르면서 녹두녹말을 뿌리고 ⑧의 재료를 민어살 위에 가지런히 놓고 돌돌 말아 녹두녹말을 묻혀 찜통에 넣고 물을 뿌린다.

10. ⑨의 민어를 찜통에서 찌고 꺼낼 때 다시 찬물을 뿌려 윤기 있게 하고 3~4cm 정도의 길이로 썰어 접시에 담는다.

11. 겨자즙이나 초간장을 함께 곁들인다.

가지선

재료 및 분량

- 가지   400g
- 쇠고기   100g
- 당근   150g
- 오이   150g
- 건표고버섯   10g
- 달걀   2개
- 소금   2큰술
- 녹두녹말   약간

쇠고기양념

- 진간장   1큰술
- 설탕   1/2큰술
- 다진 파   1작은술
- 다진 마늘   1/2작은술
- 깨소금   1작은술
- 참기름   1작은술
- 후춧가루   약간

전체 양념

- 간장   1작은술
- 다진 파   1/2큰술
- 다진 마늘   2작은술
- 참기름   2작은술
- 깨소금   2작은술

초간장

- 진간장   1큰술
- 식초   1/2큰술
- 설탕   약간

겨자즙

- 겨잣가루   2큰술
- 물   1큰술
- 식초   2큰술
- 설탕   1큰술
- 소금   1/2큰술
- 후춧가루   약간

만드는 법

1. 가지는 반으로 쪼개어 칼집을 어슷하게 세 번 정도 넣어 자르고 연한 소금물에 담갔다가 꺼낸다.

2. 쇠고기는 곱게 채썰어 양념하여 볶는다.

3. 당근은 곱게 채썰어 소금을 약간 넣고 볶는다.

4. 오이는 소금으로 문질러 깨끗이 씻은 다음 껍질만 돌려깎아 곱게 채썬 뒤 소금에 잠깐 절였다가 물기를 꼭 짜서 볶는다.

5. 표고버섯은 따뜻한 물에 불려 기둥을 떼고 채썰어 파, 마늘을 넣어 볶는다.

6. 달걀은 황 · 백으로 나누어 지단을 부쳐 채썬다.

7. 쇠고기, 당근, 오이, 표고버섯, 황 · 백지단을 모두 섞어 양념한 뒤 소를 만든다.

8. ①의 가지는 마른 면포로 닦아 물기를 제거하고 칼집을 낸 곳에 ⑦의 소를 넣는다.

9. ⑧의 가지에 녹두녹말을 뿌리고 물을 뿌려 찜기에서 살짝 찐다.

10. 겨자즙이나 초간장을 함께 낸다.

호박선

재료 및 분량

- 애호박 600g
- 쇠고기 100g
- 건표고버섯 10g
- 석이버섯 5g
- 달걀 2개
- 소금 2작은술
- 녹두녹말 약간
- 잣가루 1/2큰술

쇠고기양념

- 진간장 1큰술
- 설탕 1/2큰술
- 다진 파 1작은술
- 다진 마늘 1/2작은술
- 깨소금 1작은술
- 참기름 1작은술
- 후춧가루 약간

초간장

- 진간장 1큰술
- 식초 1/2큰술
- 설탕 약간

겨자즙

- 겨잣가루 2큰술
- 물 1큰술
- 식초 2큰술
- 설탕 1큰술
- 소금 1/2큰술
- 후춧가루 약간

만드는 법

1. 애호박은 반으로 쪼개어 등 쪽에 어슷하게 세 번 정도 칼집을 넣어 자르고 연한 소금물에 담가 절인 뒤 마른 면포로 물기를 제거한다.

2. 쇠고기는 3cm 길이로 곱게 채썰어 양념하여 볶는다.

3. 표고버섯은 따뜻한 물에 불려 기둥을 떼어내고 채썰어 볶는다.

4. 석이버섯은 물에 불려 이끼를 제거하고 비벼 씻은 뒤 물기를 닦고 돌돌 말아 곱게 채썬 뒤 약간의 기름을 두르고 살짝 볶는다.

5. 달걀은 황·백으로 나누어 얇게 부쳐 곱게 채썬다.

6. 쇠고기, 표고버섯, 석이버섯, 황·백지단을 골고루 잘 섞은 후 ①의 칼집 넣은 호박 사이에 골고루 끼워 넣는다.

7. 찜기에 ⑥의 호박을 얹어 녹두녹말을 골고루 뿌린 후 가볍게 물을 뿌린다.

8. 김이 충분히 오른 찜통에 호박을 얹고 5분 정도 쪄서 접시에 담아 남은 소를 부족한 부분에 조금씩 더 채운 다음 그 위에 잣가루를 뿌린다.

9. 초간장이나 겨자즙을 곁들여 낸다.

오이선

재료 및 분량

- 오이 450g
- 쇠고기 100g
- 건표고버섯 20g
- 석이버섯 5g
- 달걀 2개
- 녹두녹말 약간
- 잣가루 약간
- 소금 약간

쇠고기양념

- 진간장 1큰술
- 설탕 1/2큰술
- 다진 파 1작은술
- 다진 마늘 1/2작은술
- 깨소금 1작은술
- 참기름 1작은술
- 후춧가루 약간

전체 양념

- 간장 1/2큰술
- 설탕 1/2작은술
- 다진 파 2작은술
- 다진 마늘 1작은술
- 참기름 2작은술
- 깨소금 1작은술

만드는 법

1. 오이는 소금으로 문질러 깨끗이 씻고 반으로 갈라 4~5cm 길이로 어슷하게 썬다. 칼집을 세 번 넣어서 소금에 살짝 절인다.

2. 쇠고기는 곱게 채썰어 양념한 뒤 볶는다.

3. 표고버섯은 따뜻한 물에 불려서 물기를 꼭 짠 다음 3cm 길이로 곱게 채썬 뒤 고기양념으로 무쳐 볶는다.

4. 석이버섯은 따뜻한 물에 담가두었다가 손바닥으로 비벼 이끼를 제거하고 배꼽을 떼어 곱게 채썰어 볶는다.

5. 달걀은 황·백으로 나누어 지단을 얇게 부쳐 채 썬다.

6. 쇠고기, 표고버섯, 석이버섯, 황·백지단을 합하여 양념을 섞어 소를 만든다.

7. ①의 오이는 마른 면포로 물기를 제거하고 칼집 넣은 곳에 ⑥의 소를 넣고 녹두녹말을 약간 뿌려 김 오른 찜통에 넣고 물을 뿌려 살짝 찐다.

8. 그릇에 ⑦을 담고 남은 소를 부족한 곳에 조금 더 채운 뒤 잣가루를 뿌린다.

두부선

재료 및 분량

- 두부   300g
- 닭고기   100g
- 건표고버섯   10g
- 석이버섯   5g
- 달걀   2개
- 홍고추   1/2개
- 잣   약간
- 녹두녹말   약간

양념

- 소금   1/2작은술
- 다진 파   1큰술
- 다진 마늘   1/2큰술
- 참기름   1큰술
- 후춧가루   약간

초간장

- 진간장   1큰술
- 식초   1/2큰술
- 설탕   약간

겨자즙

- 겨잣가루   2큰술
- 물   1큰술
- 식초   2큰술
- 설탕   1큰술
- 소금   1/2큰술
- 후춧가루   약간

만드는 법

1. 두부는 면포로 물기를 제거하고 곱게 으깬다.

2. 닭고기는 힘줄과 기름을 발라내고 살코기만 곱게 다진다.

3. 표고버섯은 따뜻한 물에 불려 기둥을 제거하고 곱게 채썬다.

4. 석이버섯은 따뜻한 물에 불려 손바닥으로 비벼 이끼를 제거하고 배꼽을 떼어 곱게 채썬다.

5. 달걀은 황·백으로 나누어 지단을 얇게 부쳐 곱게 채썬다.

6. 홍고추는 반 갈라 씨를 제거하고 저며서 곱게 채썬다.

7. 잣은 비늘잣으로 한다.

8. ①의 두부와 ②의 닭고기를 잘 섞고 양념을 넣어 반죽한다.

9. 젖은 보자기를 깔고 ⑧의 두부반죽을 1cm 두께로 고르게 펴서 네모지게 만들고 녹두녹말을 뿌린 뒤 표고버섯, 석이버섯, 황백지단, 실고추, 비늘잣을 골고루 얹어 살짝 누른다.

10. ⑨의 두부를 찜통에 쪄서 식힌 후 네모형태로 썰어 초간장이나 겨자즙을 곁들인다.

한국의 갖춘 음식
Traditional Cuisine of Korea

Traditional Cuisine of Korea

쪽장과

재료 및 분량

· 무 150g · 오이 1개 · 당근 1/2개 · 양파 1/2개 · 쇠고기 100g · 진간장(절임용) 1/2컵 · 홍고추 1/2개

쇠고기양념 · 간장 1큰술 · 설탕 1/2큰술 · 다진 파 1작은술 · 다진 마늘 1/2작은술
· 깨소금 1작은술 · 참기름 1작은술 · 후춧가루 약간

조림양념 · 진간장 1큰술 · 설탕 1큰술 · 마늘 10g · 생강 10g

만드는 법

1. 무는 길이 2cm, 너비 1.5cm, 두께 0.5cm로 썰고 오이, 당근, 양파도 무와 같은 크기로 썰어 진간장 1/2컵을 부어 절인다.

2. 홍고추는 길이 3cm로 곱게 채썬다.

3. 쇠고기는 길이 4cm로 곱게 채썬 뒤 양념하여 볶는다.

4. 마늘과 생강은 얇게 저민다.

5. ①이 다 절여지고 물이 들면 건져내어 쇠고기와 함께 조림양념의 재료들을 넣어 조린 다음 그릇에 담아 홍고추채를 얹는다.

호두장아찌

재료 및 분량

· 호두 15개(30쪽) · 쇠고기 100g · 참기름 1큰술 · 식용유 1작은술 · 생강 15g

쇠고기양념 · 진간장 1큰술 · 설탕 1/2큰술 · 파 1작은술 · 마늘 1/2작은술 · 깨 1작은술
· 참기름 1작은술 · 후춧가루 약간

조림양념 · 물 1컵 · 진간장 3큰술 · 청주 2큰술 · 설탕 1큰술 · 꿀 1큰술

만드는 법

1. 호두는 뜨거운 물에 담갔다가 꺼내어 꼬치로 속껍질을 벗긴다.

2. 쇠고기는 곱게 다져서 양념한 후, 직경 0.8㎝의 작은 완자로 만들어 팬에 굴려가며 익힌다.

3. 팬에 기름을 두르고 호두를 볶는다.

4. 생강은 껍질을 벗기고 납작하게 편으로 썬다.

5. 조림간장에 생강을 넣어 끓인다.

6. ⑤가 끓으면, 중불로 줄여 호두와 익힌 쇠고기완자를 넣고 윤기 나게 조린다.

7. 마지막에 참기름을 넣고 버무려 그릇에 담는다.

북어보푸라기

재료 및 분량

- 북어(황태)   100g
- 참기름   1큰술

고춧가루양념
- 고운 고춧가루 1작은술
- 소금   1/3작은술
- 설탕   1/2큰술
- 깨소금   1작은술
- 후춧가루   1/4작은술

소금양념
- 소금   1/3작은술
- 설탕   1/2큰술
- 깨소금   1작은술
- 백후춧가루 1/4작은술

간장양념
- 간장   1½작은술
- 설탕   1/2큰술
- 깨소금   1작은술
- 후춧가루   1/4작은술

만드는 법

1. 북어를 물에 잠깐 담갔다가 두들긴 뒤에 머리를 자르고 껍질을 벗긴 후 가시를 제거하고 굵직하게 뜯은 다음 강판에 갈아 부드러운 보푸라기를 만든다.

2. 보푸라기에 참기름을 넣고 잘 배도록 충분히 주물러서 3등분한다.

3. ②의 북어보푸라기에 각각 고춧가루, 소금, 간장 양념을 한다.

4. 한 그릇에 세 가지를 어우러지게 담는다.

장조림

재료 및 분량

- 쇠고기(홍두깨살) 600g

장조림양념 · 국간장 2큰술 · 진간장 3큰술 · 설탕 3큰술
· 마늘 50g · 생강 15g · 참기름 1큰술

만드는 법

1. 쇠고기는 찬물에 담가 핏물을 빼고, 5cm 크기로 토막을 낸다.

2. 냄비에 참기름. 고기를 넣고 볶다가 설탕을 넣고 볶는다.

3. 설탕이 녹으면 물을 붓고 저민 생강과 통마늘을 넣고 끓인다.

4. 끓기 시작하면 불을 약하게 줄이고 30분 정도 더 끓이면서 고기를 익힌다.

5. 꼬챙이로 찔렀을 때 핏물이 안 나오고 쑥 들어가면 익은 것인데, 이때 국간장과 진간장을 섞어 다시 조린다.

6. 국물이 자작해지고 쇠고기가 먹음직스럽게 색이 들고 윤기가 나면. 한 김 식힌 후 결대로 찢는다.

홍합초

재료 및 분량

• **홍합** 30마리(큰 것으로) • 참기름 1큰술 • 잣가루 1/2작은술

조림간장 • 양지머리 육수 1/2컵 • 진간장 1큰술 • 국간장 1큰술 • 설탕 1½큰술
• 대파 1/2뿌리 • 건고추 1개 • 마늘 10g • 생강 10g

만드는 법

1. 홍합을 손질해서 소금물에 씻어 건진다.

2. 조림간장양념을 분량대로 넣고 끓인 후 건더기는 건져내고, 홍합을 넣어 약한 불에서 서서히 조린다. 이때 생기는 거품은 걷어낸다.

3. 거의 조려지면 참기름을 넣어 섞는다.

4. ③이 자작해질 때까지 조린다.

5. 그릇에 담아 잣가루를 뿌린다.

전복초

재료 및 분량

· 큰 전복 3개(껍데기째) · 꿀 1/2큰술 · 잣가루 1작은술

조림간장 · 전복 데친 물 5큰술 · 간장 2큰술 · 설탕 1큰술 · 다진 파 1작은술
· 다진 마늘 1/2작은술 · 참기름 약간 · 후춧가루 1/4작은술

만드는 법

1. 살아 있는 전복 껍데기와 살을 솔로 문질러 깨끗이 씻는다.

2. 전복의 얇은 부분에 숟가락을 넣어 살을 발라낸 뒤 내장을 제거한다.

3. 냄비에 전복살을 담고 자작하게 물을 부어 끓인다. 오래 끓이면 질겨지므로 물이 끓어오르기 시작하면 바로 꺼내어 얇게 저민다.

4. 냄비에 조림간장을 만든다.

5. ④가 끓기 시작하면 데친 전복살을 넣고 불을 약하게 하여 조림간장을 위로 끼얹어가면서 조린다.

6. 조림간장이 졸아들면 꿀을 넣고 뒤적인 뒤 전복 껍데기에 소복이 담고 잣가루를 뿌린다.

전약

재료 및 분량

- 쇠족 1kg • 쇠머리가죽 300g • 대추고 1컵 • 잣 2큰술 • 정향 8개
- 생강 200g • 통후주 1큰술 • 계핏가루 1작은술 • 후춧가루 1/2작은술 • 꿀 1/2컵

만드는 법

1. 토막낸 족은 솔로 씻어 물에 담가 피를 빼고 쇠머리가죽은 깨끗이 씻는다.

2. 끓는 물에 ①의 재료를 함께 넣어 끓으면 건져 씻어낸 후, 다시 물을 붓고 정향, 생강, 통후추를 넣고 끓인다.

3. ②의 재료를 뼈가 쏙 빠지도록 5~6시간 삶는다.

4. 고기가 다 삶아지면 정향, 통후추, 생강을 골라내고 뼈를 추린다.

5. 국물은 체에 밭쳐 다른 그릇에 담아두고, 고기는 핏줄이나 지저분한 것을 제거하고 다진다.

6. 족 삶은 국물과 다진 고기, 대추고, 계핏가루, 후춧가루, 꿀을 함께 넣어 한참 끓인다.

7. 네모난 사기그릇에 ⑥을 쏟고 잣을 뿌려 굳힌 뒤 썬다.

쇠족편

재료 및 분량

- 쇠족 2kg
- 사태 300g
- 생강 70g
- 양파 3개
- 통후추 1/2큰술
- 달걀 2개
- 석이버섯 5g
- 잣가루 3큰술
- 고운 고춧가루 약간
- 초간장

양념

- 소금 1작은술
- 다진 파 2작은술
- 다진 마늘 1작은술
- 후춧가루 1작은술

만드는 법

1. 쇠족과 사태는 흐르는 물에 씻어 불순물을 제거한 뒤 찬물에 5시간 이상 담가 핏물을 뺀다.

2. 끓는 물에 소족을 넣고 끓여 첫물은 따라 버리고, 다시 물을 부어 생강과 통후추를 넣고 끓인다.

3. 양파는 껍질 있는 것은 젓가락으로 찔러 불에 구워 태운 후, 끓고 있는 쇠족에 넣고 함께 끓여 누린내를 없앤다.

4. 쇠족을 2시간 정도 끓인 뒤 사태를 넣고 재료가 무르도록 5시간 더 끓인다. 처음엔 센 불로 끓이다가 한소끔 끓어오르면 중간불로 줄이고 거품을 걷으면서 다시 불을 줄여 약불에서 푹 곤다.

5. 푹 삶아졌으면 그릇에 재료를 쏟아 생강, 후추, 양파, 뼈는 골라내고 국물은 체에 밭쳐 다른 그릇에 담아 놓는다.

6. 쇠족은 다지고, 사태의 반은 다진다.

7. 남은 사태의 반은 0.5cm 두께로 납작하게 썬다.

8. ⑥의 다진 것을 파, 마늘, 후춧가루, 소금으로 양념하고, 체에 걸러놓은 국물을 부어가며 눋지 않게 저으며 팬에서 충분히 볶는다.

9. 달걀 1개는 노른자가 중앙에 오도록 젓가락으로 굴려가며 삶아 껍질을 벗기고, 0.5cm 정도의 두께로 편썬다. 또 다른 달걀은 황 · 백으로 나누어 지단을 부쳐 채썬다.

10. 석이버섯은 따뜻한 물에 불려 손바닥으로 비벼 이끼를 제거하고 배꼽을 떼어 곱게 채썬다.

11. 네모난 그릇에 ⑦의 얇게 썬 사태와 달걀 삶은 것을 깔고 ⑤의 국물을 붓는다. 약간 굳으면 ⑧과 잣가루, 달걀 황 · 백지단채, 석이버섯채, 고운 고춧가루를 색스럽게 얹어서 완전히 굳힌다.

한국의 갖춘 음식
Traditional Cuisine of Korea

Traditional Cuisine of Korea

꽃게저냐

재료 및 분량

- 꽃게(암게)   1.5kg
- 쇠고기   100g
- 달걀   2개
- 밀가루   1/2컵
- 소금   약간
- 백후춧가루   약간
- 식용유

쇠고기양념

- 진간장   1큰술
- 설탕   1/2큰술
- 다진 파   1작은술
- 다진 마늘   1작은술
- 깨소금   1작은술
- 참기름   1작은술
- 후춧가루   약간

만드는 법

1. 암게를 솔로 깨끗이 씻고 등딱지를 떼어 속살을 긁어모은다.

2. 물기를 잘 닦은 도마 위에 놓고 밀대로 다리를 밀어 살을 발라낸다.

3. ①의 속살과 ②의 다리살을 모두 섞는다.

4. 쇠고기는 곱게 다져 양념한다.

5. ③과 ④를 섞어 둥글넓적하게 빚어 밀가루를 솔솔 뿌린다.

6. 달걀물에 백후춧가루와 소금을 넣는다.

7. ⑤의 재료에 달걀물을 입혀 지진다.

녹두빈대떡

재료 및 분량

- 녹두 2컵
- 쇠고기 100g
- 숙주 50g
- 쪽파 50g
- 느타리버섯 30g
- 석이버섯 3g
- 식용유 1/2컵
- 초간장 약간
- 소금 1작은술
- 후춧가루 약간

쇠고기양념

- 진간장 1큰술
- 설탕 1/2큰술
- 다진 파 1작은술
- 다진 마늘 1작은술
- 깨소금 1작은술
- 참기름 1작은술
- 후춧가루 약간

만드는 법

1. 통녹두를 맷돌에 갈아서 따뜻한 물에 4~5시간 불린 뒤 껍질을 벗긴 다음, 일어서 건진다.

2. ①의 녹두를 곱게 갈아서 소금, 후춧가루로 간을 맞춘다. (제물을 쓰면 빈대 떡이 부드럽다.)

3. 쇠고기는 채썰어 양념한다.

4. 숙주는 거두절미하여 씻어서 물기를 뺀다.

5. 느타리버섯은 썰어서 쇠고기양념에 살짝 무친다.

6. 쪽파는 다듬어 2cm 길이로 썬 다음 쇠고기양념을 살짝 무친다.

7. 석이버섯은 따뜻한 물에 담가 손으로 비벼 이끼와 배꼽을 제거하고, 행주로 물기를 닦은 다음 넓적하게 썬다.

8. 팬에 기름을 충분히 두르고 ②의 녹두 간 것을 떠서 넓게 펴놓은 다음 쇠고기, 숙주, 느타리버섯, 쪽파를 골고루 얹고 석이버섯도 얹는다.

9. ⑧의 재료 위에 녹두반죽을 살짝 바르고 앞뒤로 지진다.

민어저냐

재료 및 분량

- 민어 200g • 소금물(물 : 소금 = 1컵 : 1큰술) • 백후춧가루 약간
- 밀가루 1/4컵 • 달걀 2개

만드는 법

1. 민어는 깨끗하게 씻어 꼬리에서 머리 방향으로 비늘을 긁고, 머리와 지느러미를 잘라 깨끗이 씻는다.

2. 껍질 벗긴 민어는 칼을 비스듬히 눕혀 도톰하게 3장 뜨기한다.

3. 포 뜬 민어는 간이 배도록 소금물에 담갔다가 건진 후, 물기를 제거하고 백후춧가루를 뿌린다.

4. ③의 민어는 밀가루를 살짝 묻힌 뒤 털어낸 후 달걀물을 입힌다.

5. 달군 팬에 달걀물 입힌 민어를 노릇노릇하게 지진다.

새우저냐

재료 및 분량

· 새우 14마리 · 소금 약간 · 백후춧가루 약간 · 밀가루 1/4컵 · 달걀 2개

만드는 법

1. 새우는 머리를 떼어내고 꼬치를 이용하여 등에
있는 내장을 뺀다.

2. 새우의 껍질을 벗긴다.

3. 새우에 소금과 백후춧가루로 밑간을 한다.

4. 밑간한 새우에 밀가루를 묻혀 툭툭 털어낸 뒤 달
걀물을 입힌다.

5. 새우를 꼬리와 머리가 동그랗게 되도록 2마리를
합하여 태극모양으로 노릇노릇하게 지진다.

해삼저냐

재료 및 분량

- 불린 해삼   170g
- 쇠고기   100g
- 두부   70g
- 건표고버섯   10g
- 밀가루   1/2컵
- 달걀   1개

쇠고기양념

- 진간장   1작은술
- 소금   1작은술
- 설탕   1작은술
- 다진 파   1작은술
- 다진 마늘   1/2작은술
- 생강즙   1작은술
- 깨소금   1작은술
- 참기름   1작은술
- 후춧가루   1/4작은술

두부양념

- 소금   1/4작은술
- 다진 파   1/2작은술
- 다진 마늘   1/4작은술
- 참기름   1/2작은술

표고버섯양념

- 진간장   1작은술
- 참기름   1/2작은술
- 깨소금   1작은술

만드는 법

1. 해삼은 크기가 작은 것으로 준비하여 불린다.

2. 불린 해삼은 내장을 제거하고 깨끗이 씻는다.

3. 쇠고기는 곱게 다져 양념한다.

4. 두부는 면포로 물기를 제거한 후 곱게 으깨서 양념한다.

5. 표고버섯은 따뜻한 물에 불려 기둥을 떼고 물기를 짠 뒤 곱게 다져 양념한다.

6. ③,④,⑤를 모두 섞어서 소를 만든다.

7. 해삼 안쪽 오목한 곳에 밀가루를 바르고 소를 꼭꼭 눌러 보기 좋게 채워 넣는다. 소를 넣은 쪽에만 밀가루와 달걀물을 입혀 팬에 지진다.

조개관자저냐

재료 및 분량

- 조개관자 5개 • 소금 1/2큰술 • 생강즙 1큰술 • 백후춧가루 1/4작은술
- 밀가루 1/4컵 • 달걀 2개

만드는 법

1. 조개관자는 내장을 떼고 깨끗이 씻는다.

2. 관자는 얇게 포를 떠서 부칠 때 오그라들지 않도록 칼집을 넣는다.

3. 관자는 생강즙을 넣은 소금물에 잠깐 담갔다 건져 밑간을 하고 백후춧가루를 뿌린다.

4. 밀가루를 묻히고 달걀물을 입혀 팬에 지진다.

간저냐

재료 및 분량

- 쇠간 300g • 메밀가루 1/2컵 • 굵은소금 2큰술
- 소금 1/2작은술 • 후춧가루 1/4작은술

만드는 법

1. 쇠간은 물에 담가 꼭꼭 눌러 핏물을 뺀다

2. 핏물을 뺀 쇠간을 도마 위에 올려놓고, 소금을 발라가면서 얇은 피막을 제거한다.

3. 쇠간을 냉동실에 잠시 넣어 굳힌 후, 0.4cm 두께로 저민다.

4. 채반에 ③의 간을 놓고 소금, 후춧가루로 밑간을 한다.

5. 메밀가루를 골고루 묻혀서 기름 두른 팬에 앞뒤로 노릇노릇하게 지진다.

묵저냐

재료 및 분량

· 청포묵 400g · 쇠고기 100g · 밀가루 1/4컵 · 달걀 2개 · 식용유 1/4컵

쇠고기양념 · 진간장 2작은술 · 설탕 1작은술 · 다진 파 1작은술 · 다진 마늘 1/2작은술
· 깨소금 1/2작은술 · 참기름 1작은술 · 후춧가루 약간

만드는 법

1. 청포묵을 3cm×4cm 크기의 사각형으로 썬다.

2. 쇠고기를 곱게 다져 핏물을 빼고 양념한다.

3. 묵 한 면에 밀가루를 묻히고 다진 쇠고기를 얇게
붙인 후, 밀가루를 뿌리고 묵 한쪽을 맞붙인다.

4. 달걀물을 풀어 소금과 후춧가루를 조금 섞는다.

5. ③의 묵에 밀가루와 달걀물을 입혀 노릇노릇하게
지진다.

두릅저냐

재료 및 분량

· 두릅 200g · 쇠고기 100g · 달걀 2개 · 밀가루 1/4컵 · 소금 약간

쇠고기양념 · 진간장 1작은술 · 설탕 1/2큰술 · 다진 파 1작은술 · 다진 마늘 1/2작은술
· 깨소금 2작은술 · 참기름 2작은술 · 후춧가루 약간

두릅양념 · 소금 · 다진 파 · 다진 마늘 · 참기름 약간씩

만드는 법

1. 두릅은 통통하고 짧은 것으로 골라 밑동의 껍질을 벗긴 다음 깨끗이 씻는다.

2. 두릅을 끓는 물에 소금을 약간 넣고 밑동부터 데친 후 찬물에 헹궈 물기를 꼭 짠다.

3. ②의 두릅을 큰 잎은 떼고 얇게 저며 두릅양념으로 양념한다.

4. 쇠고기는 곱게 다져서 양념한다.

5. ③의 얇게 저민 두릅을 몇 개씩 가지런히 펴서 꼬치에 끼운 후 밀가루를 뿌리고, 한쪽에만 양념한 고기를 얇게 붙인다.

6. ⑤의 두릅에 밀가루와 달걀물을 입힌 후 지진다.

꽈리풋고추산적

재료 및 분량

- 꽈리풋고추   100g
- 쇠고기   200g
- 밀가루   1/3컵
- 물   1/2컵
- 통깨   1큰술
- 참기름   약간
- 초간장   약간

쇠고기양념

- 진간장   2큰술
- 설탕   1큰술
- 다진 파   1작은술
- 다진 마늘   1/2작은술
- 깨소금   1/2작은술
- 참기름   1작은술
- 후춧가루   약간

양념장

- 진간장   1큰술
- 다진 파   1작은술
- 다진 홍고추   1작은술
- 깨소금   1작은술
- 참기름   1작은술

만드는 법

1. 꽈리풋고추를 다듬어 씻어 물기를 닦는다.

2. 쇠고기는 길이 5cm×1.2cm×0.3cm 정도로 썰어 칼집을 약간 넣고 양념하여 무친다.

3. 꼬치에 준비한 쇠고기와 풋고추 1개씩을 번갈아서 가운데 꽂는다.

4. 고추가 위아래로 가도록 바꾸면서 고기와 풋고추를 모두 꿴다.

5. ④에 밀가루 갠 것을 발라 굽고 양념장도 약간씩 발라 간을 맞춘 뒤 참기름을 바르고, 통깨를 얹어 접시에 담아 초간장을 곁들여 낸다.

움파산적

재료 및 분량

• 움파 300g • 쇠고기 300g • 양지머리국물 약간 • 잣가루 1작은술

쇠고기양념 • 진간장 2큰술 • 설탕 1큰술 • 배즙 1큰술 • 다진 파 1큰술 • 다진 마늘 1/2큰술
• 생강즙 1작은술 • 깨소금 1작은술 • 참기름 2큰술 • 후춧가루 1/4작은술

만드는 법

1. 움파를 잘 다듬고, 깨끗이 씻어 7cm 정도로 잘라 양지머리국물에 살짝 데친다.

2. 데친 움파를 쇠고기양념국물에 적셔 놓는다.

3. 쇠고기는 두껍게 포를 떠서 8cm 길이로 썰어 칼로 두들겨 부드럽게 한다.

4. ③의 쇠고기를 양념하여 살짝 굽는다.

5. 꼬치에 쇠고기, 움파를 번갈아 끼운 다음 팬에 기름을 두르고 다시 한번 살짝 굽는다.

6. 접시에 올린 후 잣가루를 뿌린다.

어산적

재료 및 분량

• 민어 600g • 쇠고기 300g • 잣가루 1큰술

민어 간 • 소금 1/2큰술 • 백후춧가루 1작은술

쇠고기양념 • 진간장 2큰술 • 설탕 1큰술 • 배즙 3큰술 • 다진 파 1큰술 • 다진 마늘 1작은술
• 생강즙 1작은술 • 깨소금 1큰술 • 참기름 1큰술 • 후춧가루 1/2작은술

만드는 법

1. 민어는 두께 1cm 정도로 포를 떠서 소금과 백후춧
가루를 뿌려 재워두었다가 길이 6cm, 너비 1.5cm
정도로 썬다.

2. 쇠고기는 두께 0.8cm 정도로 포를 떠서 양념하여
구운 다음, 민어와 같은 크기로 썬다.

3. 꼬치에 민어와 쇠고기 구워놓은 것을 번갈아가며
각각 4개씩 끼운다.

4. 도마 위에 놓고, 칼등으로 자근자근 다져서 서로
붙은 것처럼 만든다.

5. 석쇠나 팬에 살짝 구워 접시에 담은 뒤 잣가루를
뿌린다.

장산적

재료 및 분량

· 쇠고기 300g · 잣가루 2작은술

쇠고기양념 · 진간장 1큰술 · 소금 1/2작은술 · 설탕 2작은술 · 다진 파 1작은술 · 마늘 1/2작은술
· 참기름 1큰술 · 후춧가루 1/4작은술

조림간장 · 물 2컵 · 진간장 6큰술 · 설탕 6큰술 · 대파 1/2대 · 마늘 4쪽 · 생강 10g · 마른 고추 2개

만드는 법

1. 기름기 없는 연한 살코기를 곱게 다진 후 쇠고기 양념을 한다.

2. 평평한 쟁반 밑면에 참기름을 바른 후, 그 위에 양념한 쇠고기를 편편하게 펴 놓는다.

3. 고기의 두께는 0.7~0.8cm 정도로 네모지게 만들고 가로, 세로로 곱게 칼집을 낸다.

4. 불 위에 석쇠를 펴 놓고 은박지를 깐 다음, 쟁반째 고기가 밑으로 가도록 굽는다. 거의 구워졌으면 칼 끝을 쇠고기와 쟁반 사이로 넣어 쟁반을 떼어낸다.

5. 석쇠를 뒤집어서 뒷면도 굽는다.

6. 고기가 다 구워지면 고기를 도마 위에 놓아 식힌 후, 2.5cm×3cm 크기로 썬다.

7. 냄비에 조림간장을 넣고, 끓으면 ⑥의 고기를 넣어 조림간장을 고기 위에 골고루 끼얹어가면서 조린다.

8. 조린 고기를 그릇에 담고, 잣가루를 뿌린다.

화양적

재료 및 분량

· 도라지 200g · 쇠고기 200g · 움파 100g · 양지머리 육수 1/2컵

전체 양념 · 간장 1½큰술 · 설탕 1큰술 · 다진 파 1큰술 · 생강즙 1/2작은술
· 깨소금 1큰술 · 참기름 1큰술 · 후춧가루 1/3작은술

만드는 법

1. 도라지 큰 것은 4등분, 작은 것은 2등분하여, 소금물에 말랑하게 삶아 건져 7cm정도로 자른다.

2. ①의 도라지에 양념을 하여 팬에 기름을 두르고 볶다가 양지머리 육수를 부어 뚜껑을 덮고 익혀준다.

3. 쇠고기는 도톰하게 포를 떠서 칼집을 넣은 다음 양념하여 재운다.

4. 움파는 6cm 길이로 잘라 양지머리 육수에 살짝 데쳐 양념한다.

5. ③의 고기는 팬에 기름을 약간 두르고 지져서 길이 6cm, 너비 1cm로 썬다.

6. 쇠고기, 도라지, 움파의 순으로 꼬치에 끼운다.

7. 팬에 참기름을 두르고 앞뒤로 지진 후 길이를 맞춰 자른다.

8. 그릇에 담고 잣가루를 뿌린다.

두릅산적

재료 및 분량

- 두릅 300g
- 쇠고기 400g
- 잣가루 1큰술

초간장
- 진간장 1큰술
- 식초 1큰술
- 물 1큰술
- 설탕 1작은술

두릅양념
- 진간장 1큰술
- 다진 마늘 1큰술
- 깨소금 1작은술
- 참기름 2작은술
- 후춧가루 약간

쇠고기양념
- 진간장 4큰술
- 설탕 2큰술
- 다진 파 2큰술
- 다진 마늘 1큰술
- 깨소금 1큰술
- 참기름 2클술
- 후춧가루 1작은술

만드는 법

1. 길이가 짧고 알맞은 굵기의 두릅을 택하여 말끔히 다듬는다.

2. 끓는 물에 소금을 넣고 두릅을 밑동부터 넣어 파랗게 데친 후 찬물에 헹구어 물에 잠시 담가 쓴맛을 우려낸다.

3. 두릅의 크기에 따라 큰 것은 4쪽으로, 작은 것은 2쪽으로 가른다.

4. ③의 두릅은 물기를 꼭 짜서 양념한다.

5. 쇠고기는 결대로 도톰하고 넓적하게 저며서, 안팎으로 칼집을 내어 양념한다.

6. 양념된 쇠고기를 팬에 지진 후, 고기의 결 반대로 길이 6cm, 나비 0.8cm 정도로 썬다.

7. 구운 쇠고기와 양념한 두릅 하나씩을 번갈아 꼬치에 각각 4개 정도씩 끼우고 접시에 담아 잣가루를 뿌린다.

8. 초간장을 곁들인다.

한국의 갖춘 음식
Traditional Cuisine of Korea

실기편

7. 구이

• 더덕구이 • 대합구이 • 너비아니구이
• 돼지삼겹살양념구이 • 맥적 • 낙지호롱구이

Traditional Cuisine of Korea

더덕구이

재료 및 분량

- 더덕   400g
- 잣가루   약간

유장
- 간장   1큰술
- 참기름   2큰술

고추장양념
- 고추장   6큰술
- 진간장   1/2작은술
- 설탕   2큰술
- 다진 파   2큰술
- 다진 마늘   2작은술
- 깨소금   1작은술
- 참기름   2큰술

만드는 법

1. 더덕은 껍질을 돌려가며 벗긴다.

2. 더덕을 길이로 반을 가르고 소금물에 잠시 담가두었다가 건진다.

3. ②의 더덕을 방망이로 자근자근 두들겨 편 후 물기를 닦는다.

4. 손질한 더덕에 유장을 바른다.

5. 고추장양념을 만든다.

6. 달군 석쇠에 기름을 바르고 ④의 더덕을 애벌구이한다.

7. 애벌구이한 더덕에 고추장양념을 발라서 석쇠나 팬에 타지 않게 굽는다.

8. 더덕을 그릇에 담고 잣가루를 뿌린다.

대합구이

재료 및 분량

- 대합 600g
- 쇠고기 200g
- 두부 100g
- 양파 150g
- 건표고버섯 20g
- 소금 2작은술
- 밀가루 4큰술
- 달걀 3개
- 홍고추 1개
- 미나리 10g
- 기름 1/3컵
- 초간장 약간

소양념

- 진간장 1큰술
- 설탕 1/2큰술
- 다진 파 2작은술
- 다진 마늘 1작은술
- 깨소금 1작은술
- 참기름 2작은술
- 후춧가루 1/4작은술

쇠고기양념

- 진간장 2큰술
- 설탕 2작은술
- 다진 파 2작은술
- 다진 마늘 1½작은술
- 깨소금 2작은술
- 참기름 2작은술
- 후춧가루 1/2작은술

만드는 법

1. 대합은 연한 소금물에 하룻밤 정도 담가 해감시킨 후, 끓는 물에 살짝 넣어 데친다.

2. 대합살을 발라 내장은 꺼내고, 살은 씻어서 곱게 다진다.

3. ②의 곱게 다진 대합살은 기름 두르지 않은 팬에 수분을 날릴 정도로 볶아 식힌다.

4. 쇠고기는 곱게 다져 양념하여 ③에서 볶은 대합살과 합쳐 잘 치댄다.

5. 표고와 양파는 곱게 다져서 볶는다.

6. 두부는 보자기에 꼭 짠 후 양념한다.

7. ④,⑤,⑥의 재료를 잘 섞어 양념한 뒤 소를 만든다.

8. 대합 껍데기를 깨끗이 씻어 물기를 닦고, 안쪽에 밀가루를 솔솔 뿌린 후 ⑦의 양념한 소를 단단히 담는다.

9. 소를 담은 대합 위에 밀가루를 솔솔 뿌려 달걀노른자를 씌우고 엎어서 지진 다음, 먹기 직전에 숯불에 굽는다.

10. ⑨의 다 익은 조개 위에 황·백지단, 홍고추, 미나리 등을 같은 크기로 썰어 예쁘게 장식한다. 접시에 쑥갓이나 상추를 깔고 대합을 담으면 더욱 좋다.

11. 초간장을 곁들여 낸다.

너비아니구이

재료 및 분량

· 쇠고기(채끝등심) 600g · 설탕 1/2큰술 · 잣가루 약간

쇠고기양념 · 진간장 4½큰술 · 배즙 1/3컵 · 설탕 2½큰술 · 꿀 1큰술
· 다진 파 2큰술 · 다진 마늘 2큰술 · 생강즙 1큰술 · 깨소금 2큰술 · 참기름 2큰술
· 후춧가루 1/2작은술

만드는 법

1. 쇠고기는 0.4~0.5cm 크기로 얇게 저며, 마른 면
포에 올려 핏물을 제거한다.

2. ①의 고기에 앞뒤로 잔 칼집을 넣는다.

3. ②의 칼집을 넣은 쇠고기에 설탕을 뿌려 20분 정
도 재워둔다.

4. 양념장을 만들어 저며놓은 쇠고기를 넣고 잘 주물
러 양념이 골고루 배도록 30분 정도 재운다.

5. 약간 센 불에서 구워 그릇에 담아 잣가루를 뿌린
다.

돼지삼겹살양념구이

재료 및 분량

- 돼지고기(삼겹살) 600g • 양파 200g • 생강즙 1큰술 • 소금 1/2작은술 • 후춧가루 약간

밑양념 • 생강즙 3큰술 • 소금 1/2작은술 • 후춧가루 1/2작은술

양념장 • 진간장 3큰술 • 청주 1큰술 • 고춧가루 1큰술 • 식용유 1큰술 • 고추장 1큰술 • 설탕 2큰술
• 다진 파 1큰술 • 다진 마늘 1큰술 • 깨소금 1큰술 • 참기름 1/2큰술 • 후춧가루 1/2작은술

만드는 법

1. 돼지고기 삼겹살은 덩어리로 준비하여 생강즙, 소금, 후춧가루를 뿌려 밑간해서 재운다.

2. ①의 돼지고기에 양파를 채썰어 얹어서, 김이 오르는 찜통에 쪄서 식힌다.

3. ②의 식은 돼지고기를 먹기 좋은 크기로 썰어서 양념장에 재운다. (양념장을 만들 때 고춧가루는 식용유와 볶아서 사용)

4. 석쇠에 재워놓은 돼지고기를 노릇노릇하게 굽는다.

맥적

재료 및 분량

- 돼지고기 목살   400g
- 달래   20g
- 부추   50g
- 마늘   30g

양념

- 된장   1큰술
- 물   1큰술
- 국간장   2작은술
- 청주   1큰술
- 설탕   1/2큰술
- 조청   1큰술
- 다진 마늘   1/2작은술
- 깨소금   1/2큰술
- 참기름   1/2큰술

만드는 법

1. 돼지고기를 1cm 두께로 썰어 잔 칼집을 넣는다.

2. 달래와 부추는 송송 썰고, 마늘은 굵게 다진다.

3. 된장에 물을 넣고 묽게 풀어준 후 분량의 양념을 넣어 양념장을 만든다.

4. ①의 고기에 달래, 부추, 마늘과 양념장을 넣어 버무린다.

5. 양념이 배면 직화로 구워 먹기 좋은 크기로 썬다.

6. 맥적은 된장양념이 되어 있어 상추에 싸 먹을 때 쌈장이 따로 필요 없다.

낙지호롱구이

재료 및 분량

- 낙지   5마리
- 소금   약간

밑간양념
- 진간장   1큰술
- 참기름   1/2큰술
- 다진 마늘   1큰술

양념장
- 진간장   2큰술
- 설탕   1/2큰술
- 다진 파   1큰술
- 다진 마늘   1/2큰술
- 깨소금   1/2큰술
- 참기름   1/2큰술
- 후춧가루   1/4작은술

*볏짚

만드는 법

1. 낙지의 머릿속에서 내장과 먹물을 꺼낸 후 소금을 넣고 주물러 깨끗이 씻어 건진다.

2. ①의 낙지에 간장, 참기름, 다진 마늘을 넣어 밑간한다.

3. 양념된 낙지는 짚에 감아주는데, 머리 쪽을 짚 끝에 모자처럼 씌우고, 끝을 빠지지 않게 끼운다.

4. ③의 낙지를 잠시 볕에 말리거나 살짝 찐다.

5. ④의 낙지를 석쇠에 올려 양념장을 바르면서 잠깐 더 굽는다.

한국의 갖춘 음식
Traditional Cuisine of Korea

Traditional Cuisine of Korea

겨자채

재료 및 분량

- 양배추   100g
- 당근   50g
- 오이   100g
- 전복(중)   2개
- 배   1/3개
- 죽순   100g
- 밤   2알
- 잣   1큰술
- 달걀   4개

편육

- 사태(양지머리)   150g
- 대파   1/2대
- 마늘   3쪽
- 생강   15g
- 통후추   약간

석이버섯 지단

- 석이버섯   5g
- 물   1/2큰술
- 참기름   1/2작은술
- 달걀흰자   2개

겨자즙

- 겨잣가루   2큰술
- 물   1큰술
- 식초   2큰술
- 설탕   1큰술
- 소금   1/2작은술
- 후춧가루   1/2작은술
- 배즙   2큰술

만드는 법

1. 양배추는 연한 잎으로 골라 1cm×4cm 정도로 썰어 찬물에 담근다.

2. 당근도 양배추와 같은 크기로 썰어 소금물에 살짝 데친다.

3. 오이는 소금으로 문질러 씻어 같은 크기로 썬다.

4. 사태(또는 양지머리)는 대파, 마늘, 생강. 통후추 등을 넣고 삶아 무거운 것으로 눌러 모양을 잡아 편육을 만들고 식으면 같은 크기로 썬다.

5. 전복은 소금으로 문질러 씻은 다음, 살짝 쪄서 가장자리를 도려내고 저민다.

6. 배는 껍질을 벗겨 양배추와 같은 크기로 썰고 일부는 강판에 갈아서 면포에 짠 뒤 끓는 물에 데쳐 배즙을 만든다.

7. 죽순은 살짝 삶아서 헹구어 같은 크기로 썰어 다진 파, 다진 마늘, 소금으로 양념하여 볶는다.

8. 달걀은 황·백지단으로 도톰하게 부쳐 같은 크기로 썬다.

9. 석이버섯은 따뜻한 물에 불려 이끼와 배꼽을 제거하고 말려서 가루를 내거나 또는 곱게 다져서 마른 팬에 볶는다. 석이가루에 물, 참기름을 섞어 불려두었다가 달걀흰자 2개와 섞어 지단을 부쳐 같은 크기로 썬다.

10. 밤은 겉껍질과 속껍질을 벗겨내고 모양을 살려 저며 썬다.

11. 잣은 마른 면포로 닦고 고깔을 뗀 다음 곱게 다진다.

12. 겨잣가루는 물에 개어 따뜻한 곳에 잠시 엎어두었다가 매운 냄새가 나면 식초, 설탕, 소금, 후춧가루, 배즙을 넣어 골고루 섞는다.

13. 양배추는 체에 건져 물기를 뺀 다음 모든 재료들을 겨자즙에 버무린다. 그릇에 담고 위에 잣을 뿌린다.

월과채

재료 및 분량

- 애호박　　　　　1개
- 쇠고기　　　　　50g
- 건표고버섯　　　20g
- 느타리버섯　　　80g
- 다진 파　　　　약간
- 다진 마늘　　　약간
- 잣가루　　　　　1큰술

찹전병

- 찹쌀가루　　　　1컵
- 뜨거운 물　　　1큰술
- 소금　　　　　　약간
- 식용유　　　　　약간

쇠고기 · 표고버섯 양념

- 진간장　　　　　1작은술
- 설탕　　　　1/2작은술
- 다진 파　　　1/2작은술
- 다진 마늘　　1/4작은술
- 깨소금　　　1/2작은술
- 참기름　　　1/2작은술
- 후춧가루　　　　약간

만드는 법

1. 애호박은 반으로 쪼개어 속을 빼고 눈썹모양으로 채썰어 소금을 살짝 뿌려 절였다가 물기를 꼭 짠다.

2. 달군 팬에 식용유를 두르고 채썬 애호박과 다진 파, 다진 마늘을 약간 넣고 볶는다.

3. 느타리버섯은 끓는 물에 소금을 넣고 데친 다음 물기를 꼭 짜고 손으로 잘게 찢어 참기름, 소금, 다진 파를 약간 넣고 볶는다.

4. 건표고버섯은 따뜻한 물에 불려서 기둥을 떼어내고 물기를 꼭 짠 후 가늘게 채썰어 양념하여 볶는다.

5. 쇠고기는 기름기 없는 것으로 준비하여 5cm 길이로 결대로 채썰어 양념하여 볶는다.

6. 찹쌀가루에 소금을 넣고 익반죽한 뒤 5cm 정도 크기로 동글납작하게 빚어 팬에 식용유를 약간 두르고 앞뒤가 노릇하게 지진다. 채반에 얹어 한 김 식힌 뒤 굵게 채썬다.

7. 준비한 애호박, 쇠고기, 버섯, 찹쌀전병을 모두 넣고 재료가 골고루 섞이도록 무쳐 소금으로 간을 맞춘다.

8. 그릇에 담아 고명으로 잣가루를 뿌린다.

잣즙생채

재료 및 분량

- 영계 500~600g • 오이 1/2개 • 배 1/4개 • 양파 1/2개 • 잣 1/4컵
- 닭육수 3큰술 • 소금 1/2작은술 • 설탕 1/2큰술

육수재료 • 대파 1대 • 양파 1/2개 • 마늘 3톨 • 통후추 약간 • 물 10컵

만드는 법

1. 닭은 깨끗이 손질하여 물과 육수 재료를 넣고 삶는다. 육수는 체에 거른 후 차게 식혀 기름을 걷어내고 닭은 흰 살 부분을 잘게 뜯어 놓는다.

2. 오이와 배는 굵직하게 채썰고 양파는 가늘게 채썰어 찬물에 담가 매운맛을 없앤 후에 건진다.

3. 잣에 닭육수를 부어가면서 곱게 갈아 걸쭉하게 만들어 차게 식힌다.

4. ①과 ②를 차게 식힌 잣즙에 소금과 설탕으로 간을 하여 버무린다.

대하잣즙무침

재료 및 분량

· 대하 5마리 · 죽순 100g · 오이 1/2개 · 식용유 약간

육수 및 편육 · 사태(양지머리) 200g · 대파 1/2대 · 마늘 3쪽 · 생강 15g · 통후추 약간

잣즙 · 잣가루 3큰술 · 소금 1/2작은술 · 백후춧가루 약간 · 참기름 1작은술 · 육수 2큰술

만드는 법

1. 대하는 깨끗하게 씻은 후 내장을 제거한다. 대하 머리에서 꼬리까지 꼬치를 똑바로 찔러 곧게 펴서 고정시킨 다음 김 오른 찜통에 약 5분 정도 찐다.

2. 대하가 식으면 꼬치를 빼고 껍질을 벗긴 다음 길이로 2등분한다. 큰 것은 또 한 번 어슷하게 반으로 자른다.

3. 사태(또는 양지머리)는 대파, 마늘, 생강, 통후추 등을 넣고 삶아 무거운 것으로 눌러 모양을 잡아 편육을 만든다. 식으면 가로 1.5cm 세로 4cm 두께 0.5cm 정도로 편썬다.

4. 오이는 반으로 갈라 다시 어슷하게 썰어 소금물에 절였다가 물기를 꼭 짜고 기름 두른 팬에 재빨리 볶아 식힌다.

5. 죽순은 끓는 물에 데쳐 찬물에 헹군 다음 반으로 갈라 빗살모양으로 썰어 소금으로 간하여 볶는다.

6. 잣가루에 소금, 후춧가루, 참기름, 육수를 넣어 잣즙을 만든다.

7. 큰 그릇에 대하, 편육, 오이, 죽순을 담고 잣즙으로 버무려 그릇에 담는다.

인삼생채

재료 및 분량

· 수삼 100g · 대추 20g · 밤 60g · 미나리 30g · 잣가루 1/2작은술
· 꿀 1큰술 · 소금 2/3작은술 · 식초 1큰술

만드는 법

1. 수삼은 깨끗이 씻어 잔털을 모두 없애고 껍질을
벗긴 후 5cm 길이로 곱게 채썬다.

2. 대추는 젖은 행주로 닦아 돌려깎아서 곱게 채썬다.

3. 밤은 겉껍질과 속껍질을 벗긴 다음 곱게 채썬다.

4. 미나리는 줄기만 다듬어 깨끗이 씻어 건져 4cm 길
이로 채썬다.

5. ①에 꿀, 소금, 식초를 넣어 버무리다가 잣가루와
②,③,④를 넣고 섞어 버무린다.

더덕생채

재료 및 분량

· 더덕 200g · 고운 고춧가루 2작은술

양념장 · 고추장 1작은술 · 국간장 2작은술 · 설탕 2작은술 · 다진 파 2작은술
· 다진 마늘 1작은술 · 깨소금 1작은술 · 참기름 1작은술 · 식초 2작은술

만드는 법

1. 더덕은 대가 곧은 어린 더덕을 골라 껍질을 돌려
가며 벗긴 뒤 반으로 자르고 물에 담가 쓴맛을 우
린 다음 물기를 뺀다.

2. 더덕을 방망이로 자근자근 두들겨 부드럽게 한 뒤
손으로 가늘게 찢는다.

3. 고운 고춧가루로 주물러 더덕에 물을 들인 다음
준비한 양념에 고루 무친다.

잡채

재료 및 분량

- 쇠고기   100g
- 도라지   100g
- 양파   100g
- 오이   100g
- 당근   100g
- 석이버섯   5g
- 건표고버섯   20g
- 목이버섯   10g
- 느타리버섯   30g
- 당면   30g
- 달걀   2개
- 배   1/4개
- 잣   1큰술
- 식용유   적당량

쇠고기양념

- 진간장   1큰술
- 설탕   1/2큰술
- 다진 파   1작은술
- 다진 마늘   1/2작은술
- 생강즙   1/2작은술
- 깨소금   1작은술
- 참기름   1작은술
- 후춧가루   약간

표고 · 목이버섯 양념

- 진간장   2작은술
- 다진 파   1작은술
- 다진 마늘   1/2작은술
- 참기름   1작은술

당면양념

- 진간장   1큰술
- 설탕   1/2큰술
- 참기름   1/2큰술

기타 양념

소금   약간
다진 파   약간
다진 마늘   약간
참기름   약간

만드는 법

1. 달걀은 황 · 백으로 나누어 지단을 부쳐 곱게 채썬다.

2. 통도라지는 머리부분을 잘라내고 껍질을 벗긴 뒤 소금물에 담가 쓴맛을 우려내고 길이 6cm 정도로 잘라 가늘게 채썬다. 팬에 식용유를 두르고 소금과 파, 마늘을 넣어 볶는다.

3. 양파는 채썰어 팬에 식용유를 두르고 소금을 넣어 볶는다.

4. 오이는 길이 6cm 정도로 자르고 껍질을 돌려깎아 채썬다. 소금에 절여 물기를 짠 후 팬에 식용유를 두르고 파, 마늘을 약간 넣어 볶는다.

5. 느타리버섯은 끓는 물에 살짝 데친 후 물기를 짜서 가늘게 쪼갠 뒤 소금, 파, 마늘, 참기름으로 양념하여 볶는다.

6. 당근은 오이와 같은 크기로 채썰어 끓는 소금물에 살짝 데친 후 팬에 식용유를 두르고 소금으로 간하여 볶는다.

7. 석이버섯은 따뜻한 물에 불려 이끼와 배꼽을 제거한 다음 채썰어 소금을 넣고 참기름에 살짝 볶는다.

8. 표고버섯은 따뜻한 물에 불려서 기둥을 떼어내고 채썬 뒤 양념하여 볶는다.

9. 목이버섯도 따뜻한 물에 불려서 깨끗하게 손질한 다음 채썰어 양념한 뒤 볶는다.

10. 쇠고기는 결대로 곱게 채썰어 핏물을 제거한 다음 양념하여 식용유 두른 팬에 볶는다.

11. 당면은 불려 끓는 물에 부드럽게 삶아 찬물에 헹궈 건져서 길이 8cm 정도로 썬 다음 당면양념을 넣고 버무린다.

12. 배는 채썰고 잣은 마른 면포로 닦아 고깔을 떼어낸 다음 곱게 다진다.

13. ⑪에 모든 볶은 재료와 채썬 배를 넣고 고루 버무려 그릇에 담고 잣가루를 뿌린다.

구절판

재료 및 분량

- 쇠고기   200g
- 전복(중)   4개
- 불린 해삼   150g
- 오이   2개
- 당근   200g
- 건표고버섯   50g
- 달걀   4개
- 잣가루   3큰술
- 초간장(또는 겨자즙)
- 식용유   약간

쇠고기 · 표고버섯 양념

- 진간장   3큰술
- 설탕   1⅓큰술
- 다진 파   1큰술
- 다진 마늘   1 작은술
- 생강즙   1/2작은술
- 깨소금   1큰술
- 참기름   1큰술
- 후춧가루   약간

겨자즙

- 겨잣가루   2큰술
- 물   1큰술
- 식초   1큰술
- 설탕   1/2큰술
- 소금   1/2작은술
- 진간장   1/2작은술

초간장

- 진간장   2큰술
- 물   1큰술
- 설탕   1큰술
- 식초   1큰술

밀전병

- 밀가루   1컵
- 물   1⅓컵
- 소금   약간

기타 양념

- 소금   약간
- 다진 파   약간
- 다진 마늘   약간
- 생강즙   약간
- 깨소금   약간
- 참기름   약간

만드는 법

1. 쇠고기는 결대로 가늘게 채썰어 양념하여 살짝 볶는다.

2. 전복은 깨끗이 손질하여 살짝 쪄서 채썬 뒤 소금, 파, 마늘, 깨소금을 넣어 참기름에 살짝 볶는다.

3. 불린 해삼은 길이 5cm 정도로 잘라 채썬 뒤 소금, 파, 마늘, 깨소금, 생강즙으로 양념하여 식용유 두른 팬에 볶는다.

4. 오이는 소금으로 문질러 씻어 길이 5cm 정도로 자르고 껍질을 돌려깎아 곱게 채썬다. 소금에 잠깐 절여두었다가 물기를 짠 다음 팬에 참기름을 두르고 살짝 볶는다.

5. 당근은 길이 5cm 정도로 잘라서 곱게 채썰어 끓는 물에 소금을 약간 넣고 데쳐서 물기를 뺀 다음, 참기름에 살짝 볶는다.

6. 표고버섯은 따뜻한 물에 불려서 기둥을 자르고, 채썰어 양념하여 볶는다.

7. 달걀은 황 · 백지단을 부쳐 곱게 채썬다.

8. 밀가루는 고운체로 쳐서 소금을 약간 넣고 묽게 개어서 체에 내린다.

9. 달군 팬에 기름을 약간 두르고, 갠 밀가루를 한 숟가락씩 떠서 동그랗게 모양을 만들어 부친다. 한쪽이 익으면 긴 꼬치를 이용해 뒤집어 반대편을 익힌다. 서로 들러붙지 않도록 잣가루를 사이사이에 뿌린다.

10. 구절판 틀의 가운데 칸에는 밀전병을 담고 다른 칸에는 나머지 재료들을 비슷한 색끼리 겹치지 않도록 담는다.

11. 겨자즙 또는 초간장을 곁들인다.

탕평채

재료 및 분량

- 청포묵   400g
- 쇠고기   100g
- 숙주   100g
- 미나리   100g
- 김   1장
- 달걀   1개
- 식용유   약간

쇠고기양념

- 진간장   1큰술
- 설탕   1/2큰술
- 다진 파   1작은술
- 다진 마늘   1/2작은술
- 생강즙   1/2작은술
- 깨소금   1작은술
- 참기름   1작은술
- 후춧가루   약간

전체 양념

- 국간장   1큰술
- 식초   2큰술
- 설탕   1큰술
- 참기름   1큰술
- 실고추   약간

만드는 법

1. 청포묵은 길이 5cm, 굵기 0.5cm로 채썰어 끓는 소금물에 살짝 데친다.

2. 쇠고기는 결대로 곱게 채썰어 양념하여 볶는다.

3. 숙주는 거두절미하여 끓는 소금물에 데쳐 물기를 뺀다.

4. 미나리는 줄기만 끓는 소금물에 살짝 데친 후 5cm 길이로 자른다.

5. 김은 구워서 잘게 부수거나 곱게 채썬다.

6. 달걀은 황·백지단을 부쳐 5cm 길이로 곱게 채썬다.

7. 묵, 쇠고기, 숙주, 미나리, 김, 지단을 함께 섞어서 참기름, 국간장, 식초, 설탕으로 무쳐 그릇에 담는다.

숙주채

재료 및 분량

- 숙주 200g • 미나리 200g • 배 1/4개

편육 • 사태(양지머리) 150g • 대파 1/2대 • 마늘 3쪽 • 생강 15g • 통후추 약간

양념 • 설탕 1작은술 • 소금 2작은술 • 다진 파 2작은술 • 다진 마늘 2작은술
• 깨소금 1/2큰술 • 참기름 1/2큰술 • 식초 1작은술

만드는 법

1. 사태(또는 양지머리)는 대파, 마늘, 생강, 통후추 등을 넣고 삶아 무거운 것으로 눌러 모양을 잡아 편육을 만든다. 식으면 길이 4cm, 너비 0.5cm 정도로 썬다.

2. 숙주는 씻어서 거두절미하고 끓는 물에 데쳐서 찬물에 헹궈 물기를 뺀다.

3. 미나리는 줄기만 다듬어 끓는 물에 소금을 넣고 살짝 데쳐 물기를 뺀 다음 길이 4cm 정도로 썬다.

4. 배도 4cm 길이로 채썬다.

5. 준비된 숙주와 미나리, 편육, 배를 함께 넣고 양념하여 무쳐 그릇에 담는다.

깨즙생채

재료 및 분량

- 닭(가식부) 120g • 오이 1/2개 • 배 1/4개 • 당근 50g
- 달걀 1개 • 청주 2큰술

전체 양념 • 흑임자 2큰술 • 진간장 1큰술 • 설탕 1큰술
 • 식초 1/2큰술 • 꿀 1/2큰술

만드는 법

1. 닭은 물에 담가 핏물을 빼고 깨끗이 씻어 소금, 후 춧가루, 청주를 뿌려두었다가 쪄낸 다음 잘게 찢는 다.

2. 오이는 소금으로 문질러 깨끗이 씻은 다음 5cm 정 도로 자르고 돌려깎아 곱게 채썬 뒤 찬물에 담가 두었다가 건진다.

3. 배는 채썰고 당근도 같은 크기로 채썰어 끓는 물 에 데친 다음 건져 놓는다.

4. 달걀은 황 · 백 지단으로 부친 다음 곱게 채썬다.

5. 흑임자는 볶아서 곱게 갈아 진간장, 설탕, 식초, 꿀 을 분량대로 섞어 양념을 만든다.

6. 위의 준비한 재료들과 양념을 고루 섞어 그릇에 담는다.

과일잡채

재료 및 분량

- 배 300g
- 복숭아(천도) 100g
- 대추 30g
- 밤 50g
- 말린 귤껍질 30g
- 숙주 100g
- 당근 50g
- 석이버섯 5g
- 잣 1큰술
- 설탕 약간

오미자물

- 오미자 2큰술
- 물 1/2컵

겨자즙

- 겨잣가루 1큰술
- 물 1/2큰술
- 식초 1작은술
- 설탕 2작은술
- 소금 1/2작은술

전체 양념

- 오미자물 1큰술
- 겨자즙 1큰술
- 배즙 1큰술
- 생강채 1/2큰술

만드는 법

1. 배는 껍질을 벗기고 두께 0.3cm, 너비 1cm, 길이 3cm 크기로 썰어 설탕을 약간 뿌려둔다. 남은 배는 강판에 갈아 즙을 낸다.

2. 복숭아도 배와 같은 크기로 썰어 설탕을 약간 뿌려둔다.

3. 대추는 깨끗이 씻어 물기를 닦고 씨를 뺀 뒤 곱게 채썬다.

4. 밤은 씻어서 겉껍질과 속껍질을 벗기고 0.3cm 두께로 저며 썬다.

5. 오미자는 물에 살짝 씻어 건져 찬물 1/2컵에 담가 붉은 오미자물을 우려낸다.

6. 말린 귤껍질은 깨끗이 씻어 미지근한 물에 불려서 물기를 짜고 채썬다. 남은 부스러기들은 갈아서 오미자 우린 물에 섞는다.

7. 숙주는 거두절미하고 끓는 물에 데쳐 찬물에 헹구어 건져 4cm 길이로 자른다.

8. 당근은 배와 같은 크기로 썰어 소금물에 데쳐 식힌다.

9. 겨잣가루는 따뜻한 물 1/2큰술에 개어 따뜻한 곳에 엎어둔다. 매운 냄새가 나면 식초와 설탕, 소금을 넣어 골고루 섞는다.

10. 생강은 껍질을 벗기고 깨끗이 씻어 곱게 채썬다.

11. 석이버섯은 따뜻한 물에 불려 이끼와 배꼽을 제거한 후 곱게 채썰어 마른 팬에 살짝 볶는다.

12. 잣은 고깔을 떼고 마른행주로 깨끗이 닦는다.

13. ①의 배즙 ⑤의 오미자물 ⑨의 겨자즙, ⑩의 생강채를 함께 섞어 즙을 만든다.

14. 즙에 준비해 놓은 재료를 넣고 고루 섞어 실온에서 하루 동안 뒀다가 냉장고에 넣어 차게 한다.

15. 상에 낼 때 시원한 그릇에 담고 석이버섯채와 잣을 뿌린다.

달걀채

재료 및 분량

- 달걀 6개
- 녹두녹말 2큰술
- 전복(중) 2개
- 해삼 2마리
- 문어(피문어) 100g
- 게 1마리
- 쑥갓 50g
- 석이버섯 5g
- 미나리 50g
- 당근 80g
- 식초 약간
- 참기름 약간
- 소금 약간
- 후춧가루 약간

잣국물

- 잣(또는 땅콩) 1컵
- 물 5컵
- 소금 2/3작은술
- 설탕 1/2큰술
- 식초 2작은술
- 진간장 2작은술

만드는 법

1. 달걀은 냄비에 물을 넉넉히 붓고 끓여 수란으로 만든다. (실기 기초 수란 만드는 방법 참조)

2. 해삼은 불려서 깨끗이 손질하여 채썬 뒤 소금, 후춧가루로 양념하여 볶아 식힌다.

3. 전복은 소금으로 문질러 깨끗하게 씻어 살짝 찐 후에 채썬다.

4. 문어도 소금물에 살짝 삶아 채썬다.

5. 게는 쪄서 껍질을 발라 속살만 준비한다.

6. 석이버섯은 따뜻한 물에 불려 이끼와 배꼽을 제거하여 골패모양으로 썰어 녹두녹말을 무쳐 끓는 물에 살짝 데친다.

7. 당근은 4~5cm 길이로 채썰고 미나리와 쑥갓도 같은 길이로 잘라 끓는 소금물에 데쳐 찬물에 헹구어 건진다.

8. 잣은 살짝 씻어 건져 찬물을 붓고 곱게 갈아 소금, 설탕, 식초를 넣어 간을 맞추어 차게 둔다.

9. 그릇에 반숙된 달걀과 해산물, 나머지 재료를 담고 ⑪의 차게 식힌 잣국물을 부어 담는다.

족채

재료 및 분량

- 쇠족 1개
- 양지머리편육 200g
- 돼지고기편육 200g
- 전복(중) 1개
- 배 1/2개
- 목이버섯 5g
- 미나리줄기 100g
- 숙주 200g
- 잣 2큰술
- 달걀 2개

쇠족 삶는 재료

- 마늘 3쪽
- 생강 15g
- 대파 1대
- 양파 1개
- 통후추 약간
- 물 적당량

전체 양념

- 진간장 1작은술
- 참기름 1/2큰술
- 깨소금 1작은술
- 설탕 1작은술

겨자즙

- 겨자 2큰술
- 물 1큰술
- 식초 2큰술
- 연유 2큰술
- 소금 1작은술
- 후춧가루 1/2작은술
- 배즙 2큰술

만드는 법

1. 냄비에 쇠족과 쇠족 삶는 재료를 넣고 물을 넉넉히 부어 삶은 뒤 건져서 얇게 저며 곱게 채썬다.

2. 양지머리와 돼지고기편육은 5cm 길이로 곱게 채썬다.

3. 전복은 깨끗하게 손질해서 살짝 찌거나 삶아서 얇게 저민 뒤 곱게 채썬다.

4. 배는 5cm 길이로 채썬다.

5. 목이버섯은 따뜻한 물에 불려 깨끗이 손질하여 채썬다.

6. 미나리줄기는 끓는 소금물에 살짝 데쳐 찬물에 헹군 뒤 물기를 빼고 5cm 길이로 썬다.

7. 숙주는 거두절미하여 깨끗이 씻어 건져 끓는 소금물에 살짝 데친 뒤 찬물에 헹구어 건져 놓는다.

8. 잣은 고깔을 떼고 마른행주로 닦는다.

9. 달걀은 황·백지단을 부쳐 5cm 길이로 채썬다.

10. ①에서 ⑧까지의 모든 재료를 섞어 진간장, 참기름, 깨소금, 설탕으로 양념한 뒤 약한 불에 올려 따뜻하게 한 뒤 그릇에 담고 가운데 달걀 지단채를 올리고 겨자즙을 붓는다.

어채

재료 및 분량

- 민어살 400g • 백후춧가루 약간 • 당근 50g • 홍고추 10g • 풋고추 10g
- 석이버섯 5g • 목이버섯 5g • 쑥갓 또는 상추 약간 • 녹두녹말 적당량 • 잣가루 2작은술
- 초고추장 또는 겨자즙

소금물 • 물 1컵 • 소금 1큰술

만드는 법

1. 민어는 1cm 정도의 두께로 포를 떠서 너비 3cm, 길이 4cm 정도로 썬다. 연한 소금물에 잠깐 담갔다가 체에 건져 물기를 뺀 다음 백후춧가루를 뿌려 밑간을 한다.

2. 민어살에 녹두녹말을 묻히고 팔팔 끓는 물에 민어를 넣어 하얗게 떠오르면 체에 건져 찬물에 담갔다가 물기를 뺀다. 이 과정을 한 번 더 반복한다.

3. 당근은 너비 1cm, 길이 4cm 크기로 썰고 홍고추, 풋고추도 씨를 제거한 후 당근과 같은 크기로 썬다.

4. 목이버섯은 따뜻한 물에 불린 다음 당근과 같은 크기로 썬다.

5. 석이버섯도 따뜻한 물에 불려 이끼와 배꼽을 제거한 후 당근과 같은 크기로 썬다.

6. 당근, 홍고추, 풋고추, 석이버섯, 목이버섯은 녹두녹말을 골고루 묻혀 소금물에 살짝 데친 뒤 찬물에 헹궈 체에 밭친다.

7. 그릇에 쑥갓이나 상추를 깔고 준비한 재료들을 담은 다음 잣가루를 뿌린다.

8. 초고추장이나 겨자즙을 곁들인다.

미나리강회

재료 및 분량

· 미나리 200g · 홍고추 20g · 달걀 3개 · 잣 1큰술

편육 · 사태(양지머리) 150g · 대파 1/2대 · 마늘 3쪽 · 생강 15g · 통후추 약간

초고추장 · 고추장 1큰술 · 식초 1큰술 · 설탕 1/2큰술 · 진간장 1작은술

만드는 법

1. 미나리는 줄기부분만 다듬어서 소금물에 데쳐 찬
물에 헹궈 물기를 짠다.

2. 편육은 길이 3cm, 너비 0.5cm로 굵직하게 썬다.

3. 홍고추는 씨를 빼고 편육과 같은 길이로 썬다.

4. 달걀은 황 · 백지단을 도톰하게 부쳐 편육과 같은
길이로 썬다.

5. 잣은 마른 면포로 닦아 고깔을 뗀다.

6. 준비한 재료들을 미나리로 묶는다. 매듭 사이에 잣
을 1개 꽂아 접시에 담는다.

7. 초고추장을 곁들인다.

육회

재료 및 분량

· 쇠고기(꾸리살) 200g · 배 1/2개 · 잣가루 1큰술 · 겨자즙 약간

쇠고기양념 · 다진 마늘 2작은술 · 생강즙 2작은술 · 꿀 2작은술
· 후춧가루 1작은술 · 참기름 1큰술 · 깨소금 2작은술

겨자즙 · 겨잣가루 1큰술 · 물 1/2큰술 · 식초 1작은술
· 설탕 2작은술 · 소금 1/2작은술

만드는 법

1. 쇠고기는 핏물과 물기를 제거하여 결 반대방향으로 곱게 채썬다.

2. 양념을 만들어 섞어 버무린다.

3. 배를 채썰어 그릇에 깐 다음 양념한 고기를 담고 잣가루를 뿌린 뒤 겨자즙을 곁들인다.

Traditional Cuisine of Korea

오이소박이

재료 및 분량

· 오이 6개 · 소금 4큰술

오이김치양념 · 고추가루 1/3컵 · 설탕 1작은술 · 다진 파 5큰술 · 다진 마늘 3큰술
· 새우젓 1큰술 · 다진 생강 2작은술

만드는 법

1. 어린 조선오이를 소금으로 문질러 깨끗이 씻고 7cm 정도 길이로 썬다.

2. 썰어 놓은 오이 한쪽 끝이 떨어지지 않도록 1cm 정도를 남기고 세로로 길게 칼집을 세 번 넣는다.

3. 칼집 넣은 오이에 소금을 넣고 절인다.

4. 오이김치양념은 고루 섞는다.

5. 오이가 어느 정도 절여졌으면 오이김치양념을 칼집 넣은 오이 사이에 골고루 넣는다.

나박김치

재료 및 분량

· 배추 500g · 무 450g · 미나리 100g · 오이 1개 · 파 30g
· 마늘 20g · 생강 20g · 실고추 10g · 고춧가루 2큰술

김칫국 · 물 12컵 · 소금 4큰술 · 설탕 1큰술

만드는 법

1. 배추는 한 잎씩 떼어 길이 3.5cm×3cm 정도로 썬다.

2. 무는 단단하고 바람이 들지 않은 것으로 깨끗이 씻어 배추보다 약간 작고 얇게 썬다.

3. 미나리는 씻어서 줄기만 3.5~4cm 정도로 썬다.

4. 오이는 껍질을 소금으로 문질러 씻어 길이 3cm 정도로 썰어 4쪽을 낸 뒤 씨를 제거한다.

5. 파는 흰 부분만 3.5~4cm 정도로 채썬다.

6. 마늘, 생강은 다듬어 곱게 채썬다.

7. 무, 배추에 실고추를 넣고 버무려 붉은 물을 들인 다음 파, 마늘, 생강을 넣어 잠깐 동안 두었다가 국물을 붓는다.

8. 고춧가루를 작은 주머니에 싸서 김칫국을 넣고 흔들어 국물을 붉게 물들인다.

9. ⑦에 오이를 넣고 항아리에 담는다.

통김치

재료 및 분량

- 배추   2포기
- 무   1개(2kg)
- 갓   1/2단(10줄)
- 미나리   50g
- 쪽파   50g
- 대파   1뿌리
- 배   1/2개
- 밤   3개
- 생굴   100g

김치속 양념재료

- 고춧가루   3컵
- 건청각   5g
  (불린 청각 50g)
- 마늘   100g
- 생강   15g
- 생낙지   1/2마리
- 생새우   100g
- 새우젓   1/2컵
- 액젓   1/2C
- 조개젓   50g
- 찹쌀풀   1컵

배추 절임물

- 물   10컵(2L)
- 천일염   2컵(360g)

섞박지 절임물

물   3컵(600ml)
천일염   1/2컵(90g)

찹쌀풀

- 찹쌀가루   1/3컵
- 젓국   2컵

젓국

- 조기   20마리
- 다시마   1장(20cm)
- 국물용 멸치   5마리
- 양파   1개
- 대파   1대
- 마늘   10g
- 물   4L

만드는 법

배추 절이기

1. 배추는 밑동을 자르고 상한 겉잎을 손질한다. 밑동에 열십자(+)로 칼집을 넣고 손으로 배추를 두 쪽으로 나눈다.

2. 물 10컵에 간수 뺀 천일염 1컵을 녹여 소금물을 만든다. 절임물에 배추를 푹 적신 뒤 남은 천일염 1컵은 배추잎을 들추어 줄기 사이사이에 고루 뿌린다.

3. 3~4시간 후 위아래를 바꾸어준다. 3~4시간 후 줄기가 부드럽게 휘어질 정도로 절여지면 건져서 깨끗이 씻어 소쿠리에 엎어서 물을 뺀다. 물이 빠지면 칼집 넣은 부분을 잡고 다시 두 쪽으로 쪼갠다.

부재료 준비하기

4. 무의 반은 채썰어 고춧가루를 약간 넣고 버무려 고춧물을 들인다. 나머지 반은 6cm 길이로 토막을 낸 뒤 두께 1cm로 썰어 섞박지 거리를 만든다. 섞박지는 절임물(소금 1/3컵, 물 3컵)에 절인 뒤 물기를 빼고 고춧가루물을 들인다.

5. 쪽파, 갓은 길이 4cm 정도로 썰고 미나리는 줄기만 4cm 길이로 썬다. 대파는 흰 부분만 같은 길이로 채썬다. 배도 껍질을 벗겨 채썰고 밤도 껍질을 까서 곱게 채썬다.

6. 마늘과 생강은 2/3는 다지고 1/3은 채썬다.

7. 마른 청각은 소금물에 바락바락 주물러 씻어 깨끗한 물에 담가 부드럽게 불린 다음 건져서 물기를 짜고 곱게 다진다.

8. 생굴은 소금물에 씻어 건져 놓는다. 생새우는 소금물에 씻어 건져 곱게 다진다. 낙지는 밀가루로 주물러 씻은 다음 껍질을 벗겨 곱게 다진다. 새우젓, 조개젓도 곱게 다진다.

9. 젓국은 분량의 재료를 넣고 푹 끓인 후 국물을 받아 놓는다.

10. 찹쌀가루와 젓국을 1:6의 비율로 섞어 풀어준 뒤 불에 올려 끓여서 찹쌀풀을 만든다.

11. 고춧가루에 ⑩의 찹쌀풀 2컵을 넣어 고춧가루를 불린 다음 나머지 양념재료를 넣고 잘 버무린다. 양념의 일부는 섞박지에 넣어 버무려 놓는다.

12. 큰 함지에 고춧물 들인 무채를 담고 ⑪번 김치속 양념을 넣어 버무린 다음 갓, 미나리, 대파, 쪽파, 밤채를 넣고 마지막에 배와 생굴을 섞는다.

13. 절인 배추의 줄기를 중심으로 소를 골고루 펴서 넣는다. 배추를 반으로 접어 겉잎으로 감싼다.

14. 준비해 둔 용기에 배추를 차곡차곡 담고 그 위에 섞박지를 담는다. 이렇게 반복하여 용기에 80% 정도 채운 뒤 소금에 버무린 우거지를 덮고 꼭꼭 누른 후 상온에서 1~2일 정도 익혔다가 냉장고에 숙성시켜 먹는다.

15. 국물이 적으면 이틀 후 물을 끓여 식힌 뒤 젓국과 소금으로 간간하게 해서 붓는다.

Traditional Cuisine of Korea

상추쌈상차림

재료 및 분량

- 상추   적당량
- 실파   적당량
- 쑥갓   적당량

- 된장   4큰술
- 고춧가루   1큰술
- 쇠고기   100g
- 건표고버섯   20g
- 풋고추   2개
- 대파   1/2대
- 물   1컵

쇠고기/표고버섯 양념

- 진간장   1큰술
- 다진 파   1작은술
- 다진 마늘   1/2작은술
- 참기름   1작은술
- 후춧가루   약간

절미된장조치

만드는 법

1. 쇠고기는 4cm 길이로 곱게 채썰어 양념한다.

2. 건표고버섯은 따뜻한 물에 불려서 기둥을 떼고 채썰어 양념한다.

3. 풋고추와 대파는 송송 썰고 된장은 물에 풀어 놓는다.

4. 뚝배기에 참기름을 두르고 양념한 쇠고기와 표고버섯을 넣어 잠시 볶다가 된장 푼 물을 붓고 끓인다.

5. 약한 불에서 서서히 끓이다 국물이 되직해지면 고춧가루와 송송 썬 풋고추, 파를 넣고 한소끔 더 끓인다.

재료 및 분량

- 병어   1마리(300g)
- 대파   1대
- 마늘   2쪽
- 생강   5g

고추장양념

- 고추장   2큰술
- 설탕   1/2큰술
- 진간장   작은술
- 물   4큰술

병어감정

만드는 법

1. 병어는 살만 포를 떠서 폭 1cm, 길이 3cm로 썬다.

2. 파, 마늘, 생강은 채썬다.

3. 냄비에 고추장, 설탕, 물, 간장을 넣고 끓이다가 병어살과 대파채, 마늘채, 생강채를 넣고 끓인다.

재료 및 분량

- 고추장   1/2컵
- 쇠고기   50g
- 배즙   2/3컵
- 설탕   2큰술
- 꿀   3큰술
- 참기름   2큰술
- 잣   약간

쇠고기양념

- 진간장   1/2큰술
- 다진 파   1/2작은술
- 다진 마늘   1/4작은술
- 깨소금   1/2작은술
- 참기름   1/2작은술
- 후춧가루   약간

재료 및 분량

- 보리새우   50g
- 진간장   1큰술
- 설탕   2작은술
- 참기름   2작은술
- 통깨   2작은술
- 식용유   약간

약고추장

만드는 법

1. 쇠고기는 곱게 다져 갖은 양념을 한다.

2. 두툼한 팬에 양념한 쇠고기를 넣고 배즙을 조금씩 넣어가며 볶는다.

3. 쇠고기를 으깨며 볶다가 고추장을 넣고 볶는다.

4. 고추장의 수분이 반 정도 줄면 설탕을 넣고 볶는다.

5. 꿀을 넣고 펄떡거리는 것이 잦아들 때까지 볶는다.

6. 마지막에 참기름을 넣고 한번 고루 섞어가며 볶은 뒤 불을 끈다.

보리새우볶음

만드는 법

1. 보리새우를 마른 팬에 놓고 볶아 바삭바삭하면 마른행주에 쏟아 비벼서 가시를 없앤다.

2. 팬에 식용유를 두르고 불을 약하게 하여 보리새우를 볶는다.

3. 기름이 고루 스며들면 불을 줄이고 설탕, 진간장, 참기름을 섞은 양념을 넣고 살짝 볶는다.

4. 마지막에 불을 끄고 통깨를 넣은 뒤 섞는다.

재료 및 분량

- 쇠고기   300g
- 진간장   2큰술
- 설탕   2큰술
- 물   2큰술
- 대파   1대
- 마늘   3쪽
- 생강   5g
- 깨소금   1큰술
- 참기름   1큰술

쇠고기양념

- 진간장   1큰술
- 참기름   1/2큰술
- 후춧가루   약간

장똑똑이

만드는 법

1. 쇠고기를 결대로 가늘게 채썰어 양념한다.

2. 대파, 마늘, 생강도 곱게 채썬다.

3. 냄비에 진간장, 설탕, 물을 넣고 팔팔 끓이다가 채썬 쇠고기를 넣고 조린다.

4. 채썬 대파, 마늘, 생강과 깨소금, 참기름을 넣고 국물이 조금 남을 때까지 조린다.

재료 및 분량

- 계지   30g
- 물   5컵
- 잣
- 꿀(설탕)   적당량

계지차

만드는 법

1. 계지는 2~3cm로 짧게 끊어서 찬물에 씻어 건진다.

2. 냄비에 물과 계지를 함께 넣고 불에 올려 20분 정도 서서히 달인다.

3. 충분히 맛이 우러나면 망에 걸러 찻잔에 따르고 잣을 띄운다. 꿀이나 설탕을 따로 작은 그릇에 담아내고 기호에 따라 넣어 마신다.

한국의 갖춘 음식
Traditional Cuisine of Korea

Traditional Cuisine of Korea

잣설기

재료 및 분량

• 멥쌀가루 750g • 꿀 1/2컵 • 물 0〜1큰술 • 잣가루 1 컵

만드는 법

1. 멥쌀은 씻어 일어 5시간 이상 불린 후 건져서 물기를 빼고 물과 소금을 넣어 곱게 빻는다.

2. 꿀과 물을 섞은 후 쌀가루에 넣어 손으로 고루 비벼 중간체에 내린다.

3. 잣은 고깔을 떼고, 마른행주로 닦아 곱게 다진다.

4. 체에 내린 쌀가루와 다진 잣을 고루 섞어 어레미에 내린다.

5. 시루에 시루밑을 깔고 쌀가루를 고르게 펴서 김이 오른 물솥에 안친다.

6. 20분 정도 찐 뒤 약한 불에서 5분 정도 뜸 들인 후 꺼낸다.

잡과병

재료 및 분량

- 멥쌀가루 700g • 유자청 건지 3큰술 • 대추고 100g • 설탕시럽 2~4큰술
- 밤 5개 • 대추 10개 • 잣 5큰술

만드는 법

1. 멥쌀은 씻은 뒤에 일어서 5시간 이상 불린 후 건져서 물기를 빼고 물 없이 소금만 넣어 곱게 빻는다.

2. 설탕과 물을 1:1의 비율로 넣고 물이 절반 정도가 되게 끓여 식힌다.

3. 대추고와 설탕시럽을 섞어 멥쌀가루에 넣고 손으로 골고루 비벼서 중간체에 내린다.

4. 밤은 겉껍질과 속껍질을 벗겨 4~6쪽으로 잘라 놓는다.

5. 대추를 깨끗이 씻어 물기를 없앤 다음 씨를 빼고 4~5등분한다.

6. 잣은 고깔을 떼어 마른 면포로 깨끗이 닦고, 곶감은 씨를 뺀 뒤 밤 크기로 썬다.

7. 유자청 건지는 곱게 다진다.

8. ③의 쌀가루에 준비한 재료들을 고루 섞어서 시루에 시루밑을 깔고 편편하게 얹은 다음 김이 오르는 찜통에 올린다.

9. 20분 정도 찐 뒤 약한 불에서 5분간 뜸 들인다.

대추고편

재료 및 분량

• 멥쌀가루 700g • 대추고 120g • 꿀 1~2큰술 • 곶감 5개
• 호두 70g • 잣 1/2컵 • 거피팥고물 2컵

만드는 법

1. 멥쌀은 씻어 일어 5시간 이상 불린 후 건져 물기를 빼고 물 없이 소금만 넣어 곱게 빻는다.

2. 곶감은 반으로 갈라 씨를 뺀 뒤 채썬다.

3. 호두는 따뜻한 물에 담가놨다가 속껍질을 벗긴 다음 굵게 다진다.

4. 잣은 고깔을 떼고 마른 면포로 닦아 굵게 다진다.

5. 멥쌀가루에 대추고와 꿀을 넣고 손으로 고루 비벼 중간체에 내린다.

6. 시루에 시루밑을 깔고 팥고물을 고루 펴서 담은 뒤 쌀가루를 절반 정도 편편히 편 후 그 위에 곶감, 잣, 호두를 섞어 놓는다. 다시 남은 쌀가루를 고루 펴 담고 팥고물을 얹는다.

7. 20분 정도 쪄서 약한 불에 5분 정도 뜸 들인 후 꺼낸다.

약편

재료 및 분량

- 멥쌀가루 700g • 대추고 100g • 막걸리 50g • 설탕 5큰술
- 밤 6개 • 대추 12개 • 석이버섯 2~3장

만드는 법

1. 멥쌀은 씻어 일어 5시간 이상 불린 후 건져서 물기를 빼고 물 없이 소금만 넣어 곱게 빻는다.

2. 멥쌀가루에 대추고를 섞어 손으로 골고루 비벼서 체에 내린다.

3. ②에 막걸리를 넣고 손으로 골고루 비벼서 체에 내린다.

4. ③에 설탕을 넣고 골고루 잘 섞는다.

5. 밤은 겉껍질과 속껍질을 벗기고 곱게 채썬다.

6. 대추는 얇게 돌려깎아 밀대로 납작하게 밀어 곱게 채썬다.

7. 석이버섯은 따뜻한 물에 불려 이끼와 배꼽을 제거한 후 돌돌 말아 곱게 채썬다.

8. 시루에 시루밑을 깔고 밤채, 대추채, 석이버섯채를 골고루 얹는다. 그 위에 쌀가루를 고르게 펴 얹은 뒤 위를 평평하게 하여 다시 밤채, 대추채, 석이버섯채를 얹는다.

9. 김 오른 찜통에 올려 20분 정도 찐 뒤 약한 불에서 5분 정도 뜸 들인다.

쑥편

재료 및 분량

- 멥쌀가루 600g • 연한 쑥 250g • 설탕 5큰술
- 볶은 거피팥고물 2컵

만드는 법

1. 멥쌀은 씻어 일어 5시간 이상 불린 후 건져서 물기를 빼고 물과 소금을 넣어 곱게 빻는다.

2. 연한 쑥을 다듬어 씻어 건진 뒤 물기를 털어낸다.

3. 멥쌀가루를 중간체에 내려 설탕을 섞는다.

4. 시루에 시루밑을 깔고 볶은 거피팥고물을 고르게 뿌린다.

5. 체에 내린 쌀가루와 쑥을 고르게 섞어 고물 위에 골고루 안친 후 볶은 거피팥고물을 쌀가루 위에 고루 뿌려 덮는다.

6. 김 오른 찜통에 올려 20분 정도 찌고 약한 불에서 5분 정도 뜸 들인다.

물호박떡

재료 및 분량

- 멥쌀가루 700g • 꿀 3큰술 • 물 1~2큰술
- 늙은 호박 400g • 소금 1/4작은술 • 설탕 1½큰술
- 볶은 거피팥고물 2컵

만드는 법

1. 멥쌀은 씻어 일어 5시간 이상 불린 후 건져서 물기를 빼고 물(불린 쌀 무게의 5%)과 소금을 넣어 곱게 빻는다.

2. 멥쌀가루에 꿀과 물을 섞어 넣어 손으로 고루 비벼 중간체에 내린다.

3. 늙은 호박은 껍질을 벗기고 속과 씨를 꺼낸 다음 너비 2cm, 두께 0.7~0.8cm, 길이 4cm 정도로 썬 뒤 채반에 넣어 잠깐 볕을 쬔 다음 물기를 조금 말린다.

4. ③의 호박에 설탕과 소금을 넣고 버무린다.

5. 시루에 시루밑을 깔고 볶은 거피팥고물을 체로 고루 뿌린다.

6. 고물 위에 쌀가루의 반을 편편하게 얹고 준비한 호박을 켜켜이 올린다. 호박 위에 다시 쌀가루를 고루 펴 얹고 팥고물을 고루 얹는다.

7. 김 오른 찜통에 올려 20분 정도 찌고 약한 불에서 5분 정도 뜸 들인다.

무시루떡

재료 및 분량

· 찹쌀가루 500g · 물 1~2큰술 · 멥쌀가루 200g · 무 250g · 설탕 5큰술
고물 · 붉은팥 200g · 소금 2/3작은술

만드는 법

1. 쌀은 씻어 일어 5시간 이상 불린 후 건져서 물기를 빼고 물과 소금을 넣어 곱게 빻는다.

2. 팥이 잠길 만큼 물을 넣어 한번 우르르 끓으면 쏟아버리고 다시 물을 부어 팥이 무를 때까지 삶는다. 팥이 거의 익으면 물을 따라 버리고 뜸을 들여, 소금을 넣고 쿵쿵 빻아 막 팥고물을 준비한다.

3. 무는 깨끗이 씻어 골패모양(0.1cm×1cm×4~5cm)으로 썰어 소금물에 살짝 절였다가 바로 건진다.

4. 멥쌀가루는 체에 내려 무와 함께 섞는다.

5. 찹쌀가루에 물 1~2큰술을 주어 체에 내린다.

6. 시루에 시루밑을 깔고 팥고물을 깐 다음, 찹쌀가루의 절반을 고루 펴 담고 ④의 멥쌀가루와 무를 얹고, 그 위에 나머지 찹쌀가루를 덮어 고루 편 후 팥고물을 얹는다.

7. 김 오른 찜통에 올려 30분 정도 찌고 약한 불에서 5분간 뜸을 들인다.

두텁멥쌀편

재료 및 분량

- 멥쌀가루 700g · 꿀 3큰술 · 물 1~2큰술
- 잣가루 1컵 · 밤 15개
- 볶은 거피팥고물 2컵

만드는 법

1. 멥쌀은 씻어 일어 5시간 이상 불린 후 건져서 물기를 빼고 소금과 물을 넣어 곱게 빻는다.

2. ①의 쌀가루에 꿀과 물을 섞어 넣고 손으로 골고루 비벼 중간체에 내린다.

3. 밤은 얇게 저며 썰고 잣은 다져서 ②의 쌀가루와 섞는다.

4. 시루에 시루밑을 깔고 볶은 거피팥고물을 고르게 깔아 멥쌀가루를 편편하게 얹은 다음 다시 나머지 팥고물을 얹는다.

5. 찜통에 김이 충분히 오르면 시루를 얹어 20분 정도 찐 후 약한 불에서 5분간 뜸 들인다.

두텁찹쌀편

재료 및 분량

- 찹쌀가루 500g • 꿀 2～3큰술
- 잣가루 3큰술 • 밤 8개
- 볶은 거피팥고물 2컵

만드는 법

1. 찹쌀은 씻어 일어 5시간 이상 불린 후 건져서 물기를 빼고 소금을 넣어 곱게 빻는다.

2. 찹쌀가루에 꿀을 넣고 손으로 비벼 중간체에 내린다.

3. 밤은 얇게 저며 썰고 잣은 다져서 ②의 쌀가루와 섞는다.

4. 시루에 시루밑을 깔고 볶은 팥고물을 고르게 깔아 찹쌀가루를 편편하게 얹은 다음 다시 나머지 팥고물을 얹는다.

5. 김 오른 찜통에 올려 30분 정도 찐 뒤 약한 불에서 5분 정도 뜸을 들인다.

콩찰편

재료 및 분량

• 찹쌀가루 500g • 꿀 2~3큰술
고물 • 마른 서리태 250g • 설탕 2큰술 • 소금 1작은술

만드는 법

1. 찹쌀은 깨끗이 씻어 일어서 불린 다음 건져서 소금을 넣고 가루로 빻는다.

2. 마른 서리태는 깨끗이 씻어 일어 5시간 이상 충분히 불린다.

3. 불린 서리태를 콩이 잠길 정도의 물을 붓고 끓기 시작한 후 중불에서 10~15분간 삶는다.

4. 콩이 비리지 않게 다 삶아지면 소금과 설탕으로 간을 한다.

5. 찹쌀가루에 꿀을 넣고 손으로 고루 비벼 중간체에 내린다.

6. 시루에 시루밑을 깔고 ④ 콩의 절반을 빈틈없이 깐 뒤 ⑤의 쌀가루를 편편하게 안친 후 나머지 콩을 고르게 얹는다.

7. 김 오른 찜통에 올려 30분 정도 찌고 약한 불에서 5분간 뜸을 들인다.

두텁떡

재료 및 분량

- 찹쌀가루   500g
- 국간장   1큰술
- 꿀   5큰술

소
- 볶은 거피팥고물   1컵
- 밤   5개
- 대추   8개
- 호두   30g
- 유자청 건지   2작은술
- 잣   20g
- 유자청   2큰술
- 계핏가루   1작은술
- 꿀   2큰술

- 볶은 거피팥고물   5컵

만드는 법

1. 찹쌀은 씻어 일어 5시간 이상 불린 후 건져서 물기를 빼고 소금을 넣지 않고 곱게 빻는다.

2. 찹쌀가루에 국간장, 꿀을 넣고 손으로 고루 비벼서 중간체에 내린다.

3. 팥은 맷돌에 타서 물에 담가 거피한 다음 일어서 시루에 쪄 어레미에 내린다. 국간장, 흰설탕, 황설탕을 넣고 섞어서 보슬보슬할 때까지 볶은 뒤 식으면 어레미에 내린다.

4. 밤은 까서 사방 0.5cm 정도로 네모나게 썬다.

5. 대추는 씻어 씨를 바르고 밤과 같은 크기로 썬다.

6. 잣은 고깔을 떼고 깨끗이 닦는다.

7. 호두는 속껍질을 벗기고 작게 쪼개둔다.

8. 유자청 건지를 곱게 다져 볶아둔 팥고물, 계핏가루, 유자청, 꿀을 넣고 뭉쳐질 정도로 잘 섞은 다음 동글납작하게 빚는다.

9. 시루에 젖은 면포를 깔고 팥고물을 고루 뿌린 다음 물 내린 찹쌀가루를 군데군데 한 수저씩 떠놓는다. 그 위에 준비한 밤, 대추, 호두, 팥소를 놓은 다음 찹쌀가루로 속이 보이지 않게 덮은 후 팥고물을 충분히 얹는다. 이렇게 봉우리 사이로 3~4켜 안쳐서 김 오른 찜통에 올려 30분 정도 찐다.

10. 다 쪄지면 한 김이 나간 뒤에 주걱으로 떡을 하나씩 꺼내면서 모양을 다듬어 담는다.

구름떡

재료 및 분량

- 찹쌀가루   1000g
- 설탕시럽   6큰술
- 대추   15개
- 밤   7개
- 호두   30g
- 덩굴콩   50g
- 잣   3큰술

붉은팥 앙금가루

- 붉은팥   160g
- 국간장   1큰술
- 설탕   3큰술
- 계핏가루   1작은술

만드는 법

1. 찹쌀은 깨끗이 씻어 일어서 불린 다음 건져서 소금을 넣고 가루로 빻는다.

2. 설탕과 물을 1:1의 비율로 넣고 물이 절반 정도가 되게 끓여 식힌다.

3. 팥은 씻어 일어 팥이 잠길 정도로 물을 넣고 끓여 한번 끓으면 첫물은 쏟아 버린다.

4. 다시 ③의 팥에 물을 넉넉하게 넣어 푹 무르게 삶아 고운체에 넣고 주물러 터뜨려 껍질은 버린다.

5. 광목에 넣어 물기를 짜 버리고 앙금만 받는다.

6. 팥앙금에 국간장과 설탕을 고슬고슬하게 볶은 후 계핏가루를 섞는다.

7. 대추는 씨를 뺀 뒤 2~3등분하고 밤은 겉껍질과 속껍질을 벗겨 2~3등분한다.

8. 덩굴콩은 불려서 삶아놓는다.

9. 호두는 속껍질을 벗겨 2등분한다.

10. 잣은 마른행주로 닦아 고깔을 뗀다.

11. 손질한 밤, 대추, 콩은 각각 설탕시럽에 살짝 조린다.

12. ①의 찹쌀가루에 설탕시럽을 넣고 골고루 섞는다.

13. 찹쌀가루에 밤, 대추, 콩, 호두, 잣을 넣어 골고루 버무려서 찜통에 젖은 면포를 깔고 김이 오르면 떡을 안쳐 30분 정도 찐다.

14. 네모진 틀에 팥가루를 뿌리고 떡을 적당한 크기로 떼어서 팥가루를 무쳐 켜켜이 눌러 담는다.

15. 위를 무거운 그릇으로 모양이 잡히도록 1~2시간 눌러 놓거나 뜨거울 때 냉동실에 넣어 급랭한다.

16. 모양이 잡히면 적당한 크기로 썬다.

사색송편

재료 및 분량

흰색
- 멥쌀가루 200g
- 끓는 설탕시럽 3~4큰술

노란색
- 멥쌀가루 200g
- 찐 단호박 40g
- 끓는 설탕시럽 1~2큰술

쑥색
- 쑥멥쌀가루 200g
- 끓는 설탕시럽 3~4큰술

붉은색
- 멥쌀가루 200g
- 오미자국 1~2큰술
- 끓는 설탕시럽 1~2큰술

소
- 녹두 120g
- 소금 1/2작은술
- 설탕 2큰술
- 꿀 1~2큰술

만드는 법

1. 멥쌀은 씻어 일어 5시간 이상 불린 후 건져서 물기를 빼고 물과 소금을 넣어 곱게 빻는다. (쑥쌀가루는 쑥쌀가루 빻는 법을 참고한다.)

2. 녹두는 불려 거피한 후 일어서 40분 이상 푹 찐다. 소금을 넣고 쿵쿵 빻은 뒤 어레미에 내려 고물을 만든다.

3. 녹두고물에 설탕과 꿀을 넣어 반죽한 뒤 작게 쥐어 소를 만든다.

4. 설탕과 물을 1:6의 비율로 넣고 끓여 설탕시럽을 만든다.

5. 오미자 1/2컵에 물 1/2컵을 넣고 하루 동안 우려내 면포에 거른다.

6. 흰색과 쑥색은 쌀가루에 끓는 설탕시럽을 넣고 익반죽하여 젖은 면포나 비닐에 싼다.

7. 붉은색은 멥쌀가루에 오미자국을 넣어 고루 비빈 후 끓는 설탕시럽을 넣어 익반죽한 뒤 젖은 면포나 비닐에 싼다.

8. 노란색은 멥쌀가루에 찐 단호박을 뜨거울 때 넣고 반죽한다. 부족한 수분은 끓는 설탕시럽을 넣어 익반죽한 뒤 젖은 면포나 비닐에 싼다.

9. 4가지 색의 반죽을 작은 밤톨만하게 떼어 둥그랗게 모양을 만든 뒤 가운데에 홈을 파고 소를 넣어 반달모양으로 송편을 빚는다.

10. 시루에 솔잎을 깔고 송편을 가지런히 놓고 15~20분 정도 찐 다음 찬물에 급히 씻어 건져 참기름을 바른다.

쑥갠떡

재료 및 분량

• 멥쌀 800g • 삶은 쑥 200g • 소금 12g • 참기름 적당량

만드는 법

1. 멥쌀은 깨끗이 씻어 일어 불려서 건진다.

2. 쑥은 깨끗이 다듬어 소금을 넣고 데쳐 찬물에 헹구어 물기를 꼭 짠다.

3. 불린 쌀, 삶은 쑥, 소금을 넣어 가루로 빻는다.

4. 설탕과 물을 1:6의 비율로 끓여, 끓는 설탕시럽으로 익반죽한다.

5. ④의 반죽을 40~50g씩 떼어서 동글납작하게 빚어 김 오르는 찜통에 올려 15~20분 정도 찐다.

6. 떡이 익으면 꺼내어 참기름을 바른다.

각색경단

재료 및 분량

• 찹쌀가루 500g • 끓는 물 8~10큰술 • 노란 콩고물 1/2컵
• 푸른콩고물 1/2컵 • 흑임자고물 1/2컵

만드는 법

1. 찹쌀은 씻어 일어 5시간 이상 불린 후 건져서 물기를 빼고 소금을 넣어 곱게 빻는다.

2. 쌀가루를 중간체에 내린다.

3. 끓는 물을 넣고 익반죽하여 직경 2cm 정도로 동그랗게 빚는다.

4. 물이 끓으면 빚어놓은 반죽을 넣어 삶는다. 다 익으면 건져서 찬물에 헹군 뒤, 물기를 뺀다.

5. 삶아낸 경단을 셋으로 나누어 고물을 묻힌다.

두텁단자

재료 및 분량

- 찹쌀가루 400g
- 설탕시럽 6~8큰술

소
- 밤 4개
- 대추 6개
- 호두 3개
- 유자청 건지 2큰술
- 잣 1½큰술
- 유자청 약간

붉은팥 앙금가루
- 붉은팥 160g
- 국간장 1큰술
- 설탕 3큰술
- 계핏가루 1작은술

만드는 법

1. 찹쌀은 씻어 일어 5시간 이상 불린 후 건져서 물기를 빼고 소금을 넣어 곱게 빻는다.

2. 팥은 씻어 일어 팥이 잠길 만큼 물을 넣고 끓여 한번 끓으면 첫물은 쏟아 버린다.

3. 다시 물을 넉넉하게 넣고 무르게 푹 삶아 고운체에 넣고 주물러 터뜨려 껍질은 버린다.

4. 광목에 넣어 물기를 짜버리고 앙금만 받아 간장과 설탕을 넣고 고슬고슬하게 볶은 후 계핏가루를 섞는다.

5. 밤은 겉껍질과 속껍질을 벗겨 설탕시럽에 살짝 조린 뒤 사방 0.5cm 정도로 썬다.

6. 호두는 끓는 물에 데쳐 속껍질을 벗긴 뒤 작게 자른다.

7. 유자청 건지도 작게 썬다.

8. 잣은 고깔을 떼고 깨끗이 닦는다.

9. 대추는 씨를 발라내고 곱게 다져 밤, 호두, 유차청 건지와 함께 유자청에 넣고 버무린다.

10. 찹쌀가루에 끓는 설탕시럽을 섞어 익반죽한다.

11. 반죽한 것을 조금씩(20g) 떼어 속을 파고 소와 잣을 넣어 빚는다.

12. 끓는 물에 찹쌀반죽을 넣고 반죽이 떠오르면 잠시 뜸을 들였다 건진다.

13. 익은 반죽을 찬물에 넣었다가 건져 물기를 빼고 팥가루에 무친다.

14. 고물을 무칠 때는 쟁반에 팥가루를 펼쳐 놓고 가장자리부터 사용한다.

수수경단

재료 및 분량

· 찰수수가루 400g · 끓는 물 8~10큰술

붉은팥고물 · 붉은팥 160g · 소금 1/2작은술

만드는 법

1. 찰수수는 씻어 일어 물을 2~3회 갈아주며 7시간 정도 충분히 불려 떫은맛을 우려낸 뒤 소금을 넣고 곱게 빻는다.

2. 팥이 잠길 만큼 물을 넣어 한번 우르르 끓으면 쏟아버리고 다시 물을 부어 팥이 무를 때까지 삶는다. 팥이 거의 익으면 물을 따라 버리고 뜸을 들인 뒤 소금을 넣고 쿵쿵 빻아 막 팥고물을 만든다.

3. 찰수수가루를 중간체에 내린 후 끓는 물로 익반죽하여 충분히 치댄 뒤 지름 2cm 정도로 빚는다.

4. 빚은 경단은 끓는 물에 넣고 삶아 경단이 떠오르면 불을 줄여 잠시 뜸을 들인다.

5. ④의 경단을 건져 냉수에 담갔다가 물기를 빼고 ②의 팥고물에 굴린다.

개피떡

재료 및 분량

흰색 • 멥쌀가루 600g • 물 1/2컵
쑥색 • 멥쌀가루 600g • 데친 쑥 90g • 물 1/2컵
소 • 거피팥 120g • 소금 1/2작은술 • 꿀 1~2큰술

만드는 법

1. 각각의 쌀가루에 물을 넣고 버무려 젖은 면포를 깔고 김이 오른 찜통에 15~20분 정도 찐다.

2. 거피팥은 불려 거피한 후 일어 젖은 면포에 40분 이상 푹 찐 후 소금을 넣고 쿵쿵 빻아 어레미에 내려 고물을 만든다.

3. ②의 고물에 꿀을 넣고 반죽하여 밤알만 하게 빚어서 소를 만든다. (기호에 따라 계핏가루나 설탕을 넣기도 한다.)

4. 쑥은 손질하여 소금을 넣고 끓는 물에 삶아 2~3번 헹군 뒤 물기를 꼭 짜서 곱게 다진다.

5. 쌀가루가 익으면 흰색부터 절구에 꽈리가 나도록 치고 젖은 면포나 비닐로 싼다.

6. 쑥색 떡은 꺼내기 전에 ④의 다진 쑥을 얹어 잠시 뜸을 들인다.

7. 뜸 들인 ⑥의 떡을 꺼내서 절구에 꽈리가 나도록 치고 젖은 면포나 비닐로 싼다.

8. 한 덩어리를 도마에 놓고 앞부분부터 밀대로 밀어 소를 가운데 놓고 떡을 접어 팥을 감춘 후 반달모양으로 눌러 찍어 참기름을 바른다.

은행단자

재료 및 분량

- 찹쌀가루 300g • 물 1~2큰술 • 은행(간 것) 1컵
- 꿀 적당량 • 잣가루 1/2컵

소금물 • 물 1컵 • 소금 1큰술

만드는 법

1. 찹쌀은 씻어 일어 5시간 이상 불린 후 건져서 물기를 빼고 소금을 넣어 곱게 빻는다.

2. 은행은 끓는 물에 데치거나 볶아 속껍질을 벗긴 다음, 물기를 제거하고 곱게 간다.

3. 찹쌀가루에 물을 넣고 중간체에 내린 후 곱게 간 은행을 섞는다.

4. 시루에 젖은 면포를 깔고 김이 오른 찜통에 찐다.

5. 익으면 절구에 넣고 꽈리가 일도록 친다.

6. 도마에 꿀을 바르고, 떡을 쏟아 납작하게 반대기를 짓는다. 두께 0.8cm, 너비 2.5cm, 길이 3cm 정도로 썬다.

7. 꿀을 바르고 젓가락으로 집어 잣가루를 묻힌다.

색단자

재료 및 분량

- 찹쌀가루 300g • 물 1~2큰술 • 꿀 적당량

소금물 • 물 1컵 • 소금 1큰술

소 • 대추 70g • 유자청 건지 2½큰술 • 계핏가루 1/2작은술

고물 • 밤 4개 • 대추 8개 • 석이버섯 2~3장 • 잣가루 1/2컵

만드는 법

1. 찹쌀은 씻어 일어 5시간 이상 불린 후 건져서 물기를 빼고 소금을 넣어 곱게 빻는다.

2. 밤은 겉껍질과 속껍질을 벗겨 곱게 채썬다. 대추는 얇게 돌려깎아서 밀대로 납작하게 밀어 곱게 채썬다.

3. 석이버섯은 따뜻한 물에 불려 이끼와 배꼽을 제거하고 돌돌 말아 곱게 채썬다.

4. 밤채, 대추채, 석이버섯채를 섞어 김이 오른 찜통에 살짝 쪄서 고물을 준비한다.

5. 대추는 씨를 발라낸 뒤 곱게 다지고, 유자청도 건지만 건져 곱게 다진다. 다진 대추와 유자청 건지를 합쳐 계핏가루를 넣고 은행 알만큼씩 빚는다.

6. 찹쌀가루에 물을 넣어 체에 내린 후 김이 오르는 찜통에 젖은 면포를 깔고 찐다.

7. 다 쪄지면 절구에 꽈리가 일도록 친다.

8. 손에 소금물을 발라 ⑦의 떡을 조금 떼어 ⑤의 소를 넣고 쥐어 꿀을 바른 다음 고물에 굴린다.

9. ⑧에 잣가루를 뿌린다.

유자단자

재료 및 분량

• 찹쌀가루 300g • 물 1큰술 • 다진 유차청 건지 2큰술
• 꿀 적당량 • 잣가루 1/2컵
소금물 • 물 1컵 • 소금 1큰술

만드는 법

1. 찹쌀은 씻어 일어 5시간 이상 불린 후 건져서 물기를 빼고 소금을 넣어 곱게 빻는다.

2. 찹쌀가루에 물을 넣고 중간체에 내린 후 곱게 다진 유차청 건지를 섞는다.

3. 시루에 젖은 면포를 깔고 김이 오른 찜통에 찐다.

4. 익으면 절구에 넣고 꽈리가 일도록 친다.

5. 도마에 꿀을 바르고, 떡을 쏟아 납작하게 반대기를 짓는다. 두께 0.8cm, 너비 2.5cm, 길이 3cm 정도로 썬다.

6. 꿀을 바르고 젓가락으로 집어 잣가루를 묻힌다.

진달래화전

재료 및 분량

- 찹쌀가루 500g • 끓는 설탕시럽 7~10큰술 • 진달래꽃잎 30송이 • 쑥 약간
- 설탕(꿀) 2큰술 • 계핏가루 1작은술 • 잣가루 3큰술
- 식용유 적당량

만드는 법

1. 찹쌀은 씻어 일어 5시간 이상 불린 후 건져서 물기를 빼고 소금을 넣어 곱게 빻는다.

2. 쌀가루를 중간체에 한번 내린 뒤 설탕과 물을 1:6 비율로 끓여, 설탕시럽으로 익반죽한다.

3. 익반죽한 것을 넓은 도마에 얹고 주먹으로 꾹꾹 눌러가며 0.5cm 두께가 되도록 넓고 고르게 편다.

4. 진달래꽃은 꽃술을 떼어내고 흐르는 물에 꽃잎이 망가지지 않도록 가볍게 흔들어 씻은 뒤 물기를 뺀다. 쑥은 흐르는 물에 씻어 물기를 빼고 한 잎씩 뗀다.

5. 넓게 편 찹쌀반죽 위에 진달래꽃잎을 한 잎씩 올리고 사이사이에 쑥을 모양내서 얹는다.

6. 지름 3~4cm의 틀로 꽃잎과 쑥의 무늬가 자연스럽게 어우러지도록 찍는다.

7. 팬을 달궈 기름을 두른 뒤 불을 약하게 줄여 타지 않게 지진다.

8. 꽃잎이 있는 쪽은 너무 오래 익히면 꽃잎 색이 변하므로 살짝 익힌다.

9. 다 익으면 꺼내서 뜨거울 때 설탕을 뿌리거나 꿀을 바르고 잣가루, 계핏가루를 뿌린다.

국화꽃전

재료 및 분량

- 찹쌀가루 300g • 끓는 설탕시럽 5~6큰술 • 국화꽃 10송이
- 설탕 1/2컵 • 식용유 적당량

만드는 법

1. 찹쌀은 씻어 일어 5시간 이상 불린 후 건져서 물기를 빼고 소금을 넣어 곱게 빻는다.

2. 쌀가루를 중간체에 한번 내린 뒤 끓는 설탕물로 익반죽하여 직경 4~5cm 정도 되게 동글납작하게 빚는다.

3. 국화꽃은 꽃만 따서 찬물에 띄워둔 다음 건져서 물기를 닦는다.

4. 팬에 기름을 두르고 달궈지면 불을 약하게 하여 빚은 반죽을 올려 자주 뒤집으면서 익힌다.

5. 익은 쪽에 국화꽃잎을 하나씩 따서 부치거나 꽃 통째로 부친다.

6. 양면이 다 익으면 꺼내서 따뜻할 때 설탕을 뿌린다.

토란병

재료 및 분량

- 토란 300g • 소금 1/2작은술 • 찹쌀가루 200g
- 식용유 적당량 • 설탕 1/2컵

만드는 법

1. 찹쌀은 씻어 일어 5시간 이상 불린 후 건져서 물기를 빼고 소금을 넣어 곱게 빻는다.

2. 토란은 깨끗이 씻어서 푹 삶아 껍질을 벗긴다.

3. 삶은 토란이 뜨거울 때 소금을 넣고 빻아 으깬다.

4. ③의 으깬 토란이 식기 전에 찹쌀가루를 섞어 반죽한다.

5. 반죽을 지름 4~5cm로 납작하게 빚는다.

6. 팬에 기름을 둘러 중불에서 앞뒤로 노릇하게 지진다.

7. 다 익으면 꺼내 설탕을 뿌리거나 꿀을 바른다.

우매기

재료 및 분량

- 찹쌀가루   300g
- 멥쌀가루   50g
- 막걸리   1¼컵
- 설탕   1큰술

- 설탕시럽   1컵
- 꿀   1컵

- 식용유   적당량

만드는 법

1. 찹쌀가루와 멥쌀가루를 섞어 중간체에 내린 후 막걸리와 설탕을 넣고 끓는 물을 넣어 질지 않게 익반죽한다.

2. 반죽한 것을 떼어 지름 4.5cm 정도로 동글납작하게 빚는다.

3. ②의 반죽 가운데를 손가락으로 눌러 약간 들어가게 한다.

4. 180℃의 기름에 ③의 반죽을 서로 붙지 않게 넣고 떠오르면 자주 뒤집으면서 연갈색이 나도록 튀긴다.

5. 연갈색이 나고 모양이 잡히면 150℃의 기름으로 옮겨서 속까지 익도록 튀긴다.

6. 설탕시럽(1:1비율)에 담갔다가 꿀로 옷을 입힌다.

약식

재료 및 분량

- 찹쌀 2.4kg • 진간장 3/4컵 • 흰 설탕 1컵 • 대추고 1컵
- 꿀 1컵 • 대추 650~700g • 밤 1.2kg • 잣 1/2컵 • 참기름 1컵

만드는 법

1. 찹쌀은 깨끗이 씻어 불린다.

2. 밤은 겉껍질과 속껍질을 벗긴 다음 설탕 1/2컵과 물을 조금 부어 센 불에서 살짝 조린다.

3. 대추는 씻어서 물기를 뺀 뒤 돌려깎아 3~4등분하고 발라낸 씨는 따로 두었다가 대추고를 만든다.

4. 잣은 고깔을 떼고 깨끗이 닦는다.

5. 불린 찹쌀은 건져서 시루에 젖은 면포를 깔고 찌다가 중간에 주걱으로 한 번 섞어서 50분 정도 찐다.

6. ⑤의 찐 찹쌀을 큰 볼에 쏟아 참기름, 꿀, 대추고, 설탕, 진간장을 넣고 쌀알이 으깨지지 않도록 주걱을 세워 고루 섞는다.

7. ⑥에 밤, 대추, 잣을 넣고 고루 어울리도록 섞는다.

8. ⑦을 밥통이나 질그릇에 담아 4시간 정도 충분히 중탕하여 찐 다음 위아래를 고루 섞어서 3~4시간 정도 더 쪄야 좋은 약식이 된다.

Traditional Cuisine of Korea

매작과

재료 및 분량

생강매작과
• 밀가루	2컵
• 물	6큰술
• 소금	1작은술
• 생강즙	2큰술

삼색매작과

붉은색
• 밀가루	1컵
• 백년초가루	1/2작은술
• 소금	1/2작은술
• 물	4큰술

녹색
• 밀가루	1컵
• 파래가루	1/2큰술
• 소금	1/2작은술
• 물	4~5큰술

노란색
• 밀가루	1컵
• 소금	1/2작은술
• 치자물	4큰술

• 꿀	1/2컵
• 설탕시럽	1컵
• 잣가루	1½큰술
• 계핏가루	1작은술

만드는 법

1. 밀가루는 고운체에 친 다음 물, 소금, 각각의 색을 내는 재료를 넣고 되직하게 반죽한다.

2. 반죽은 마르지 않게 비닐에 넣어두고 사용한다.

3. 반죽한 밀가루를 0.1cm 정도로 얇게 밀어서 길이 5cm, 너비 2cm 정도로 잘라 내천(川)자로 칼집을 넣는다.

4. 가운데 칼집 넣는 곳으로 한쪽 위를 넣어 뒤집는다.

5. 150~160℃ 정도의 기름에 튀겨 키친타월에 올려 여분의 기름을 제거한다.

6. 튀긴 매작과가 식으면 꿀이나 설탕시럽을 묻혀, 잣가루와 계핏가루를 뿌려낸다.

모약과

재료 및 분량

- 밀가루   400g
- 소금   1작은술
- 후춧가루   약간
- 참기름   76g
- 설탕시럽   100g
- 소주   80g
- 잣가루   약간

- 조청   2컵
- 물   1/2컵
- 생강   20g

만드는 법

1. 밀가루를 중간체에 내려 소금과 후춧가루를 넣고 골고루 섞은 뒤 참기름을 넣고 고루 비벼 체에 다시 한번 내린다.

2. 설탕과 물을 1:1의 비율로 넣고 물이 절반 정도가 되게 끓여 식힌다.

3. 분량의 설탕시럽에 소주를 섞은 다음 ①의 밀가루에 섞고 가루가 보이지 않도록 섞어 한 덩이를 만든다.

4. 반죽덩어리를 반으로 잘라 겹쳐 누르고 다시 잘라 겹치기를 3차례 반복한다.

5. 반죽은 0.8cm 두께로 밀어 사방 4cm 크기로 썰고 가운데 칼집을 넣어 속까지 잘 익게 한다.

6. 90℃의 기름에 자른 반죽을 넣고 반죽이 서서히 떠오르며 켜가 살면 기름의 온도를 160℃까지 서서히 올린다.

7. 자주 뒤집으며 갈색이 나도록 튀긴 뒤 건져 기름을 뺀다.

8. 조청에 물과 저민 생강을 넣고 끓여 식힌 다음 튀겨낸 약과를 담갔다가 건져 잣가루를 뿌린다.

조란, 율란, 생란

재료 및 분량

- 대추 2컵(120g, 33~35개)
- 설탕   2큰술
- 계핏가루   1/4작은술
- 꿀   2큰술
- 잣   2큰술
- 잣가루   3큰술

조란

만드는 법

1. 대추를 깨끗이 씻어 씨를 발라내고 곱게 다진다. 대추를 다질 때 설탕을 뿌려가면서 다진다.
2. 다진 대추를 베보자기에 싸서 찜통 뚜껑에 매달아 15분 정도 찐다.
3. ②에 계핏가루를 섞은 다음, 조금씩(8g) 떼어 꼭꼭 주물러 대추모양으로 빚고, 잣을 하나 박는다.
4. 표면에 꿀을 발라 잣가루에 굴린다.

재료 및 분량

- 밤   500g
- 꿀   2½큰술
- 설탕   2큰술
- 소금   1/4작은술
- 계핏가루   1/4작은술
- 잣가루   1/2컵

율란

만드는 법

1. 밤을 삶아 껍질을 벗겨 속 알맹이만 절구에 찧은 다음, 어레미에 내린다.
2. 체에 내린 밤에 꿀, 설탕, 소금, 계핏가루를 넣고 질지 않게 섞는다.
3. ②를 작은 밤톨 크기만큼씩 떼어 밤과 비슷하게 만든다.
4. ③의 둥근 부분에 꿀을 바르고 잣가루를 묻힌다.

재료 및 분량

- 생강   200g
- 소금   약간
- 설탕   3큰술
- 조청   1/2컵
- 꿀   3큰술
- 잣가루   적당량

생란

만드는 법

1. 생강은 껍질을 벗기고 씻어 강판에 갈아 면포로 즙을 꼭 짜고 생강즙은 앙금을 가라앉힌다.
2. 생강 건더기에 물을 붓고 삶다가 한소끔 끓으면 찬물에 헹궈 물기를 짠다.
3. 두꺼운 냄비에 생강 건더기와 조청, 설탕, 소금을 넣고 약한 불에서 조린다. 거의 조려지면 가라앉힌 생강녹말과 꿀을 넣고 아주 약한 불에서 조린다.
4. 다 조려진 정도는 물에 넣어 풀어지지 않으면 된다.
5. 한 김이 나간 뒤 조금씩 떼어(8g) 동그랗게 만들어 생강모양과 같이 세 뿔이 나도록 빚어 잣가루를 묻힌다.

대추초, 밤초

재료 및 분량

- 대추 1½컵(90g, 25개 정도)
- 황설탕 끓인 물   1컵
- 계핏가루   1작은술
- 참기름   1/2큰술
- 잣   1/3컵

대추초

만드는 법

1. 대추를 깨끗이 씻어 씨를 빼고 김이 오르는 찜통에 잠깐 찐다.

2. 찐 대추를 사기그릇에 담아 황설탕 끓인 물(황설탕:물 = 1:1), 계핏가루, 참기름을 넣고 골고루 섞어 중탕한다.

3. 중탕한 대추 속에 잣을 넣고 꼭지 쪽으로 잣을 한 알 박는다.

재료 및 분량

- 밤   600g
- 설탕   1컵
- 물   1컵
- 계핏가루   1작은술
- 잣가루   2큰술

밤초

만드는 법

1. 밤은 겉껍질과 속껍질까지 깨끗하게 벗긴 후 모난 부분 없이 다듬어 끓는 물에 데친다.

2. 두꺼운 냄비에 설탕, 물, 소금을 넣고 한번 끓인 후 준비한 밤을 넣어 익을 때까지 중간불로 조린다.

3. 충분히 익은 다음, 망에 건져 여분의 시럽을 제거한다.

4. 그릇에 담아 계핏가루와 잣가루를 뿌린다.

다식

재료 및 분량

- 녹두녹말   2컵
- 꿀   3컵
- 조청   1큰술
- 오미자국물   2큰술
- 참기름   적당량

녹말다식

만드는 법

1. 녹두녹말에 오미자국물을 넣어 고운체에 내린다.

2. 꿀을 넣고 반죽하여 한 덩어리가 되도록 한다.

3. 반죽이 마르지 않게 비닐에 넣어 보관한다.

4. 다식판에 참기름을 바르거나 랩을 씌워 ②의 반죽을 박아 낸다.

재료 및 분량

- 송홧가루   1컵
- 꿀   1/2큰술
- 된 조청   2큰술
- 참기름   적당량

송화다식

만드는 법

1. 송홧가루에 꿀과 조청을 넣어 잘 반죽한다.

2. 반죽은 마르지 않게 비닐에 넣어두고 사용한다.

3. 다식판에 참기름을 바르거나 랩을 씌워 ②의 반죽을 박아 낸다.

재료 및 분량

- 흑임자   5컵
- 꿀   2큰술
- 된 조청   1~1½컵

흑임자다식

만드는 법

1. 흑임자를 씻어 일어 건져서 깨알이 통통해질 때까지 볶는다.

2. 볶은 깨를 절구에 조금씩 넣어가면서 기름이 날 때까지 찧는다.

3. 기름이 많이 나면 손으로 짜내고, 꿀과 된 조청을 조금씩 넣어가며 찧어 반죽한다.

4. 다식판에 박아 낸다.

재료 및 분량

- 노란 콩가루   1컵
- 파란 콩가루   1컵
- 조청   4큰술
- 참기름   적당량

콩다식

만드는 법

1. 노란 콩가루. 파란 콩가루에 꿀과 조청을 넣어 된 반죽을 한다.

2. 반죽이 마르지 않게 비닐에 넣어두고 사용한다.

3. 다식판에 참기름을 바르거나 랩을 씌워 ②의 반죽을 박아 낸다.

오미자편

재료 및 분량

• 마른 오미자 45g • 물 2½컵 • 설탕시럽 1½컵 • 녹두녹말 1/2컵 • 밤 3개
설탕시럽 • 물 3컵 • 설탕 2컵 • 꿀 1/2컵

만드는 법

1. 마른 오미자는 체에 넣고 흐르는 물에 빨리 씻어 건진다.

2. 물을 끓여 식혀서 오미자에 붓고 하루를 우린다.

3. 오미자국물이 충분히 우러나면 면포에 거른다.

4. 물 3컵, 설탕 2컵, 꿀 1/2컵을 섞어 끓여 설탕시럽을 만든다.

5. 오미자국 2½컵, 설탕시럽 1½컵, 녹두녹말 1/2컵을 잘 섞어 냄비에 넣어 묵을 쑤듯이 쑨 다음, 뜸을 충분히 들여 네모진 그릇에 부어 굳힌다.

6. 밤은 껍질을 벗겨 납작하게 편썬다.

7. 오미자편이 완전히 식으면 골패모양으로 썰어 생률과 같이 담는다.

깨엿강정

재료 및 분량

• 볶은 실깨 180g • 볶은 흑임자 200g
시럽 • 물엿 280g • 설탕 170g • 소금 약간 • 물 3큰술

만드는 법

1. 깨는 씻어 일어서 3시간 정도 불린다.

2. 불린 깨를 거피한 후 마른 팬에 통통하게 볶아 체에 쳐 가루를 제거한다.

3. 흑임자는 씻어 일어 마른 팬에 통통하게 볶아 체에 쳐 지저분한 가루를 제거한다.

4. 냄비에 물엿, 설탕, 소금, 물을 넣고 한번 끓인 후 중탕해서 굳지 않도록 해둔다.

5. 팬에 각각의 깨를 넣고 따뜻하게 볶는다.

6. 깨가 따뜻해지면 시럽 5~6큰술을 넣고 골고루 볶아 실이 보일 때까지 버무린다.

7. 강정틀에 기름 바른 두꺼운 비닐을 깔고 깨를 쏟아 방망이로 밀어 편다.

8. 굳기 전에 네모지게 썬다.

삼색쌀엿강정

재료 및 분량

쌀 밑준비
• 멥쌀	640g
• 물	20컵
• 튀김기름	적당량
• 물	5컵
• 소금	1큰술

홍유
• 지초	40g
• 식용유	5컵

시럽
• 설탕	170g
• 물엿	280g
• 물	3큰술

흰색
튀긴 쌀	5컵
시럽	1/2컵

붉은색
홍유에 튀긴 쌀	5컵
대추	5개
시럽	1/2컵

녹색
튀긴 쌀	5컵
파래가루	1/2큰술
시럽	1/2컵

만드는 법

쌀 밑준비하기

1. 쌀알이 굵고 깨지지 않은 것으로 준비해 깨끗이 씻어 불린다.

2. 냄비에 물 20컵을 붓고 쌀을 넣어 중불에 올려 끓기 시작하면 10~15분 정도 끓여 심이 없게 익힌다.

3. 익힌 쌀을 소쿠리에 쏟아 맑은 물이 나올 때까지 4~5번 헹군다. 쌀알이 부서지지 않게 조심히 다룬다.

4. 물 5컵에 소금 1큰술을 넣어 소금물을 만든 후 헹군 쌀을 5분간 담가 간이 배도록 한다.

5. 체반에 얇은 망사를 씌워 쌀을 얇게 펴 말린다. 말리는 중간에 안팎을 섞어주며 말린다.

6. 쌀이 바짝 마르면 광목에 한 주먹씩 넣어 밀대로 밀어 덩어리진 쌀을 풀어준 후 체에 쳐서 가루는 제거한다.

부재료 준비하기

1. 식용유 5컵에 지초 40g을 넣어 불에 올리고 120℃ 정도가 되면 지초를 건져낸다.

2. 말려 손질한 쌀을 체에 넣어 200℃의 기름에 튀긴 후 키친타월에 여분의 기름기를 제거한다.

3. 냄비에 물엿, 설탕, 물을 넣고 한번 끓여 굳지 않게 중탕해 둔다.

4. 파래가루는 동량의 물에 불리고, 대추는 씨를 뺀 후 쌀알 크기로 다진다.

버무려 완성하기

1. 흰색 : 오목한 팬에 시럽 1/2컵을 넣고 한번 끓으면 튀긴 쌀을 넣어 실이 보일 때까지 버무린다.

2. 녹색 : 오목한 팬에 시럽 1/2컵과 불린 파래가루를 넣고 한번 끓으면 튀긴 쌀을 넣어 실이 보일 때까지 버무린다.

3. 붉은색 : 오목한 팬에 시럽 1/2컵을 넣고 한번 끓으면 홍유에 튀긴 쌀과 다진 대추를 넣어 실이 보일 때까지 버무린다.

4. 두꺼운 강정틀에 기름 바른 비닐을 깔고 버무린 쌀을 쏟아부어 밀대로 밀어 편다.

5. 식기 전에 네모지게 썬다.

잣박산

재료 및 분량

- 잣 300g • 설탕 50g • 물엿 50g
- 소금 약간 • 식초 1/2작은술

만드는 법

1. 잣은 마른행주로 살살 문질러 먼지를 닦고 고깔을 뗀다.

2. 팬을 두 개 준비해서 한쪽 팬에는 잣이 따뜻해지도록 타지 않게 볶는다.

3. 또 다른 한쪽 팬에는 물엿, 설탕, 소금, 식초를 넣고 한번 끓인다.

4. 시럽이 끓으면 따뜻한 잣을 넣고 약불에 올려 골고루 섞어 실이 보일 때까지 버무린다.

5. 엿강정틀에 기름 바른 두꺼운 비닐을 깐 후 잣 버무린 것을 쏟아붓고 비닐을 덮어 편편하게 밀어 편다.

6. 식기 전에 네모지게 썬다.

도라지정과, 생강정과

재료 및 분량

- 도라지　　　400g
- 소금　　　　약간
- 설탕　　　　1컵
- 물　　　　　1컵
- 조청　　　1/2컵

도라지정과

만드는 법

1. 도라지는 껍질을 벗겨 5cm 길이로 썰어 굵은 것은 4등분, 얇은 것은 반으로 갈라 심지를 도려낸다.

2. 끓는 물에 데쳐 찬물에 헹군다.

3. 냄비에 물과 설탕, 소금을 넣어 먼저 끓인 후 도라지를 넣고 조리다가, 조청을 넣고 윤기가 날 때까지 약한 불에서 조린다.

재료 및 분량

- 생강　　　　400g
- 소금　　　　약간
- 설탕　　　　1컵
- 물　　　　　1컵
- 조청　　　1/2컵

생강정과

만드는 법

1. 생강은 껍질을 벗겨 얇게 썬다.

2. 끓는 물에 데쳐 찬물에 헹군다.

3. 냄비에 물과 설탕, 소금을 넣어 먼저 끓인 후 생강을 넣고 조리다가, 조청을 넣고 윤기가 날 때까지 약한 불에서 조린다.

섭산삼

재료 및 분량

• 더덕 100g • 소금 1작은술 • 찹쌀가루 100g • 설탕 3큰술

만드는 법

1. 더덕은 껍질을 벗겨 방망이로 돌려가면서 두드려 얇게 펴서 소금물에 담가 쓴맛을 우려낸다.

2. 더덕의 물기를 제거한 후 찹쌀가루를 골고루 묻히고 여분의 가루를 턴다.

3. 150~160℃의 기름에 노릇하게 튀겨 그릇에 차곡차곡 담으면서 설탕을 뿌려 식기 전에 먹는다.

4. 술안주로 낼 때에는 초간장을 곁들이고 튀긴 것을 꿀에 재웠다가 필요할 때 먹기도 한다.

13. 화채

• 진달래화채 • 오미자화채 • 보리수단 • 창면 • 수박화채
• 유자화채 • 배숙 • 유자청 • 식혜 • 수정과

Traditional Cuisine of Korea

진달래화채

재료 및 분량

- 마른 오미자   1컵
- 물   10컵

- 진달래   20송이
- 녹두녹말   2큰술
- 잣   1작은술

설탕시럽
- 설탕   2컵
- 물   3컵
- 꿀   1/2컵

만드는 법

1. 마른 오미자는 체에 넣고 흐르는 물에 빨리 씻어 건진다.

2. 물을 끓여 식혀서 오미자에 붓고 하루를 우린다.

3. 면포에 오미자국물을 걸러 꿀과 끓여서 식힌 설탕시럽을 넣어 색과 맛을 조절한다.

4. 진달래꽃은 잎이 흐트러지지 않게 꽃술을 뗀 뒤 찬물에 가볍게 씻어 마른 면포로 물기를 없앤다.

5. 진달래꽃잎에 녹두녹말을 뿌려 가볍게 섞은 다음 끓는 물에 조금씩 넣었다가 재빨리 건져 찬물에 헹군다.

6. 진달래꽃잎을 화채그릇에 담고 차게 해둔 오미자국물을 부어 잣을 띄운다.

오미자화채

재료 및 분량

• 마른 오미자 1/2컵 • 물 5컵 • 설탕시럽 5큰술 • 꿀 1큰술
설탕시럽 • 설탕 2컵 • 물 3컵 • 꿀 1/2컵

만드는 법

1. 마른 오미자는 체에 넣고 흐르는 물에 빨리 씻어
   건진다.

2. 물을 끓여 식혀서 오미자에 붓고 하루를 우린다.

3. 면포에 오미자국물을 걸러 꿀과 끓여서 식힌 설
   탕시럽을 넣어 색과 맛을 조절한다.

4. 배를 얇게 저며서 배꽃 같은 모양으로 떠내어 꿀
   에 재운다.

5. 화채그릇에 오미자국물을 담고 배와 잣을 띄운다.

보리수단

재료 및 분량

- 마른 오미자 1/2컵 • 물 5컵 • 설탕시럽 5큰술 • 꿀 1큰술 • 잣 약간
- 보리쌀 4큰술 • 녹두녹말 1/3컵

설탕시럽 • 설탕 2컵 • 물 3컵 • 꿀 1/2컵

만드는 법

1. 마른 오미자는 체에 넣고 흐르는 물에 빨리 씻어 건진다.

2. 물을 끓여 식혀서 오미자에 붓고 하루를 우린다.

3. 면포에 오미자국물을 걸러 꿀과 끓여서 식힌 설탕시럽을 조금씩 넣어가며 색과 맛을 조절한다.

4. 보리쌀을 깨끗이 씻어 불려 삶아 찬물에 행구어 건진다.

5. 삶은 보리쌀에 녹두녹말을 씌워 체에 여분의 녹말을 털어낸 뒤 끓는 물에 데쳐 찬물에 담근다.

6. ⑤의 과정을 4회 정도 반복한다.

7. 오미자국물에 ⑥의 보리를 넣고 잣을 띄운다.

창면

재료 및 분량

- 오미자   1/2컵
- 물   5컵
- 설탕시럽   5큰술
- 꿀   1큰술

- 녹두녹말   1/2컵
- 물   1컵

- 잣   약간
- 석류알   약간

설탕시럽
- 설탕   2컵
- 물   3컵
- 꿀   1/2컵

만드는 법

1. 마른 오미자는 체에 넣고 흐르는 물에 빨리 씻어 건진다.

2. 물을 끓여 식혀서 오미자에 붓고 하루를 우린다.

3. 면포에 오미자국물을 걸러 꿀과 끓여서 식힌 설탕시럽을 조금씩 넣어가며 색과 맛을 조절한다.

4. 녹두녹말을 물에 풀어 20분 정도 두었다가 웃물은 버린 다음, 물을 한 번 더 붓고 저어 고운체에 거른다.

5. 넓은 냄비에 물을 끓인다. 밑이 편평한 양재기에 풀어놓은 녹말물을 바닥에 얇게 깔릴 정도로 붓고 끓는 물 위에 띄운다.

6. ⑤의 표면의 물기가 거의 마르면 그릇째 끓는 물속에 넣어 완전히 익힌다.

7. ⑥을 꺼내어 찬물에 담가 식혀 얇은 면을 가만히 건져낸다.

8. 면을 만들 때에는 매번 풀어 놓은 녹말물을 충분히 저어가며 만든다.

9. 면이 익으면 돌돌 말아 채썬 뒤 화채그릇에 담고, 먹기 직전에 오미자국물에 부어 잣이나 석류알을 띄운다.

수박화채

재료 및 분량

- 수박   1통
- 꿀   1/2컵

만드는 법

1. 크고 잘 익은 수박을 깨끗이 씻는다.

2. 수박의 꼭지 쪽을 뚜껑처럼 잘라낸다.

3. 수박 살에 젓가락으로 구멍을 내고 그 안에 꿀 1/2컵을 넣은 다음 다시 뚜껑을 이쑤시개로 고정하여 덮는다.

4. 창호지에 물을 적셔 연결부분에 김이 새지 않도록 붙인다.

5. 김 오른 찜통에 수박을 넣은 후 1시간 정도 찐다.

6. 냉장고에 넣었다가 수박 속을 파내어 국물과 함께 담는다.

유자화채

재료 및 분량

• 유자 2개 • 배 1개 • 잣 1작은술 • 석류 1/4개
설탕시럽 • 설탕 1½컵 • 물 4컵

만드는 법

1. 유자는 흠이 없고 단단한 것으로 골라 쓴맛이 나는 겉껍질을 아주 얇게 벗긴다.

2. 유자를 4등분하여 속을 꺼내어 씨를 빼내고 3~4등분해서 설탕을 약간 뿌려 재워둔다.

3. 4등분한 겉껍질은 안쪽의 실 같은 것을 떼어낸 뒤 안쪽의 흰 부분을 3~4장으로 얇게 포를 뜬다.

4. 얇게 포를 뜬 유자의 흰 부분과 노란 부분은 각각 곱게 채썰고, 배는 껍질을 벗겨 유자껍질과 같은 길이로 곱게 채썰어 설탕을 약간 뿌려둔다.

5. 냄비에 물과 설탕을 넣고 끓여 설탕시럽을 만들어 차게 식힌다.

6. 화채그릇 가운데 재워둔 유자 속을 담고 유자껍질과 배를 보기 좋게 돌려 담는다.

7. 화채그릇 가운데로 설탕시럽을 가만히 붓고 석류와 잣을 띄운다.

배숙

재료 및 분량

· 배 2개 · 통후추 1큰술 · 물 4컵 · 생강 50g
· 설탕 1/2컵 · 잣 1작은술 · 유자 1/4개

만드는 법

1. 배는 작고 단단한 것으로 준비하여 8등분한 뒤 껍질을 벗기고 씨부분을 반듯하게 잘라낸다.

2. 가장자리를 다듬은 후, 배 등에 통후추를 깊숙이 3개 박는다.

3. 생강은 껍질을 벗겨 얇게 저민 뒤 물에 넣고 뭉근한 불에 20분 정도 끓여 생강맛이 우러나면 체에 거른다.

4. ③의 생강물에 설탕과 배를 넣고 중간불에서 끓여 배가 투명해지면 불을 끄고 차게 식힌다.

5. 화채그릇에 담을 때 유자즙을 넣고 잣을 띄운다.

유자청

재료 및 분량

- 유자   4개
- 밤   7개
- 대추   15개
- 석이버섯   5~6장
- 설탕   1/2컵
- 소금   약간

설탕시럽
- 설탕   4컵
- 물   4컵

- 면실   적당량

만드는 법

1. 유자는 흠이 없고 단단한 것으로 골라 쓴맛이 나는 겉껍질을 잘 드는 칼로 아주 얇게 벗겨버린 다음, 끓는 소금물에 살짝 넣었다가 건져 소독한다.

2. 큰 것은 8등분하고 작은 것은 6등분하는데, 유자 끝부분이 떨어지지 않도록 나무젓가락을 유자 아래 놓고 칼질을 한다.

3. 칼집을 넣은 유자의 속을 파내고 속껍질에 붙은 실 같은 것은 떼어낸다.

4. 유자 속은 씨를 빼고 3~4등분한다.

5. 밤, 대추, 석이버섯은 깨끗하게 손질한 후 곱게 채썰어 유자 속과 섞어 설탕 1/2컵을 넣고 고루 버무린다.

6. 설탕과 재료가 고루 어우러지면서 끈적해지면 유자 크기만 하게 동그랗게 뭉쳐 손질한 유자 껍질 속에 2/3쯤 채워 실로 묶는다.

7. 냄비에 분량의 설탕과 물을 넣고 젓지 말고 끓여 설탕시럽을 만들어 식힌다.

8. 유자를 항아리에 차곡차곡 넣고 설탕시럽을 부어 무거운 것으로 눌러 냉장고에 보관한다.

9. 20일 정도 후에 꺼내서 유자껍질에 낸 칼집대로 썰어 그릇에 담는다. 유자 절인 국물과 물을 1:3의 비율로 섞어 넣고 잣을 띄운다.

식혜

재료 및 분량

· 찹쌀(멥쌀) 800g · 엿기름 4컵 · 물 30컵 · 설탕 3컵
· 생강, 유자건지 적당량 · 잣 2큰술 · 석류알 약간

만드는 법

1. 엿기름은 체에 쳐서 곱게 하여 찬물에 잠깐 담갔
   다가 주물러 고운체에 걸러 앙금을 가라앉힌다.

2. 찹쌀은 깨끗이 씻어 불려 찌고, 멥쌀은 씻어 밥을
   지어 뜨거울 때 보온밥통에 담고 ①의 엿기름물
   의 웃물만 고운체에 걸러 붓는다.

3. 5~6시간 정도 후 밥알이 떠오르고 손으로 만져
   보아 미끄럽지 않으면 밥알과 함께 잠시 끓인다.

4. ③의 밥알은 건져 헹군 후 찬물에 담가놓는다.

5. 밥알을 건져낸 식혜물에 설탕을 넣고 거품을 걷
   으며 끓인다.

6. 기호에 따라 저민 생강을 넣어 끓이거나, 끓인 후
   유자청 건지를 넣고 뚜껑을 닫아 유자향이 스며
   들게 하기도 한다.

7. 생강이나 유자를 넣었을 경우 건지는 걸러내고
   식혜물만 따라내어 쓴다.

8. 그릇에 식혜물을 담고 ④의 밥알을 물기를 빼서
   띄우고 잣이나 석류알을 띄워 낸다.

수정과

재료 및 분량

- 생강 100g • 통계피 30g • 설탕 1컵
- 물 20컵 • 곶감 20개 • 잣 1큰술

만드는 법

1. 곶감은 씨를 빼고 찬물에 1시간 정도 담가둔다.

2. 생강은 껍질을 벗겨 씻은 뒤에 얇게 저며 썬다.

3. 통계피는 방방이로 두들겨 쪼개어 속까지 깨끗이 씻는다.

4. 저민 생강, 통계피에 물을 부어 뭉근하게 40분 정도 끓인다.

5. 계피와 생강의 맛과 향이 충분히 우러나면 체에 거른 뒤 설탕을 넣고 끓인다.

6. ⑤를 식혀 손질한 곶감을 넣어 하룻밤 정도 둔다.

7. 화채그릇에 담고 잣을 띄운다.

한국의 갖춘 음식
Traditional Cuisine of Korea

실기편
14. 마른안주

• 편포(대추, 칠보) • 곶감쌈 • 잣솔
• 은행꼬치 • 육포 • 생란 • 호두튀김 • 생률

Traditional Cuisine of Korea

마른안주

재료 및 분량

- 쇠고기 300g
- 잣 1/4컵

쇠고기양념

- 진간장 2큰술
- 국간장 1큰술
- 생강즙 1/4큰술
- 설탕시럽 1/2큰술
- 꿀 1½큰술
- 후춧가루 1/2작은술

편포(대추, 칠보)

만드는 법

1. 쇠고기는 곱게 다져 핏물을 뺀다.

2. 설탕과 물을 동량으로 넣고 끓여 설탕시럽을 만든다.

3. 생강은 껍질을 벗기고 강판에 갈아 면포로 짜서 즙만 받는다.

4. 진간장, 국간장, 설탕시럽, 생강즙, 꿀, 후춧가루를 섞어 양념을 만든다.

5. 곱게 다진 쇠고기에 양념을 넣고 버무린다.

6. 양념한 고기의 반은 대추모양으로 빚고 잣을 한 알씩 깊게 박는다(대추편포).

7. 나머지 반은 동글납작하게 빚은 다음 잣 한 알을 중심에 박고 6개의 잣을 돌려가면서 깊숙이 박는다(칠보편포).

8. 대추편포와 칠보편포는 채반에 담아 햇볕에 뒤집어가면서 고르게 말린다.

9. 상에 낼 때는 참기름을 발라 살짝 구워낸다.

재료 및 분량

- 곶감 6개
- 호두 12개
- 꿀 약간

곶감쌈

만드는 법

1. 곶감은 크지 않으며 잘 말린 것으로 골라 꼭지를 뗀다.

2. 곶감의 한쪽 면을 잘라 씨를 빼낸 뒤 펼친다.

3. 호두는 따뜻한 물에 담가 속껍질을 벗기고 물기를 닦는다.

4. 호두 두 쪽에 꿀을 발라 맞붙인다.

5. ②의 곶감에 ④의 호두를 넣어 김발로 단단하게 만다.

6. 양끝을 잘라내고 2~3cm 길이로 썰어 담는다.

재료 및 분량

- 잣 1/4컵
- 솔잎 적당량
- 다홍실

잣솔

만드는 법

1. 잣나무의 솔잎을 다섯 잎이 붙은 그대로 뽑아 잘 닦는다.

2. 잣은 고깔을 떼고 마른 면포로 닦는다.

3. 솔잎에 잣을 한 개씩 끼워 다섯 솔잎씩 다홍실로 묶고 6cm 길이로 자른다.

재료 및 분량

- 은행   30알
- 소금   적당량

재료 및 분량

- 쇠고기
  (홍두깨 또는 우둔) 600g

양념

- 진간장   1/6컵
- 국간장   1/3컵
- 배즙   1/3컵
- 설탕시럽   1/6컵
- 꿀   1/3컵
- 생강즙   2/3큰술
- 후춧가루   1작은술

은행꼬치

만드는 법

1. 은행은 겉껍질을 벗겨내고 끓는 물에 소금을 넣고 파랗게 데쳐낸다.

2. 찬물에 헹구어 속껍질을 벗긴 뒤 꼬치에 3개씩 꽂는다.

육포

만드는 법

1. 쇠고기는 결대로 0.4cm 정도로 도톰하게 포를 떠서 기름기와 핏물을 제거한다.

2. 설탕과 물을 동량으로 넣고 끓여 설탕시럽을 만든다.

3. 배와 생강은 강판에 갈아서 건더기를 꼭 짜서 즙을 만든다.

4. 분량의 양념대로 섞어 양념장을 만든다.

5. 양념장에 쇠고기를 한쪽씩 담갔다가 다른 그릇에 담은 뒤 양념장이 스며들 때까지 주물러서 채반에 널어 말린다.

6. 완전히 건조되기 전에 기름종이나 비닐에 차곡차곡 싸서 평평한 곳에 놓고 도마를 엎어서 그 위에 무거운 것으로 눌러 하룻밤을 둔다.

7. 다시 채반에 펼쳐 완전히 말린 다음 기름종이나 비닐에 싸서 냉동실에 넣어두고 사용한다.

8. 먹을 때는 참기름을 발라 살짝 구워 썰어서 그릇에 담고 잣가루를 뿌린다.

재료 및 분량

- 생강　　　　200g
- 소금　　　　약간
- 설탕　　　　3큰술
- 조청　　　　1/2컵
- 꿀　　　　　3큰술

- 잣가루　　　적당량

생란

만드는 법

1. 생강은 껍질을 벗기고 씻어 강판에 갈아 면포로 즙을 꼭 짜고 생강즙은 앙금을 가라앉힌다.

2. 생강 건더기에 물을 붓고 삶다가 한소끔 끓으면 찬물에 헹궈 물기를 짠다.

3. 두꺼운 냄비에 생강 건더기와 조청, 설탕, 소금을 넣고 약한 불에서 조린다. 거의 조려지면 가라앉힌 생강녹말과 꿀을 넣고 아주 약한 불에서 조린다.

4. 다 조려진 정도는 물에 넣어서 풀어지지 않을 정도면 된다.

5. 한 김이 나간 뒤 조금씩 떼어(8g) 동그랗게 만들어 생강모양과 같이 세 뿔이 나도록 빚어 잣가루를 묻힌다.

재료 및 분량

- 호두　　　　100g
- 녹두녹말　　1큰술
- 식용유　　　2컵
- 소금 또는 설탕 적당량

호두튀김

만드는 법

1. 호두는 더운물에 담가 속껍질을 벗겨 잠깐 말린다.

2. 속껍질을 벗긴 호두에 녹두녹말을 묻혀 튀긴다.

3. 튀겨서 소금이나 설탕을 뿌려 담는다.

재료 및 분량

- 속뜨물　　　적당량
- 밤　　　　　10개

생률

만드는 법

1. 밤은 겉껍질과 속껍질을 벗기고 모난 부분 없이 다듬는다.

2. 동글납작하게 깎은 밤은 하얗게 되도록 속뜨물에 속껍질과 함께 담가두었다가 물기를 닦는다.

참고문헌

단행본

강인희(1987), 한국의 맛, 대한교과서.

강인희(1989), 한국식생활사, 삼영사.

강인희(1997), 한국의 떡과 과줄, 대한교과서.

강인희 외 6인(2002), 한국음식대관 제3권 떡·과정·음청, 한국문화재 보호재단 편, 한림출판사.

김귀영 외 6인(2009), 이론과 실제 발효식품, ㈜교문사.

김명희 외 2인(2005), 전통한국음식, 광문각.

김상보(2004), 조선왕조 궁중의궤음식문화, 수학사.

농촌진흥청 농업과학기술원 농촌자원개발연구소(2008), 한국의 전통향토음식 10 제주도, 교문사.

농촌진흥청(2010), 한식과 건강, 교문사.

서인화 외 1인(2000), 조선시대 진연 진찬 진하병풍, 국립음악원.

이성우(1984), 한국식품문화사, 교문사.

이성우(1993), 한국식생활의 역사, 수학사.

이용기(1943), 조선무쌍신식요리제법, 영창서관.

이주희 외 7인(2012), 과학으로 풀어쓴 식품과 조리원리, 교문사.

이춘자 외 2인(2001), 통과의례음식, 대원사.

이효지(1998), 한국음식문화, 신광출판사.

이효지 외 3인 역(2007), 임원십육지, 정조지, 교문사.

윤서석(1983), 한국의 전래생활, 수학사.

윤서석(1991), 한국의 음식 용어, 민음사.

윤서석 외 6인(1997), 한국음식대관 제1권 한국음식의 개관, 한국문화재보호재단 편, 예맥출판사.

윤서석 외 6인(2015), 맛·격·과학이 아우러진 한국 음식문화, 교문사.

윤숙자(2007), 한국의 저장발효음식, 신광출판사.

장지현 외 11인(2001), 한국음식대관 제4권 발효음식 저장 가공식품, 한림출판사.

정길자 외 4인(2010), 한국의 전통병과, 교문사.

정길자 외 3인(2012), 궁중의 떡과 과자, 소풍출판사.

정낙원 외 1인(2014), 향토음식, 교문사.

전희정 외 1인(2013), 전통저장음식, 교문사.

조창숙 외 19인(1999), 한국음식대관 제2권 주식·양념·고명·찬물, 한국문화재보호재단 편, 한림출판사.

조후종(2002), 세시풍속과 우리음식, 한림출판사.

최은희 외 8인(2015), 발효음식의 미학, 백산출판사.

최진형(2009), 순조조 연경당 진작례, 민속원.

한복려 외 1인(2013), 한국인의 장, 교문사.

한복려 외 2인(2016), 음식고전, 현암사.

한복진(1998), 우리가 정말 알아야 할 우리 음식 백가지 1. 현암사.

한복진(1998), 우리가 정말 알아야 할 우리 음식 백가지 2. 현암사.

한복진(2013), 조선시대 궁중의 식생활문화, 서울대학교출판문화원.

한식재단(2014), 조선왕실의 식탁, 한림출판사.

한영우(2002), 조선시대 의궤 편찬 시말, 일지사.

한영우(2002), 조선왕조의궤, 일지사.

허영일 외 4인(2009), 순조조 연경당 진작례, 민속원.

황혜성 외 3인(2002), 한국음식대관 제6권 궁중의 식생활·사찰의 식생활, 한국문화재보호재단 편, 한림출판사.

황혜성 외 2인(2010), 조선왕조궁중음식, (사)궁중음식연구원.

황혜성 외 3인(2010), 3대가 쓴 한국의 전통음식, 교문사.

홍선표(1940), 조선요리학, 조광사.

빙허각이씨(1809), 규합총서.

찬자미상, 시의전서.

빙허각 이씨(1670), 음식디미방.

논문

김아현(2013), 순조기축진찬의궤에 나타난 궁중연향음식문화 연구, 경기대학교 대학원 박사학위논문.

김하윤 외 2인(2015), 기축진찬의궤의 상차림에 관한 문헌적 연구-자경전정일진별행과를 중심으로, 한국식생활문화학회지, 30권 2호.

박은혜(2015), 원행을묘정리의궤에 나타난 병과류에 관한 문헌적 고찰, 경기대학교 대학원 석사학위논문.

오순덕(2009), 우리나라 떡의 재료 및 조리방법에 대한 문헌적 고찰, 고려학교 대학원 박사학위논문.

이옥남(2011), 18세기 원행을묘정리의궤(園行乙卯整理儀軌)에 나타난 궁중연향 상차림 분석, 경기대학교 대학원 박사학위논문.

이효지 외(1985), 조선왕조 후기의 궁중연회음식의 분석적 고찰, 대한가정학회지, 제23권 4호.

이효지 외(1986), 조선시대 궁중연회음식 중 과정류의 분석적 연구, 한국식생활 문화학회지, 1권 3호.

한영우(2002), 조선시대 의궤편찬과 현재 의궤 조사 연구, 한국사론-서울대학교 인문대학 국사학과, 48.

저자소개

김명희
경기대학교 외식조리학과 교수

김하윤
연성대학교 호텔외식경영전공 조교수

임효정
경기대학교 외식조리학과 한식 외래강사

정소연
청강문화산업대학교 푸드스쿨 초빙교수

김아현
경기대학교 외식조리학과 전통발효 외래강사

박은혜
국가중요무형문화재 제38호 궁중음식(병과) 전수자

저자와의
합의하에
인지첩부
생략

한국의 갖춘 음식

2017년 6월 10일 초판 1쇄 인쇄
2017년 6월 15일 초판 1쇄 발행

지은이 김명희 · 김하윤 · 임효정
　　　　 정소연 · 김아현 · 박은혜
촬　영 스튜디오 이노 대표 김형섭
　　　　 푸드앤이미지 대표 백혜원
펴낸이 진욱상
펴낸곳 백산출판사
교　정 성인숙
본문디자인 오정은
표지디자인 오정은

등　록 1974년 1월 9일 제1-72호
주　소 경기도 파주시 회동길 370(백산빌딩 3층)
전　화 02-914-1621(代)
팩　스 031-955-9911
이메일 edit@ibaeksan.kr
홈페이지 www.ibaeksan.kr

ISBN 979-11-5763-376-0
값 32,000원